21 世纪高职高专新概念规划教材

网络管理与维护技术

主 编 苏英如

副主编 李 剑 万润泽 王景让

中国水利水电出版社
www.waterpub.com.cn

内 容 提 要

本书从应用角度出发，以园区网为背景，采用案例驱动方式，较完整地介绍了网络管理与维护技术及相关知识。全书共 10 章，主要内容包括：网络设备管理基础、路由器配置、交换机配置、防火墙配置、无线局域网配置、服务器基础、常用服务配置与管理、IP 测试、网络分析与监测工具、网络设备安全。

本书知识点涵盖园区网管理与维护的主要技术。编者兼具教师、工程师身份，在编写过程中，始终贯彻"强调工程背景、注重能力培养"的指导思想。本书所有示例均源于工程实践，体现了鲜明的实用特色。

本书可作为高等职业学校、高等专科学校、成人高校及本科院校举办的二级职业技术学院和民办高校网络管理与维护课程教材，也可作为网络管理与维护技术的培训教材或自学参考书，对于网络工程人员和管理人员也有较高的参考价值。

本书所配电子教案及所有案例源代码均可以到中国水利水电出版社网站及万水书苑网站下载，网址：http://www.waterpub.com.cn/softdown/，或 http://www.wsbookshow.com。

图书在版编目（CIP）数据

网络管理与维护技术 / 苏英如主编. -- 北京 : 中国水利水电出版社, 2009.10

21世纪高职高专新概念规划教材
ISBN 978-7-5084-6896-9

I. ①网… II. ①苏… III. ①计算机网络－高等学校：技术学校－教材 IV. ①TP393

中国版本图书馆CIP数据核字(2009)第190389号

策划编辑：雷顺加　责任编辑：李　炎　加工编辑：樊昭然　封面设计：李　佳

书　名	21世纪高职高专新概念规划教材 网络管理与维护技术
作　者	主　编　苏英如 副主编　李　剑　万润泽　王景让
出版发行	中国水利水电出版社 （北京市海淀区玉渊潭南路 1 号 D 座　100038） 网址：www.waterpub.com.cn E-mail：mchannel@263.net（万水） sales@waterpub.com.cn 电话：(010) 68367658（营销中心）、82562819（万水）
经　售	全国各地新华书店和相关出版物销售网点
排　版	北京万水电子信息有限公司
印　刷	北京蓝空印刷厂
规　格	184mm×260mm　16 开本　13.75 印张　337 千字
版　次	2009 年 10 月第 1 版　2009 年 10 月第 1 次印刷
印　数	0001—4000 册
定　价	24.00 元

21世纪高职高专新概念规划教材
编委会名单

参 编 学 校 名 单

（按第一个字笔划排序）

三门峡职业技术学院
三联职业技术学院
山东大学
山东交通学院
山东建工学院
山东省电子工业学校
山东农业大学
山东省农业管理干部学院
山东省教育学院
山东商业职业技术学院
山西运城学院
山西经济管理干部学院
万博科技职业学院
广东技术师范学院天河学院
广东金融学院
广东科贸职业学院
广州市职工大学
广州城市职业技术学院
广州铁路职业技术学院
广州康大职业技术学院
中山火炬职业技术学院
中华女子学院山东分院
中国人民解放军第二炮兵学院
中国人民解放军军事经济学院
中国矿业大学
中南大学
天津职业技术师范学院
太原理工大学阳泉学院
太原城市职业技术学院
长沙大学
长沙民政职业技术学院
长沙交通学院
长沙航空职业技术学院
长春汽车工业高等专科学校
内蒙古工业大学职业技术学院
内蒙古民族高等专科学校
内蒙古警察职业学院
兰州资源环境职业技术学院
北京对外经济贸易大学
北京科技大学职业技术学院
北京科技大学成人教育学院
北华航天工业学院
四川托普职业技术学院
包头轻工职业技术学院
宁波城市职业技术学院
石家庄学院
辽宁交通高等专科学校
辽宁经济职业技术学院
安徽交通职业技术学院
安徽水利水电职业技术学院
华中科技大学
华东交通大学
华北电力大学
江汉大学
江西大宇职业技术学院
江西工业职业技术学院
江西城市职业学院
江西渝州电子工业学院
江西服装职业技术学院
江西赣西学院
西北大学软件职业技术学院
西安外事学院

西安欧亚学院
西安铁路职业技术学院
西安文理学院
扬州江海职业技术学院
杨陵职业技术学院
昆明冶金高等专科学校
武汉大学
武汉工业学院
武汉工程职业技术学院
武汉广播电视大学
武汉工程大学
武汉电力职业技术学院
武汉科技大学工贸学院
武汉科技大学外语外事职业学院
武汉软件职业学院
武汉商业服务学院
武汉铁路职业技术学院
河南济源职业技术学院
中南林业科技大学
中原工学院
南昌工程学院
南昌大学共青学院
哈尔滨金融专科学校
重庆正大软件职业技术学院
重庆工业职业技术学院
济南大学
济南交通高等专科学校
济南铁道职业技术学院
荆门职业技术学院
国家林业局管理干部学院
贵州无线电工业学校
贵州电子信息职业技术学院
浙江水利水电高等专科学校
浙江工业职业技术学院
浙江国际海运职业技术学院
恩施职业技术学院
黄冈职业技术学院
黄石理工学院
湖北工业大学
湖北交通职业技术学院
湖北汽车工业学院
湖北长江职业学院
湖北药检高等专科学校
湖北经济学院
湖北教育学院
湖北职业技术学院
湖北鄂州大学
湖北水利水电职业技术学院
湖南大学
湖南工业职业技术学院
湖南大众传媒职业技术学院
湖南工学院
湖南涉外经济学院
湖南郴州职业技术学院
湖南商学院
湖南税务高等专科学校
湖南信息科学职业学院
蓝天学院
福建林业职业技术学院
福建水利电力职业技术学院
黑龙江农业工程职业学院
黑龙江司法警官职业学院

序

根据 1999 年 8 月教育部高教司制定的《高职高专教育基础课程教学基本要求》（以下简称《基本要求》）和《高职高专教育专业人才培养目标及规格》（以下简称《培养规格》）的精神，由中国水利水电出版社北京万水电子信息有限公司精心策划，聘请我国长期从事高职高专教学、有丰富教学经验的教师执笔，在充分汲取了高职高专和成人高等学校在探索培养技术应用性人才方面取得的成功经验和教学成果的基础上，撰写了此套《21 世纪高职高专新概念规划教材》。

为了编写本套教材，出版社进行了广泛的调研，走访了全国百余所具有代表性的高等专科学校、高等职业技术学院、成人教育高等院校以及本科院校举办的二级职业技术学院，在广泛了解情况、探讨课程设置、研究课程体系的基础上，经过学校申报、征求意见、专家评选等方式，确定了本套书的主编，并成立了编委会。每本书的编委会聘请了多所学校主要学术带头人或主要从事该课程教学的骨干，教学大纲的确定以及教材风格的定位均经过编委会多次认真讨论。

本套《21 世纪高职高专新概念规划教材》有如下特点：

（1）面向 21 世纪人才培养的需求，结合高职高专学生的培养特点，具有鲜明的高职高专特色。本套教材的作者都是长期在第一线从事高职高专教育的骨干教师，对学生的基本情况、特点和认识规律等有深入的了解，在教学实践中积累了丰富的经验。因此可以说，每一本书都是教师们长期教学经验的总结。

（2）以《基本要求》和《培养规格》为编写依据，内容全面，结构合理，文字简练，实用性强。在编写过程中，作者严格依据教育部提出的高职高专教育“以应用为目的，以必需、够用为度”的原则，力求从实际应用的需要（实例）出发，尽量减少枯燥、实用性不强的理论概念，加强了应用性和实际操作性强的内容。

（3）采用“问题（任务）驱动”的编写方式，引入案例教学和启发式教学方法，便于激发学习兴趣。本套书的编写思路与传统教材的编写思路不同：先提出问题，然后介绍解决问题的方法，最后归纳总结出一般规律或概念。我们把这个新的编写原则比喻成“一棵大树、问题驱动”的原则。即：一方面遵守先见（构建）“树”（每本书就是一棵大树），再见（构建）“枝”（书的每一章就是大树的一个分枝），最后见（构建）“叶”（每章中的若干小节及知识点）的编写原则；另一方面采用问题驱动方式，每一章都尽量用实际中的典型实例开头（提出问题、明确目标），然后逐渐展开（分析解决问题），在讲述实例的过程中将本章的知识点融入。这种精选实例，并将知识点融于实例中的编写方式，可读性、可操作性强，非常适合高职高专的学生阅读和使用。本书读者通过学习构建本书中的“树”，由“树”找“枝”，顺“枝”摸“叶”，最后达到构建自己所需要的“树”的目的。

（4）部分教材配有实验指导和实训教程，便于学生练习提高。

（5）部分教材配有动感电子教案。为顺应教育部提出的教材多元化、多媒体化发展的要求，大部分教材都配有电子教案，以满足广大教师进行多媒体教学的需要。电子教案用PowerPoint制作，教师可根据授课情况任意修改。相关教案的具体情况请到中国水利水电出版社网站www.waterpub.com.cn下载。

（6）提供相关教材中所有程序的源代码，方便教师直接切换到系统环境中教学，提高教学效果。

总之，本套教材凝聚了数百名高职高专一线教师多年的教学经验和智慧，内容新颖，结构完整，概念清晰，深入浅出，通俗易懂，可读性、可操作性和实用性强。

本套教材适用于高等职业学校、高等专科学校、成人及本科院校举办的二级职业技术学院和民办高校。

新的世纪吹响了我国高职高专教育蓬勃发展的号角，新世纪对高职教育提出了新的要求，高职教育占据了全面素质教育中所不可缺少的地位，在我国高等教育事业中占有极其重要的位置，在我国社会主义现代化建设事业中发挥着日趋显著的作用，是培养新世纪人才所不可缺少的力量。相信本套《21 世纪高职高专新概念规划教材》的出版能为高职高专的教材建设和教学改革略尽绵薄之力，因为我们提供的不仅是一套教材，更是自始至终的教育支持，无论是学校、机构培训还是个人自学，都会从中得到极大的收获。

当然，本套教材肯定会有不足之处，恳请专家和读者批评指正。

21 世纪高职高专新概念规划教材编委会

2001 年 3 月

前　言

众所周知，网络管理与维护的主要特点之一是要以技术为基础，缺乏技术支撑的决策、方案无异于镜中花、水中月。

有鉴于此，编者总结了在网络管理与维护教学、实践过程中的经验与教训，考量计算机网络主流技术及发展趋势，以国内园区网络（主要是高等学校校园网）现状为基础，结合高校教学需求和实验设施配置情况，经审慎调研，焚膏继晷，历时数载，编就本书，渴望能于网络管理与维护方面有所贡献。

本书贯彻“以应用为目的，以必须够用为度”的不二宗旨，以设备为中心，讲述主流技术、提供成熟方案、详列操作步骤，力臻读者“学得会，用得上”之终极日的。

本书共10章，主要内容包括：网络设备管理基础、路由器配置、交换机配置、防火墙配置、无线局域网配置、服务器基础、常用服务配置与管理、IP 测试、网络分析与监测工具、网络设备安全。

本书按教材体例编写，各章均列学习目标和内容小结，并配有用于巩固所讲授内容的习题。

用本书组织课程教学时，建议总学时数为60。各章总学时数依次为6、8、8、6、4、4、10、4、6、4。第6章无实验学时，其他各章实验学时数均为2。

本书可作为高等职业学校、高等专科学校、成人高校及本科院校举办的二级职业技术学院和民办高校网络管理与维护课程教材，也可作为网络管理与维护技术的培训教材或自学参考书，对网络工程人员和管理人员亦具参考价值。

本书由苏英如任主编，李剑、万润泽、王景让任副主编。各章主要编写人员分工如下：第1、5章由万润泽编写，第2、7章由苏英如编写，第3、4章由李剑编写，第6章由王培军编写，第8章由戚永军编写，第9章由白海编写，第10章由王景让编写。参加本书编写大纲讨论和部分内容编写的还有张景峰、王俊红、荆淑霞、王宏斌、耿娟平、庄连英、朱篷华、张凯、翟智平、刘剑、邹彭涛、王振夺等。

在编写过程中，笔者参考了大量相关技术资料，吸取了许多同仁的经验，在此谨表谢意。

限于作者学力有限，书中难免存在一些不妥甚至错误之处，诚望大家斧正。作者的 E-mail 为：ibm390ibm390@163.com。

作　者

2009年9月

目　录

第 1 章　网络设备管理基础

本章讲述基于 IOS 的网络设备的管理方式、操作方法和基本命令。其中，大部分命令适用于所有版本的 IOS。

- 设备管理端口的类型、适用场合
- 设备管理方式的分类及特点
- IOS 的基本概念及常用 CLI 命令的使用方法
- 与配置文件、映像文件有关的操作
- 管理用口令恢复方法
- 通过 CDP 获取远端设备的基本信息

1.1　管理端口

1.1.1　Console 端口

通常，网络设备均提供 Console 端口。对网络设备进行初始设置时，一般需要用 Console 线将配置计算机的串口与该端口相连。Console 线一般随机附带，其类型因设备而异。用于 Cisco 设备的 Console 线，通常是一端为 RJ-45 接头，另一端为 DB-9 串口的扁形电缆。

为便于操作，最好选用笔记本电脑作为配置计算机。为使计算机能与网络设备进行通信，计算机中应安装超级终端组件并进行适当设置。配置步骤为：正确连接电缆，开启计算机，启动超级终端。指定连接名称，选择连接端口，根据网络设备技术手册中的说明，设置端口属性，如图 1-1 所示，单击“确定”按钮。回车若干次，即可进入配置状态，如图 1-2 所示。之后，即可通过 CLI 方式对设备进行配置。

需要说明的是，早期的网络设备在出厂时通常不预设管理 IP 参数，因此，通过 Console 端口初始化设备是配置、管理设备的必由之路。当前，许多设备的管理 IP 参数在出厂时已经预置，某些设备甚至内置并开启了 DHCP 服务。对此类设备而言，可根据产品技术手册，适当设置计算机的 IP 参数，用网线将计算机的网口与设备的普通端口直连，然后 Telnet 至网络设备。

1.1.2　普通端口

对于已经正确配置了管理 IP 参数的网络设备而言，配置计算机可通过网络与网络设备连接，然后在命令提示符下，通过 Telnet 命令连接至网络设备，对运行中的网络设备进行配置和管理。

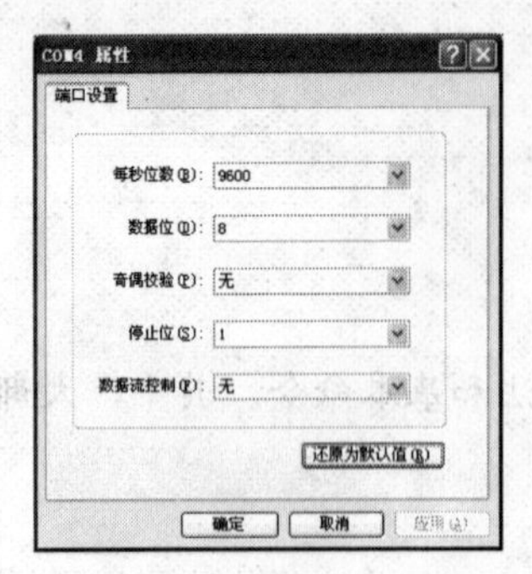
图 1-1 端口属性设置

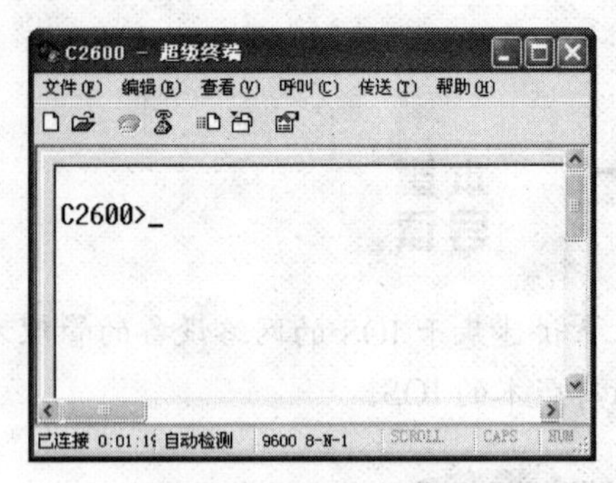

图 1-2 超级终端窗口

1.1.3 AUX 端口

通常，仅路由器提供 AUX 端口，该端口除可通过调制解调器与其他设备连接外，也可通过 Console 电缆与计算机直连。

1.2 管理方式

1.2.1 CLI

CLI 是“命令行接口”的英文缩写，是专业人员优先使用的管理方式。其他管理方式，虽有使用方便的特点，但是其支持的功能并不全面，并且需要占用较多的处理资源。由下面给出的简单示例可见，在此方式下，用户通过字符形式的命令，用最原始的方式与设备进行交互（尽管交互方式简陋，但是工作效率远高于其他方式）。

```
User Access Verification
Password:
C2600>enable
Password:
C2600#configure terminal
Enter configuration commands, one per line.  End with CNTL/Z.
```

1.2.2 Web 界面

目前，大部分网络设备内置有 Web 服务，支持来自浏览器的访问。这种方式比较直观，对操作人员技术水平要求不高，缺点是难以做到支持 CLI 命令全集。图 1-3 示意了 C2960 的 Web 管理界面。

1.2.3 专业网管软件

除厂商针对所生产设备开发的网管软件（如 Cisco Works）外，还有大量第三方开发的网管软件，可用于网络设备的配置、管理和监控。通常，这些软件主要用于监视网络设备在整个网络中的行为，一般将设备视为一个整体进行管理。对于关注设备细节的操作，不推荐使用这类软件。

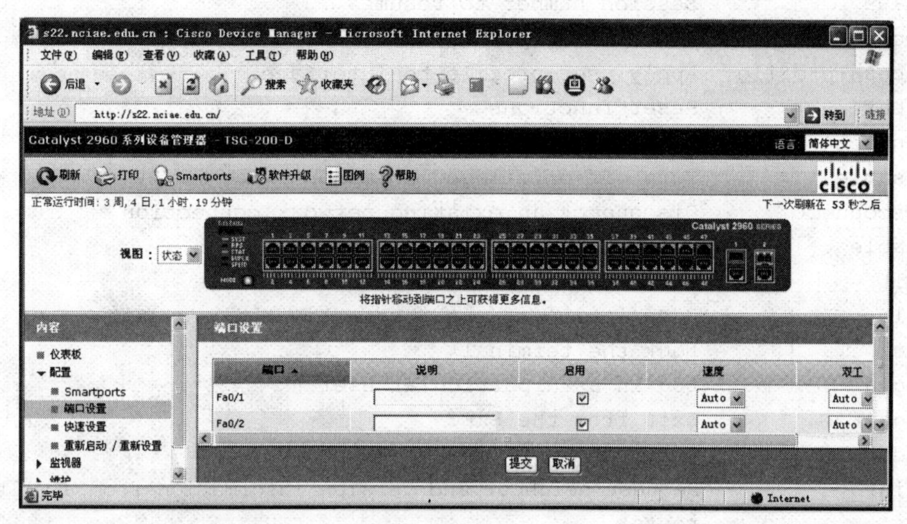

图 1-3　Web 方式

1.3　IOS 与 CLI

1.3.1　IOS

IOS（Internetworking Operating System，网络互联操作系统）是 Cisco 设备的核心。IOS 类似于计算机的操作系统，是用户对设备进行操作的底层接口。其主要作用是加载网络协议、传输通信流量、执行访问控制逻辑、提供可靠性和可伸缩性等。

不同型号设备所支持的 IOS 版本不同（版本越高，功能越多越强大）。在所有基于 IOS 的设备上，执行同类操作所使用的命令基本相同。例如，在路由器和交换机上，配置以太网口速度和工作模式的命令是完全相同的。对专业人员而言，掌握了 IOS 命令集，即可对任何在 IOS 支持下运行的网络设备进行操作。

1.3.2　CLI

用户通过 CLI 访问 IOS，进而操作网络设备。因网络设备的特殊性，CLI 命令按模式分类，不同模式下的命令一般不能通用。需要进行某种操作时，必须进入适合的模式。例如，设置以太网口的参数，只能在接口模式（config-if）下进行。

与 DOS 命令类似，CLI 命令对大小写不敏感。与 DOS 命令不同，CLI 命令允许缩写，只要键入的命令字符足以与当前模式下的其他命令区分开来即可。

1.3.2.1　CLI 模式

1. 用户 EXEC 模式

登录至欲管理设备后，即处于该模式下，提示符为“>”。在该模式下，能进行的操作很少，主要用于查看设备的基本信息。

```
C2600>?
Exec commands:
  <1-99>            Session number to resume
  access-enable     Create a temporary Access-List entry
  access-profile    Apply user-profile to interface
  clear             Reset functions
  connect           Open a terminal connection
  disable           Turn off privileged commands
  disconnect        Disconnect an existing network connection
  enable            Turn on privileged commands
  exit              Exit from the EXEC
  help              Description of the interactive help system
  lock              Lock the terminal
  login             Log in as a particular user
  logout            Exit from the EXEC
  modemui           Start a modem-like user interface
  mrinfo            Request neighbor and version information from a multicast
                    router
  mstat             Show statistics after multiple multicast traceroutes
  mtrace            Trace reverse multicast path from destination to source
  name-connection   Name an existing network connection
  pad               Open a X.29 PAD connection
  ping              Send echo messages
  ppp               Start IETF Point-to-Point Protocol (PPP)
  resume            Resume an active network connection
  rlogin            Open an rlogin connection
  show              Show running system information
  slip              Start Serial-line IP (SLIP)
  systat            Display information about terminal lines
  telnet            Open a telnet connection
  terminal          Set terminal line parameters
  traceroute        Trace route to destination
  tunnel            Open a tunnel connection
  udptn             Open an udptn connection
  where             List active connections
  x28               Become an X.28 PAD
  x3                Set X.3 parameters on PAD
```

2. 特权 EXEC 模式

在用户 EXEC 模式下，进行下列操作，可进入特权 EXEC 模式。

```
C2600>en
Password:
C2600#
```

特权 EXEC 模式提示符为“#”。在该模式下，可查看设备的所有信息，执行测试、调试命令。

3. 全局配置模式

在特权 EXEC 模式下，进行下列操作，可进入全局配置模式。

```
C2600#conf t
Enter configuration commands, one per line.  End with CNTL/Z.
C2600(config)#
```

全局配置模式提示符为“(config)#”。在该模式下，可修改设备的全局参数，如时间、日期、名称等。

4. 接口配置模式

在全局配置模式下，进行下列操作，可进入接口配置模式。

```
C2600(config)#int  e0/0
C2600(config-if)#
```

接口配置模式提示符为“(config-if)#”。在该模式下，可修改当前接口的参数，如速度、工作模式、封装等。

下面是退出上述四种模式的命令。

```
C2600(config-if)#exit
C2600(config)#exit
C2600#disa
C2600>exit
```

除上述 4 种主要模式外，设备还可以在线类命令模式、路由子命令模式和 RBOOT 模式下工作。其中 RBOOT 模式只用于特殊情况，如密码恢复。线类命令模式、路由子命令模式参见后续章节。

1.3.2.2 CLI 上下文帮助与命令编辑

CLI 命令集合十分庞杂，难以全部记忆。为此 CLI 提供了强大的帮助功能。在 1.3.2.1 节中，已经展示了提示符下“？”的作用。事实上，还可以下列方式使用“？”。

```
C2600#sh i?
idb  interfaces  ip
C2600#sh int e?
Ethernet
C2600#sh int e0/0 ?
  accounting         Show interface accounting
  crb                Show interface routing/bridging info
  irb                Show interface routing/bridging info
  mac-accounting     Show interface MAC accounting info
  precedence         Show interface precedence accounting info
  rate-limit         Show interface rate-limit info
  summary            Show interface summary
  |                  Output modifiers
  <cr>
C2600#sh int e0/0 s?
Summary
```

初学者往往不能熟练应用缩写命令，在这种情况下，可在键入命令开始的一个或几个字符后，按 Tab 键，如果所键入的字符已经是正确的缩写形式（足以与其他命令区分），CLI 将自动补全命令。

默认情况下，CLI 自动保存用户最近输入的 10 条命令。通过上、下箭头键，可获得其中任何一条命令，按回车键可重复执行。

顺便指出，自 IOS Ver 12.2 起，CLI 允许在全局配置模式下通过 do 命令查看配置和统计数据（在低版本的 IOS 中，要查看这些数据需切换至 EXEC 模式）。

```
C2600(config)#do sh arp
Protocol  Address          Age (min)  Hardware Addr   Type   Interface
Internet  210.31.225.199          -   00b0.6454.7fa0  ARPA   Ethernet0/0
Internet  210.31.225.222          0   0015.5828.36fa  ARPA   Ethernet0/0
```

此外，以笔者经验看，Windows 系统的 Telnet 命令提供的编辑环境比较简陋，对网络设备进行简单操作尚可，完成复杂操作则捉襟见肘。在工程实践中，一般选用专门设计的终端仿真程序（如 SecureCRT）。

1.3.2.3 常用 CLI 命令

1. 设备命名

```
C2600(config)#hostname Router-C2600-J08-514
Router-C2600-J08-514(config)#
```

说明 一般用地理位置或行政区划为设备命名。同时维护多台设备时，确切、容易识别的设备名称对于提高效率大有裨益。

2. 接口描述

```
C2600(config)#int e0/0
C2600(config-if)#description toLibrary
```

3. 设置用于进入特权 EXEC 模式的加密口令

```
C2600(config)#enable secret @#$_)
```

说明 在配置文件中，口令显示为密文，有助安全。

4. 关闭、激活接口

```
C2600(config-if)#sh
C2600(config-if)#
04:33:18: %LINK-5-CHANGED: Interface Ethernet0/1, changed state to administratively down
04:33:19: %LINEPROTO-5-UPDOWN: Line protocol on Interface Ethernet0/1, changed state to down
C2600(config-if)#no sh
C2600(config-if)#
04:33:34: %LINK-3-UPDOWN: Interface Ethernet0/1, changed state to up
04:33:35: %LINEPROTO-5-UPDOWN: Line protocol on Interface Ethernet0/1, changed state to up
```

说明 sh 命令使接口进入 administratively down 状态；no sh 命令激活接口，使之进入 up 状态。

5. 为第 3 层接口设置 IP 地址及子网掩码

```
C2600(config)#int e0/1
C2600(config-if)#ip address 118.230.161.254 255.255.255.0
C2600(config-if)#^Z
C2600#sh int e0/1
Ethernet0/1 is up, line protocol is up
```

```
Hardware is AmdP2, address is 00b0.6454.7fa1 (bia 00b0.6454.7fa1)
Internet address is 118.230.161.254/24
......
```

6. 启用对全“0”子网的支持

```
C2600(config)#ip subnet-zero
```

说明 默认情况下，Cisco设备支持全“1”子网，不支持全“0”子网。

7. 设置Telnet口令并启用口令验证

```
C2600(config)#line vty 0 15
C2600(config-line)#password @#$_)
C2600(config-line)#login
```

说明 虚拟终端线路的口令必须设置并启用口令验证，否则Telnet协议不能运行。

8. 测试到IP设备的连通性

```
C2600#ping 118.230.167.254
Type escape sequence to abort.
Sending 5, 100-byte ICMP Echos to 118.230.167.254, timeout is 2 seconds:
.!!!!
Success rate is 80 percent (4/5), round-trip min/avg/max = 1/2/4 ms
```

说明 向地址为118.230.167.254的设备发送5个长度为100字节的报文。每个“!”代表收到1个响应报文。

9. 获取IP路由信息

```
C2600#traceroute 118.230.167.254
Type escape sequence to abort.
Tracing the route to 118.230.167.254
  1 210.31.225.254 4 msec 0 msec 0 msec
  2 bogon (10.99.97.2) 4 msec *  0 msec
```

说明 罗列IP链路中所包含第3层设备的IP地址，描述源到目的IP设备之间的当前路由。

10. 禁用域名解析请求

```
C2600(config)#no ip domain-lookup
C2600(config)#^Z
C2600#www.edu.cn
Translating "www.edu.cn"
Translating "www.edu.cn"
% Unknown command or computer name, or unable to find computer address
```

说明 默认情况下，用户在EXEC模式下输入的错误命令将被系统视为域名，并向网络泛洪DNS请求，如能获得IP地址，将尝试Telnet至该设备。启用该特性弊大于利，应关闭。

11. 保存当前运行的配置文件

```
C2600#wr
Building configuration...
[OK]
```

说明 将当前运行的配置文件存为初始配置文件，以免因设备掉电而丢失对配置所做的修改。

12. 热启动设备

```
C2600#reload
System configuration has been modified. Save? [yes/no]: y
Building configuration...
[OK]
Proceed with reload? [confirm]
```

说明 若此前修改了配置，系统将询问是否保存所做的修改。

13. 显示版本信息

```
C2600#sh ver
Cisco Internetwork Operating System Software
IOS (tm) C2600 Software (C2600-I-M), Version 12.2(8)T5, RELEASE SOFTWARE (fc1)
TAC Support: http://www.cisco.com/tac
Copyright (c) 1986-2002 by cisco Systems, Inc.
Compiled Fri 21-Jun-02 08:50 by ccai
Image text-base: 0x80008074, data-base: 0x80A2BD40
ROM: System Bootstrap, Version 11.3(2)XA4, RELEASE SOFTWARE (fc1)
C2600 uptime is 3 minutes
System returned to ROM by reload
System image file is "flash:C2600-i-mz.122-8.T5.bin"
cisco 2611 (MPC860) processor (revision 0x203) with 28672K/4096K bytes of memory.
Processor board ID JAD035105I0 (1108224124)
M860 processor: part number 0, mask 49
Bridging software.
X.25 software, Version 3.0.0.
2 Ethernet/IEEE 802.3 interface(s)
1 Serial network interface(s)
2 Low-speed serial(sync/async) network interface(s)
32K bytes of non-volatile configuration memory.
16384K bytes of processor board System flash (Read/Write)
Configuration register is 0x2102
```

说明 查看IOS版本号、系统加电时间、IOS映像文件路径名等。

1.4 文件备份与恢复

1.4.1 存储部件

网络设备其实是一种专用计算机。其存储部件包括ROM（只读存储器）、RAM（随机存储器）、Flash Memory（闪存）和NVRAM（非易失性内存）。上述部件中，除RAM会在设备掉电后丢失其数据外，其他3类部件均在掉电后自行保存其数据。

ROM用于存储开机自检程序、系统引导程序、IOS的精简或完整版本。

Flash Memory类似于通用计算机中的硬盘，主要用于保存IOS映像文件。

NVRAM 用于存储初始配置（startup-config）文件。IOS 启动后，初始配置文件中的内容被拷贝到 RAM 中执行。

RAM 用于存储数据包队列、设备运行中产生的数据（如路由表、ARP 表等）。此外，RAM 中也保存了一个称为运行配置（running-config）的文件。掉电后，运行配置文件将不复存在。

设备刚启动后，运行配置文件与初始配置文件相同。在设备运行的过程中，用户对配置所做的修改只对运行配置文件有效。掉电后，运行配置文件将不复存在。显然，为保存运行配置文件的内容以使设备在下次启动后自动运行，应将其保存为初始配置文件。

事实上，前面提到的“wr”命令也可以写成“copy running-config startup-config”，其作用就是将运行配置文件存为初始配置文件。

1.4.2 配置文件的备份与恢复

在进行下列操作之前，需建立 TFTP 服务器，并确保该服务器能与设备正常通信。

```
C2600#copy startup-config tftp
Address or name of remote host []? 210.31.225.222
Destination filename [c2600-confg]?
!!
770 bytes copied in 0.481 secs
C2600#copy tftp: startup-config
Address or name of remote host []? 210.31.225.222
Source filename []? c2600-confg
Destination filename [startup-config]?
Accessing tftp://210.31.225.222/c2600-confg...
Loading c2600-confg from 210.31.225.222 (via Ethernet0/0): !
[OK - 770/1024 bytes]
[OK]
770 bytes copied in 9.880 secs (85 bytes/sec)
```

说明 TFTP 服务器的 IP 地址为 210.31.225.222。初始配置文件被传送至 TFTP 服务器，文件名为“c2600-confg”；启动恢复操作前，需指定位于 TFTP 服务器工作目录中的文件。

1.4.3 映像文件的备份、恢复与升级

```
C2600#copy flash: tftp
Source filename []? C2600-i-mz.122-8.T5.bin
Address or name of remote host []? 210.31.225.222
Destination filename [C2600-i-mz.122-8.T5.bin]?
!!!!!!!!!!!!!!!!!!!!!!!!!!!!!!!!!!!!!!!!!!!!!!!!!!!!!!!!!!!!!!!!!!!!!!.....
5849872 bytes copied in 39.264 secs (149996 bytes/sec)

C2600#copy tftp flash:
Address or name of remote host [210.31.225.222]?
Source filename [C2600-i-mz.122-8.T5.bin]?
Destination filename [C2600-i-mz.122-8.T5.bin]?
```

```
Accessing tftp://210.31.225.222/C2600-i-mz.122-8.T5.bin...
Erase flash: before copying? [confirm]
Erasing the flash filesystem will remove all files! Continue? [confirm]
Erasing device... eeeeeeeeeeeeeeeeeeeeeeeeeeee ...erased
Erase of flash: complete
Loading C2600-i-mz.122-8.T5.bin from 210.31.225.222 (via Ethernet0/0):
!!!!!!!!!!!!!!!!!!!!!!!!!!!!!!!!!!!!!!!!!!!!!!!!!!!!!!......
[OK - 5849872/11699200 bytes]
Verifying checksum...  OK (0xD776)
5849872 bytes copied in 56.721 secs (104462 bytes/sec)
```

说明 进行覆盖式恢复操作时，应确保设备由 UPS 供电。以免中途掉电导致更新失败，造成丢失 IOS 映像文件的不良后果。

欲升级 IOS，可先将新的映像文件存放在 TFTP 服务器上，然后像恢复映像文件一样将新文件写入闪存。之后通过“boot system”命令指定交换机重新启动时应使用的 IOS 映像文件。

1.5 口令恢复

在工程实践中，因工作移交、技术文档损毁等原因造成口令遗失的窘况时有发生，因此需要掌握在不知道原有口令的条件下重设口令的技术。

考察设备的启动过程，可知系统之所以要求用户输入口令，是因为系统启动后将运行复制到内存中的初始配置文件。如果在启动 IOS 后，设备能忽略初始配置文件，进入特权 EXEC 模式。则可以利用 copy 命令将初始配置文件复制到内存中，然后修改口令，最后保存设置。

第 3 层设备（路由器、第 3 层交换机）口令恢复方法与第 2 层交换机不同。

1. 第 3 层设备

在 NVRAM 中，有一个称为配置寄存器的软件寄存器，其中存储了若干与启动有关的二进制位。当位 6 为 1 时，设备启动后将忽略初始配置文件。这是恢复口令操作的关键所在。下面给出恢复口令的具体步骤。

（1）通过 Console 口将计算机与设备相连，启动设备，按 Ctrl+Break 组合键执行一个中断，使设备进入 ROM 监控模式，提示符为“rommon 1 >”。

```
System Bootstrap, Version 11.3(2)XA4, RELEASE SOFTWARE (fc1)
Copyright (c) 1999 by cisco Systems, Inc.
TAC:Home:SW:IOS:Specials for info
PC = 0xfff0a530, Vector = 0x500, SP = 0x680127c8
C2600 platform with 32768 Kbytes of main memory
PC = 0xfff0a530, Vector = 0x500, SP = 0x80004684
monitor: command "boot" aborted due to user interrupt
rommon 1 >
```

（2）修改配置寄存器的值为 0x2142，重启设备。

```
rommon 1 >confreg 0x2142
You must reset or power cycle for new config to take effect
```

```
rommon 3 > reset
```

（3）跳过“初始配置交互（initial configuration dialog）”。

```
Would you like to enter the initial configuration dialog? [yes/no]: n
Press RETURN to get started!
```

（4）将 startup-config 复制为 running-config，之后，修改口令。

```
Router>en
Router#copy startup-config running-config
Destination filename [running-config]?
770 bytes copied in 0.970 secs
```

（5）修改配置寄存器的值为 0x2102，用 running-config 覆盖 startup-config，重启设备。

```
C2600(config)#config-register 0x2102
C2600(config)#^Z
C2600#copy running-config startup-config
Destination filename [startup-config]?
Building configuration...
[OK]
C2600#reload
```

2. 第 2 层交换机

以 WS-C2950-24 为例。断开设备电源，按住前面板上的 MODE 按钮不放，接通设备电源，待 STAT 指示灯熄灭后，放开 MODE 按钮。按下列步骤操作。

```
C2950 Boot Loader (C2950-HBOOT-M) Version 12.1(11r)EA1, RELEASE SOFTWARE
(fc1)
Compiled Mon 22-Jul-02 17:18 by antonino
WS-C2950-24 starting...
Base ethernet MAC Address: 00:0b:be:e4:28:00
Xmodem file system is available.
The system has been interrupted prior to initializing the
flash filesystem. The following commands will initialize
the flash filesystem, and finish loading the operating
system software:
    flash_init
    load_helper
    boot
switch: flash_init
Initializing Flash...
......
switch: load_helper
switch: dir flash:
Directory of flash:/
2    -rwx  684      <date>           vlan.dat
3    -rwx  1813     <date>           config.text
4    -rwx  5        <date>           private-config.text
6    -rwx  327      <date>           env_vars
7    -rwx  3121383  <date>           c2950-i6q4l2-mz.121-22.EA9.bin
4614656 bytes available (3126784 bytes used)
```

```
switch: rename flash:config.text flash:config.old
switch: boot
```

说明 重命名配置文件，重启系统。

```
Loading "c2950-i6q4l2-mz.121-22.EA9.bin"...c2950-i6q4l2-mz.121-22.EA9.bin:
permission denied
......
        --- System Configuration Dialog ---
Would you like to enter the initial configuration dialog? [yes/no]: n
```

说明 跳过“初始配置交互（initial configuration dialog）”。

```
Press RETURN to get started!
Switch>en
Switch#rename flash:config.old flash:config.text
Destination filename [config.text]?
```

说明 进入特权 EXEC 模式，恢复初始配置文件。

```
Switch#copy flash:config.text system:running-config
Destination filename [running-config]?
1813 bytes copied in 1.432 secs (1266 bytes/sec)
```

说明 建立运行配置文件。

```
S1#conf t
Enter configuration commands, one per line.  End with CNTL/Z.
S1(config)#no enable password
S1(config)#enable password 197922
S1(config)#^Z
S1#wr
00:04:57: %SYS-5-CONFIG_I: Configured from console by console
Building configuration...
[OK]
```

说明 修改密码，保存配置。

1.6 CDP

1. 用途

CDP（Cisco Discovery Protocol）是 Cisco 的私有协议，运行在 OSI 的第 2 层上，用于在设备之间传输与设备有关的基本信息，如名称、型号、IP 地址、IOS 版本等。在启用了 CDP 的接口上，CDP 消息每 60 秒发送一次。如果在 180 秒内，未收到某一个设备的 CDP 消息，则认为该设备已经脱离网络，并删除相应的 CDP 条目。

2. 配置

可以在全局配置或接口配置模式下设定是否启用 CDP 功能。在默认情况下，所有接口均启用了 CDP 功能。

```
S2#sh cdp
Global CDP information:
        Sending CDP packets every 60 seconds
        Sending a holdtime value of 180 seconds
```

```
    Sending CDPv2 advertisements is  enabled
S2#conf t
Enter configuration commands, one per line.  End with CNTL/Z.
S2(config)#no cdp run
S2(config)#^Z
S2#sh cdp
% CDP is not enabled
```

在全局配置模式下启用CDP后，可进一步设置某个接口是否向外发送CDP消息。

```
S2(config)#int g1/0/10
S2(config-if)#no cdp enable
```

出于安全方面的考虑，位于网络管理域边界的接口（如与ISP相连的接口），一般应关闭其CDP功能，以免信息泄露。

3. 查看CDP信息

（1）sh cdp neighbors。

```
S2#sh cdp neighbors
Capability Codes: R - Router, T - Trans Bridge, B - Source Route Bridge
                  S - Switch, H - Host, I - IGMP, r - Repeater, P - Phone

Device ID   Local Intrfce   Holdtme   Capability   Platform    Port ID
J08-300-1   Gig 1/0/2       144       S I          WS-C2950SX  Gig0/1
......
```

说明 “Port ID”指对端设备上与本地设备相连的接口。

（2）sh cdp neighbors detail。

```
S2#sh cdp neighbors detail
--------------------------
Device ID: J08-300-1
Entry address(es):
  IP address: 10.9.1.3
Platform: cisco WS-C2950SX-48-SI, Capabilities: Switch IGMP
Interface: GigabitEthernet1/0/2, Port ID (outgoing port): GigabitEthernet0/1
Holdtime : 138 sec

Version :
Cisco Internetwork Operating System Software
IOS (tm) C2950 Software (C2950-I6Q4L2-M), Version 12.1(22)EA4a, RELEASE
SOFTWARE (fc1)
Copyright (c) 1986-2005 by cisco Systems, Inc.
Compiled Fri 16-Sep-05 10:46 by yenanh

advertisement version: 2
Protocol Hello:  OUI=0x00000C, Protocol ID=0x0112; payload len=27,
value=00000000FFFFFFFF010221FF000000000000001563DE3D80FF0000
VTP Management Domain: 'S2'
Native VLAN: 1
Duplex: full
```

```
Management address(es):
  IP address: 10.9.1.3
......
```

（3）sh cdp interface。

```
S2#sh cdp interface
......
GigabitEthernet1/0/2 is up, line protocol is up
  Encapsulation ARPA
  Sending CDP packets every 60 seconds
  Holdtime is 180 seconds
......
```

说明 显示本地各接口的状态、封装格式（ARPA 表示以太网 2.0 版封装）、CDP 包发送时间间隔以及 CDP 信息在本地缓存中的保存时间。

（4）sh cdp traffic。

```
S2#sh cdp traffic
CDP counters :
        Total packets output: 58786, Input: 58761
        Hdr syntax: 0, Chksum error: 2, Encaps failed: 0
        No memory: 0, Invalid packet: 0, Fragmented: 0
        CDP version 1 advertisements output: 0, Input: 0
        CDP version 2 advertisements output: 58786, Input: 58761
```

说明 查看 CDP 流量的统计数据，包括发送、接收的包数、头部错误数、校验错误数、封装错误数等。

网络设备的 Console 端口用于连接配置用计算机，以支持初始配置；AUX 端口通常用于通过调制解调器与其他设备连接，提供备用管理途径。

CLI 是专业人员优先使用的管理方式，尽管交互方式简陋，但工作效率远高于其他方式；Web 界面方式难以做到支持 CLI 命令全集；专业网管软件一般将设备视为一个整体进行管理，对于关注设备本身细节的操作，不推荐使用这类软件。

IOS 类似于计算机的操作系统，是用户对设备进行操作的底层接口。用户通过 CLI 访问 IOS，进而操作网络设备。在所有基于 IOS 的设备上，执行同类操作所使用的命令基本相同。

CLI 命令按模式分类，不同模式下的命令一般不能通用。用户 EXEC 模式提示符为“>”，特权 EXEC 模式提示符为“#”，全局配置模式提示符为“(config)#”，接口配置模式提示符为“(config-if)#”。

CLI 命令允许缩写，只要所键入的命令字符足以与当前模式下的其他命令区分开来即可。CLI 提供了强大的帮助功能。

常用 CLI 命令包括设备命名，接口描述，设置用于进入特权 EXEC 模式的加密口令，关闭、激活接口，为第 3 层接口设置 IP 地址及子网掩码，启用对全“0”子网的支持，设置 Telnet 口令并启用口令验证，测试到 IP 设备的连通性，获取 IP 路由信息，禁用域名解析请求，保存当前运行的配置文件，热启动设备，显示版本信息等。

ROM 用于存储开机自检程序、系统引导程序、IOS 的精简或完整版本。Flash Memory 用于保存 IOS 映像文件。NVRAM 用于存储初始配置文件。IOS 启动后，初始配置文件中内容被拷贝到 RAM 中执行。RAM 用于存储数据包队列、设备运行中产生的数据。此外，RAM 还保存着运行配置文件，掉电后，运行配置文件将不复存在。

通过 TFTP 服务器，可方便地实现文件（如配置文件、映像文件等）的备份与恢复或软件升级。在对 IOS 映像进行覆盖式恢复操作时，应确保设备由 UPS 供电。

口令恢复的步骤是，设法使设备忽略初始配置文件而直接进入特权 EXEC 模式，将初始配置文件复制到内存中，之后修改口令，最后保存设置。

CDP 是 Cisco 的私有协议，运行在 OSI 的第 2 层上，用于在设备之间传输与设备有关的基本信息。在接口上，可激活或停用 CDP。

习题一

1. 通过 Console 口管理网络设备，需要为超级终端指定连接端口，该端口指（　　）。

   A. 配置用计算机的 USB 口　　B. 配置用计算机的串口

   C. 网络设备的 Console 口　　D. 网络设备的 AUX 口

2. 关于 AUX 口，下列描述（　　）是正确的（多选）。

   A. 可通过 Console 线与配置计算机串口相连

   B. 可通过调制解调器与网络相连

   C. 可通过网线直接与计算机的网口相连

   D. 可通过网线直接与另一设备的 AUX 口相连

3. 就设备管理方式而言，（　　）功能强大，适合于设置设备细节参数使用；（　　）使用简单，但是不支持所有的配置操作，适合于非专业人员使用；（　　）主要用于在设备与其他计算机之间传输文件；（　　）适合于查看网络的整体性能。

   A. Web 方式　　B. CLI

   C. TFTP 服务器　　D. 网管软件

4. 根据下列交互信息填空。

```
C2600#sh ver
Cisco Internetwork Operating System Software
IOS (tm) C2600 Software (C2600-I-M), Version 12.2(8)T5, RELEASE SOFTWARE (fc1)
ROM: System Bootstrap, Version 11.3(2)XA4, RELEASE SOFTWARE (fc1)
System image file is "flash:C2600-i-mz.122-8.T5.bin"
cisco 2611 (MPC860) processor (revision 0x203) with 28672K/4096K bytes of memory.
X.25 software, Version 3.0.0.
2 Ethernet/IEEE 802.3 interface(s)
1 Serial network interface(s)
2 Low-speed serial(sync/async) network interface(s)
32K bytes of non-volatile configuration memory.
16384K bytes of processor board System flash (Read/Write)
Configuration register is 0x2102
```

该路由器所安装的 IOS 版本号为（ ），RAM 容量为（ ），NVRAM 容量为（ ），Flash Memory 容量为（ ），IOS 映像文件名为（ ），配置寄存器的值为（ ）。

5．（ ）命令用于激活处于 administratively down 状态的接口。

A．no sh B．sh C．up D．no down

6．（ ）执行后，系统将由全局配置模式进入接口配置模式。

A．C2600#conf t B．C2600#disa

C．C2600(config)#int e0/0 D．C2600>conf t

7．在“#”提示符下，输入（ ），可查看“show”命令所支持参数的信息。

A．sh ? B．sh help C．help D．sh/?

8．能成功执行 sh 命令的提示符是（ ）；能成功执行 hostname syr 命令的提示符是（ ）；能成功执行 description toLibrary 命令的提示符是（ ）。

A．> B．# C．config D．config-if

9．默认情况下，Cisco 设备（ ）。

A．支持全“1”子网，不支持全“0”子网

B．支持全“1”子网和全“0”子网

C．不支持全“1”子网和全“0”子网

D．支持全“0”子网，不支持全“1”子网

10．测试到 IP 设备连通性的命令是（ ）；获取 IP 路由信息的命令是（ ）。

A．traceroute B．ping C．pass D．login

11．（ ）命令用于保存当前运行的配置文件为初始配置文件。

A．load B．save C．reload D．wr

12．网络设备的存储部件 ROM 属于（ ）、RAM 属于（ ）、Flash Mewory 属于（ ）、NVRAM 属于（ ），除（ ）会在设备掉电后丢失其数据外，其他 3 类部件在掉电后均自行保存其数据。

A．随机存储器 B．闪存

C．非易失性内存 D．只读存储器

13．ROM 用于存储（ ）开机自检程序、系统引导程序、IOS 的精简或完整版本；Flash Memory 用于存储（ ）；NVRAM 用于存储（ ）。

A．运行配置文件

B．初始配置文件

C．IOS 映像文件

D．开机自检程序、系统引导程序、IOS 的精简或完整版本

14．保存网络设备的初始配置文件至 TFTP 服务器的命令是（ ）。

A．copy startup-config tftp B．copy running-config tftp

C．copy tftp running-config D．copy tftp startup-config

15．用 TFTP 服务器上的映像文件升级网络设备中原有的映像文件，应使用命令（ ）。

A．copy rom tftp B．copy flash: tftp

C．copy tftp flash:　　　　　　　　　　D．copy tftp rom

16．对第 3 层设备而言，修改配置寄存器的值为（　　），可使设备启动后忽略初始配置文件。

A．0x2102　　　　　　　　　　B．0x2132

C．0x2142　　　　　　　　　　D．0x2112

17．通过 CDP 查看邻居设备信息，应使用命令（　　）。

A．sh cdp neighbors　　　　　　　　B．sh cdp

C．sh cdp interface　　　　　　　　D．sh cdp traffic

第 2 章 路由器配置

本章以 Cisco 设备为例，讲述与路由协议相关的概念、术语，常用路由协议的特点及适用范围。以 IP 网互联为例，重点讲述 OSPF 路由方案的规划和实现过程。

较全面地介绍 ACL 的概念与规则，基于工程实践，给出 ACL 应用实例。

以多出口园区网为例，讲述 NAT 与策略路由的工作机制及实现方法。

- 直连、静态、默认、动态路由，路由匹配原则
- OSPF 在园区网中的应用实例
- 扩展 ACL、基于时间的 ACL、CBAC
- PAT 及多口 NAT
- 策略路由

2.1 直连、静态和默认路由

2.1.1 直连路由

1. 物理连接及参数配置

路由器的功能，一言以蔽之：在 IP 网络间传送数据包。在图 2-1 中，子网 S-226（210.31.226.0/24）与 S-227（210.31.227.0/24）之间的通信是一个最简单的例子。

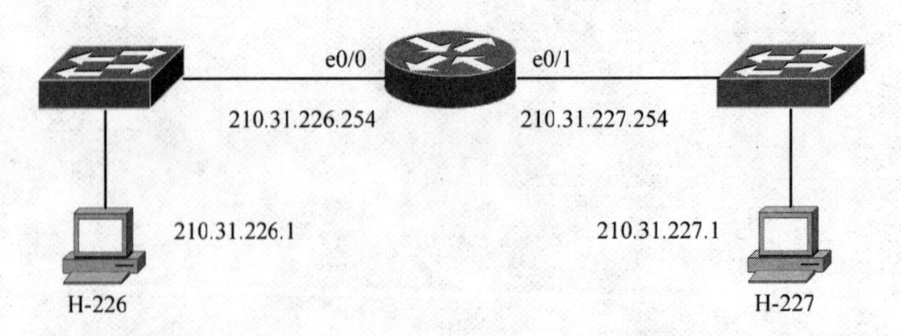

图 2-1 一台路由器连接两个 IP 子网

考察图 2-1 所示的网络结构，主机 H-226 的 IP 参数应为：

```
IP Address. . . . . . . . . . . . : 210.31.226.1
```

```
Subnet Mask . . . . . . . . . . . . : 255.255.255.0
Default Gateway . . . . . . . . . : 210.31.226.254
```

而主机 H-227 的 IP 参数应为：

```
IP Address. . . . . . . . . . . . : 210.31.227.1
Subnet Mask . . . . . . . . . . . : 255.255.255.0
Default Gateway . . . . . . . . . : 210.31.227.254
```

为实现网间通信，除必要的物理连接（本例中的两个子网分别与路由器的 e0/0、e0/1 口相连）外，还需要对路由器进行必要的设置。事实上，对本例而言，路由器的设置简单得令人难以置信。下面是配置文件中的相关内容。

```
interface Ethernet0/0
 description toTest_Net_226
 ip address 210.31.226.254 255.255.255.0
interface Ethernet0/1
 description toTest_Net_227
 ip address 210.31.227.254 255.255.255.0
```

说明 description 命令不是必需的。

完成上述设置后，在主机 H-226 上测试到主机 H-227 的连通性。

```
C:\Documents and Settings\nsc01>ping 210.31.227.1
Pinging 210.31.227.1 with 32 bytes of data:
Reply from 210.31.227.1: bytes=32 time=7ms TTL=63
......
Ping statistics for 210.31.227.1:
    Packets: Sent = 4, Received = 4, Lost = 0 (0% loss),
Approximate round trip times in milli-seconds:
    Minimum = 5ms, Maximum = 7ms, Average = 5ms
```

2. 直连路由及路由表

如图 2-1 中的两个子网均直接与路由器相连，路由器到直连网络的路由（称为直连路由）条目由路由器自动生成，不需用户参与。

```
C2600#sh ip route
Codes: C - connected, S - static, I - IGRP, R - RIP, M - mobile, B - BGP
......
Gateway of last resort is not set
C    210.31.227.0/24 is directly connected, Ethernet0/1
C    210.31.226.0/24 is directly connected, Ethernet0/0
```

说明 C 表示直连路由。目的地址属于子网 210.31.227.0/24、210.31.226.0/24 的 IP 包将被分别转发至 Ethernet0/1 口和 Ethernet0/0 口。

3. 路由过程

可以通过 debug 命令查看路由器的内部处理过程。

```
C2600#debug ip packet detail
IP packet debugging is on (detailed)
13:07:22: IP: s=210.31.226.1 (Ethernet0/0), d=210.31.227.1 (Ethernet0/1),
g=210.31.227.1, len 60, forward
13:07:22:     ICMP type=8, code=0
```

说明 转发 ICMP 协议包，报文类型为 echo 请求。

```
    13:07:22: IP: s=210.31.227.1 (Ethernet0/1), d=210.31.226.1 (Ethernet0/0),
g=210.31.226.1, len 60, forward
    13:07:22:     ICMP type=0, code=0
```

说明 转发 ICMP 协议包，报文类型为 echo 应答。

```
C2600#undebug all
All possible debugging has been turned off
```

说明 除非确有必要，不要在重载运行的路由器上启用 debug，因该功能消耗资源太多。若因排障需要激活此功能，则应在截获所需信息后及时关闭。

2.1.2 静态路由

1. 配置方法

在图 2-2 中，子网 S-226（210.31.226.0/24）与 S-227（210.31.227.0/24）之间、子网 S-228（210.31.228.0/24）与 S-229（210.31.229.0/24）之间的通信分别通过路由器 R1、R2 进行。若需全部连通上述四个子网，可以使用静态路由。

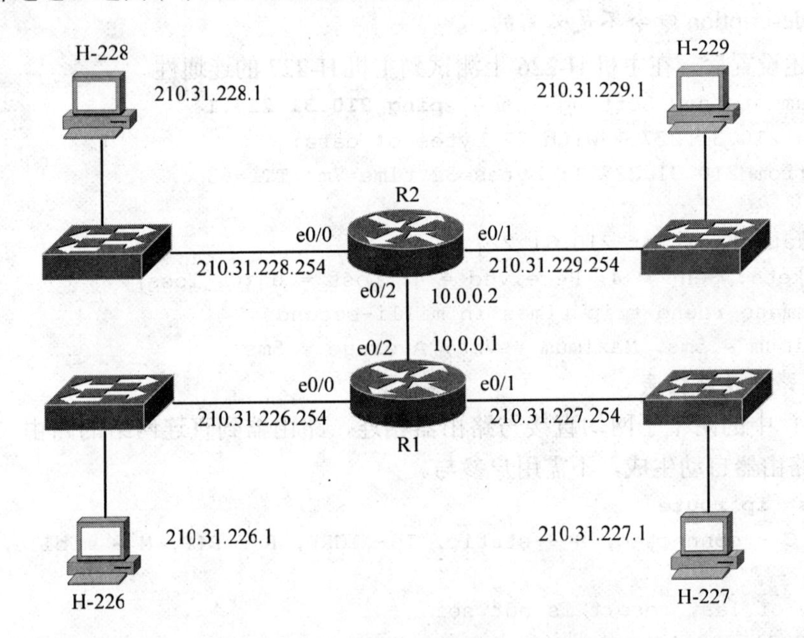

图 2-2 两台路由器连接四个 IP 子网

为使主机 H-226 能将 IP 包发送至 H-228，路由器 R1 必须知道怎样转发目的地址属于 S-228 的 IP 包。路由器可自行创建直连路由条目，但在未运行任何动态路由协议时，路由器不能自行建立非直连路由。此时，可为路由器手工添加静态路由。

```
R1(config)#ip route 210.31.228.0 255.255.255.0 10.0.0.2
R1(config)#ip route 210.31.229.0 255.255.255.0 10.0.0.2
```

上述命令执行后，路由表中将增加下列静态路由条目（S 表示静态）：

```
S    210.31.229.0/24 [1/0] via 10.0.0.2
S    210.31.228.0/24 [1/0] via 10.0.0.2
```

至此，R1 已经可以正确转发目的地址属于 S-229 或 S-228 的 IP 包，之后，在 R2 上进行类似的设置，使 R2 能够转发目的地址属于 S-226 或 S-227 的 IP 包，即可连通四个子网。

2. 特点

- 不需运行动态路由选择协议，可减轻 CPU 负担。若确实只需静态路由功能，可购买档次较低的路由器，以节省投资。此外，因路由器之间不必传输路由信息，也节省了信道带宽（对 WAN 信道，此优点尤显可贵）。
- 通过调整路由，网管人员可灵活实施访问控制策略，有助于提高网络安全性。
- 用于小型网络时，配置十分简单。
- 网管人员必须熟知网络结构细节，方可正确配置路由。
- 对于大型或结构变动频繁的网络，采用静态路由方案会导致巨大的配置与管理工作量，故不宜使用。

3. 注意事项

- 创建路由条目时，尽可能使用下一跳路由器的地址，而不是本地路由器接口。
- 当连接下一跳路由器的接口处于关闭状态时，尽管可配置指向该路由器的路由条目，并且可在配置文件中看到相关语句，但在接口被激活前，路由表中不会出现相应表项。
- IOS 支持在若干静态路由上均衡流量。

2.1.3 默认路由

1. 最长匹配原则

当多条路由均匹配同一目的地址时，路由器将根据最长匹配规则转发数据包。例如，要发送报文至 10.0.0.1，假定路由器中有三条匹配路由，分别是 10.0.0.0/24、10.0.0.0/8 和 0.0.0.0/0，则路由器将使用到 10.0.0.0/24 的那一条路由，即在若干匹配路由中，优先选用子网掩码最长者。因为相比较而言，该信息对目标网络的描述最为具体和精确。

顺便指出，子网掩码长度为 32 位的路由事实上指一台主机，无疑是最精确的，这种路由称为主机路由。主机路由不宜大量出现在路由表中，因为这样将降低路由器的查表效率。

2. 默认路由

与主机路由相反，子网掩码长度为零的路由属于最模糊的路由，可以匹配任何目的地址。这种路由称为默认路由。换言之，当路由表中不存在与目的地址匹配的常规路由时，路由器将使用默认路由转发数据包。

可以将默认路由视为静态路由的特例。与静态路由一样，默认路由必须由网管人员自行添加。与静态路由不同，即使指定了多个默认路由，路由器也不会在这些路由上均衡流量。

在图 2-2 中，如果 R1、R2 的直连网络经常发生变化，为求一劳永逸，可使用默认路由。

```
R1(config)#ip route 0.0.0.0 0.0.0.0 10.0.0.2
R1#sh ip route
......
Gateway of last resort is 10.0.0.2 to network 0.0.0.0
......
S*   0.0.0.0/0 [1/0] via 10.0.0.2
```

说明 在路由表中，“S*”表示默认路由，0.0.0.0 0.0.0.0 可匹配任何网络。

在 R2 上进行类似的配置。

默认路由非常适用于只有一个出口的网络（端网络），如图 2-3 所示。此场景中，欲使

R 下连局域网中的计算机能够访问 Internet，势必要求 R 中包含指向 Internet 上所有网络的路由条目。若不使用默认路由，R 中的路由表将大到惊人的程度。而默认路由可将这些条目聚合为一个条目，既能节省存储空间，又能提高查表效率。

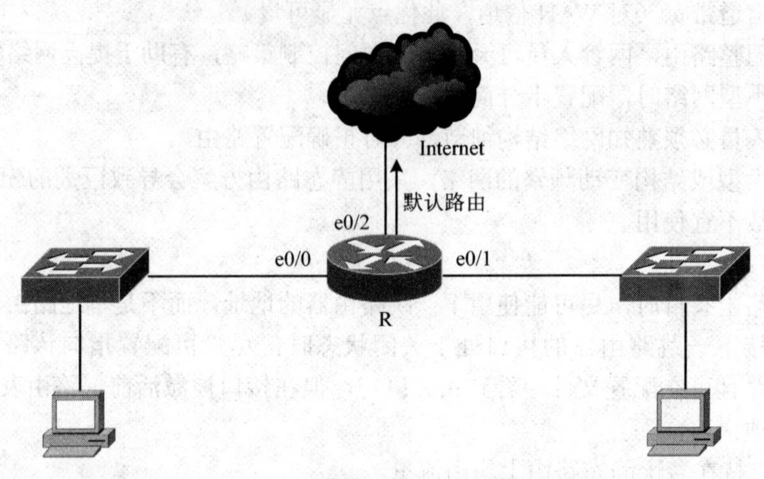

图 2-3 默认路由

在 Cisco 设备上使用默认路由时，为确保稳定，应启用其无类网络支持功能。

```
R(config)#ip classless
```

2.2 动态路由

通过某种协议获知远程网络（不与本地路由器直接连接的网络）的变化，自动更新本地路由表，称为动态路由。运行动态路由协议的路由器，其路由表能够自动适应网络结构变化。

2.2.1 动态路由协议的类型

1. 距离向量

距离向量路由协议是根据到达目标网络的跳数确定路由（IP 包每通过一台路由器，称为 1 跳），将跳数最少者视为最佳路径。运行此协议的路由器定期将本地路由表发送至相邻路由器，以反映网络变化。

距离向量路由协议是为小型网络环境设计的。在大型网络环境下，这类协议会产生较大流量，耗用过多带宽，且收敛速度较慢。距离向量路由协议包括 RIP、IGRP 等。

2. 链路状态

链路状态路由协议是根据到达目标网络的代价值确定路由（代价值一般由链路带宽决定），将代价最低者视为最佳路径。运行此协议的路由器向同一管理域内的所有路由器发送链路状态信息，以反映网络变化。

链路状态路由协议适用于大型网络。常见的协议有 OSPF、IS-IS 等。

3. 混合型

混合型路由协议使用了距离向量和链路状态。其典型协议是 Cisco 的私有协议 EIGRP。

2.2.2 RIP

RIP 用 UDP 报文交换路由信息。路由器每 30 秒发送一次路由更新通告。如果一个路由器超过 180 秒钟还没有从另一个路由器获得路由更新报文，则认为先前来自那个路由器的路由不能再使用。如果在 240 秒之后仍未收到更新报文，则删除那些路由。RIP 具有以下特点：

- 属于典型的距离向量路由协议。
- 路由选择的度量值是跳数。最大跳数为 15，16 代表无穷大——不可达。
- 缺省情况下每 30 秒钟发送一次路由更新。
- 支持在多条路径上均衡流量。
- RIP1 是有类的，不支持 CIDR 和 VLSM；RIP2 是无类的，支持 CIDR 和 VLSM。

2.2.3 OSPF

运行 OSPF 的路由器发现网络发生变化时，将更新其链接状态表，同时向邻接（Adjacency）路由器发送更新报文。邻接路由器收到更新报文后，将其与当前链接状态表综合，然后使用 OSPF 算法选择最优路径。当网络不发生变化时，路由器只发送那些在一定时间内未刷新路由的更新报文，间隔时间通常从 30 分钟到 2 个小时不等。

OSPF 是 IETF 于 1988 年开发的技术。可用于 RIP 不能处理的大型网络。OSPF 具有下列特点：

- 规范完全开放，是 IETF 推荐使用的内部网关协议（Interior Gateway Protocol，IGP）。
- 不存在出现路由环路的可能。
- 路由收敛速度快。因为路由变化可以立即传遍网络，并通过并行运算获得新路由。
- 支持 CIDR 和 VLSM。
- 无可达性限制。跳数只受路由器处理能力和 IP TTL 的限制。
- 带宽耗用较少。
- 代价值基于链路速率，支持在多条路径上均衡流量。

2.2.4 IS-IS、IGRP、EIGRP、MPLS 和 BGP

IS-IS 属于链路状态路由协议。既可在 IP 通信中使用，也可在 OSI 通信中使用。

IGRP、EIGRP 均为 Cisco 的私有协议。

MPLS 是一种新兴的、基于标记的 IP 路由选择法。

BGP 属于外部网关协议，用于多个自治域之间。

2.3 度量与管理距离

1．度量

假定路由器 R 运行单一的路由选择协议。现考察这样一种情况，根据路由信息，R 获知通过接口 A 和 B 都可以到达某网络。那么，用哪个接口发送数据包呢？答案是，使用度量值低的接口。度量值低意味着花费少或代价低。不同协议计算度量的方法不同。OSPF 计算度量时关心链路速度，RIP 则关心跳数。如果度量值相同，则在这两个接口上均衡流量。

2. 管理距离

假定路由器 R 运行多种路由选择协议，如 RIP 和 IGRP。现考察这样一种情况，R 由 RIP 获知，通过接口 A 可到达网络 α，度量为 2；由 IGRP 获知，通过接口 B 亦可到达网络 α，度量为 8000。那么，用哪个接口发送数据包呢？如果认为 R 将选用接口 A，那就错了。原因是，不同路由选择协议的度量值不具备可比性。就本例而言，RIP 使用很简单的度量：跳数。有效范围从 1 到 15。而 IGRP 根据带宽、延迟、负载和可靠性计算度量，结构粒度极细，有效范围从 1 到 1.67 亿。值为 8000 的度量，其对应的花费其实是非常少的。为解决此问题，根据路由协议的性能，规定了一个用于描述其可信任程度的指标——管理距离（AD），如表 2-1 所示。

引入可信任程度指标后，路由度量的格式将是“管理距离/度量”：

```
O IA 210.31.238.0/24 [110/2] via 10.9.7.1, 4d07h, Port-channel1
S*   0.0.0.0/0 [1/0] via 10.9.7.11
```

表 2-1　默认的管理距离值

路由来源	管理距离	路由来源	管理距离
Connected（直连）	0	IS-IS	115
Static（静态）	1	RIP	120
EIGRP 汇总路由	5	EGP	140
外部 BGP	20	外部 EIGRP	170
内部 EIGRP	90	内部 BGP	200
IGRP	100	未知	255
OSPF	110		

在查看度量前，需要先查看管理距离，管理距离小的路由将被加入路由表，而其他路由则被忽略。如果多条路由的管理距离相同，则使用度量值低的那一条。如果多条路由的管理距离和度量都相同，则使用最早获得的那一条，或者在这些路由上均衡流量（取决于对路由器的设置）。

在刚才的例子中，由于 IGRP 的管理距离为 100，而 RIP 的管理距离是 120，因此，IGRP 路由将被加入路由表，而 RIP 路由被丢弃。

2.4　OSPF 应用举例

2.4.1　场景

某企业拥有 3 个园区，各园区已独立成网。

园区 1 核心交换机 S1 为 C6509-E，直辖接入层交换机若干台。园区 2、3 核心交换机 S2、S3 为 C3750G（支持 IP Services），各直辖接入层交换机若干台。

各园区均已经独立规划并部署了 VLAN 且运行正常，园区间 IP 子网无冲突。

3 个园区 IP 子网总数为 60，且今后还需扩充。

已经租用了光纤宽带接入服务，来自 ISP 的光纤与 S1 连接，本、对端 IP 地址如图 2-4 所示。

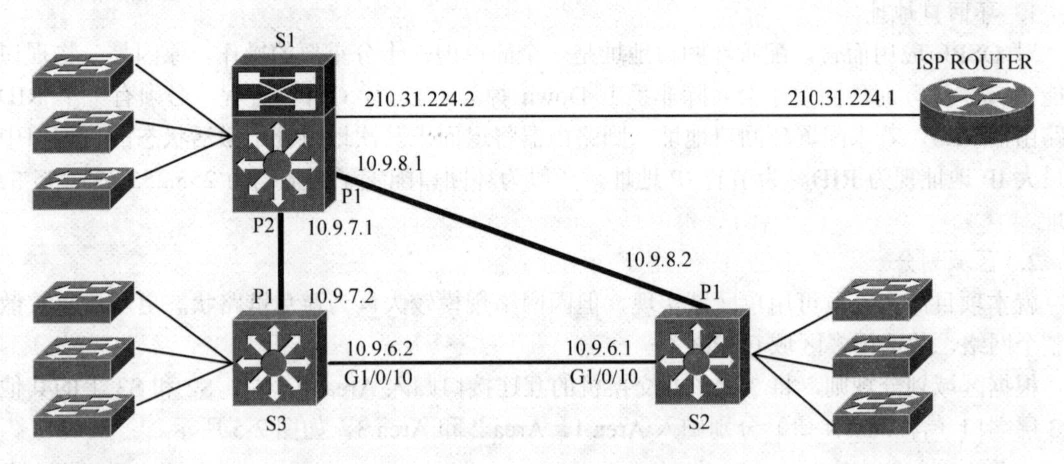

图 2-4　OSPF 应用场景

园区间连接光缆已经铺设完毕。其中，园区 1 与 2、3 之间分别通过 Part-channel 实现了链路捆绑，速率为 2G；园区 2、3 之间通过以太网口相连，速率为 1G。链路测试正常。

接口地址已经规划完毕。

要求：设计路由方案并实施，以实现 3 园区互联，并与外网连通。

2.4.2　路由协议选择

2.4.2.1　内部互联

可选择的路由协议有动态和静态两种。

静态协议适用于不经常变动且规模较小的网络，不占用园区间信道带宽。配置简单，调试方便。

对本项目而言，若采用静态路由方案，首先，因子网数目较多，配置工作量较大；其次，为兼顾路径最优和链路冗余，在每台核心交换机上，对指向同一外部子网的路由，均需添加两条路由并指定其度量，这将使配置工作量增加；再次，当网络结构变动时，增加或删除路由的工作必须手工完成，既费时耗力，又容易出错。

采用动态路由方案，不仅可避免上述弊端，并且，当网络发生变化时（例如，新增或删除子网），各核心交换机的路由表会自行变动，不必手工干预。

综上所述，应采用动态路由方案。

可选的动态路由协议有 RIP、EIGRP 和 OSPF。EIGRP 是 Cisco 的私有协议，虽有若干出色特性，如快速收敛、节省信道、降低 CPU 占用率等，但其不能与其他厂商的设备兼容，不利于网络扩展。因此弃用。与 OSPF 相比，RIP 耗用带宽较多，且在性能方面无明显优势，因此选用 OSPF。

2.4.2.2　内外互联

将 3 个园区视为一个整体时，企业网只有一个接口与公网相连。可在 S1 上设置指向对端路由器接口的默认路由，并通过 OSPF 将该路由告知 S2、S3，以在这 2 台交换机上动态生成默认路由。

2.4.2.3 OSPF 路由规划

1. 环回口地址

对 OSPF 应用而言，配置环回口地址是一个简单但却十分重要的操作。原因是：物理口可能 Down 掉，而环回口不会（除非手工 Down 掉）。为运行 OSPF 进程，必须有一个 RID（路由器 ID），若未配置环回口地址，则路由器将退而求其次地将处于激活状态的物理口中的最大 IP 地址视为 RID。为节省 IP 地址，一般为环回口配置子网掩码为 255.255.255.255 的地址。

2. 区域划分

就本项目而言，虽可用单区域实现，但因网络规模较大，为避免链路状态更新信息扩散至整个网络，故选用多区域 OSPF。

根据区域划分规则，将 3 台核心交换机的互连接口归入 Area 0；S1、S2 和 S3 上的其他第 3 层端口（含 VLAN 口）分别归入 Area 1、Area 2 和 Area 3，如图 2-5 所示。

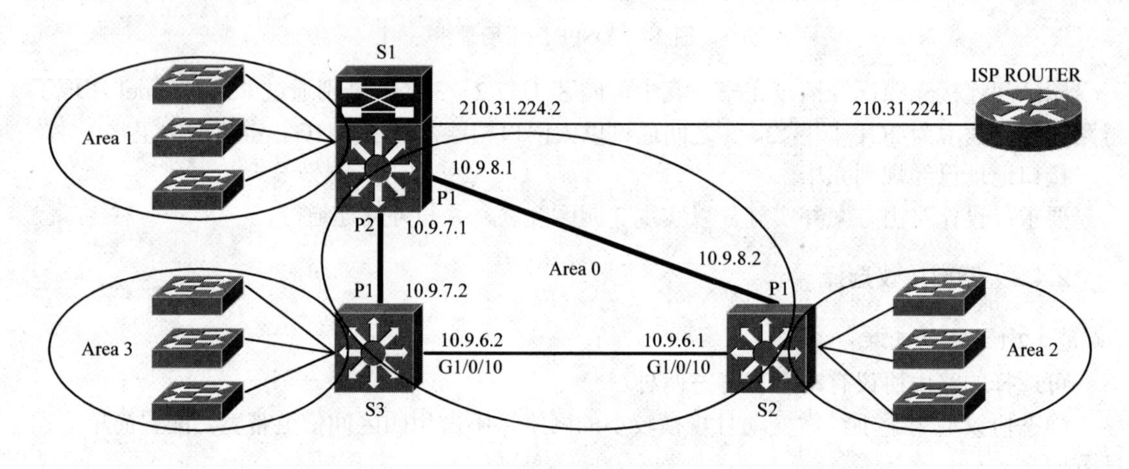

图 2-5 OSPF 区域划分

3. 默认路由

在 S1 上设置正确的默认路由后，可先在 S2、S3 上手工添加分别指向 S3、S2 的默认路由，然后再添加指向 S1 的默认路由。这样，当网络正常时，S2、S3 的默认路由均指向 S1；当 S1 到 S2、S1 到 S3 的链路有一条出现故障时，仍能确保 Area 2 和 Area 3 中的网络与外网连通。但是，这种方式显然太过笨拙。

事实上，可以在 S1 上运行命令 default-information originate，通知所有运行 OSPF 的路由器，使其自动产生一条指向（或间接指向）S1 的默认路由。

2.4.2.4 配置过程

1. 环回口地址

```
S1(config)#int l0
S1(config-if)#ip address 10.10.10.253 255.255.255.255
S2(config)#int l0
```

```
S2(config-if)#ip address 10.10.10.252 255.255.255.255
S3(config)#int l0
S3(config-if)#ip address 10.10.10.251 255.255.255.255
```

说明 希望 OSPF 优先选 S1、S2 为指定路由器（DR）。

2. 区域划分及路由通告

以 S2 为例，其相关配置如下：

```
S2#sh run
......
router ospf 200
 network 10.9.6.0 0.0.0.3 area 0
 network 10.9.8.0 0.0.0.3 area 0
 network 210.31.232.0 0.0.3.255 area 2
......
```

说明 “router ospf 200”用于启动一个 OSPF 进程，进程 ID 为 200。事实上，进程 ID 只具有本地意义（用于区分运行于本地路由器的不同进程），可以将[1,65535]区间上的任何整数用作进程 ID，而不必考虑其他路由器的 OSPF 进程 ID。

说明 network 10.9.6.0 0.0.0.3 area 0 用于声明子网 10.9.6.0 0.0.0.3 参与 OSPF，属于 Area 0。Area 号的取值区间是[0,4294967295]，也可以写成点分十进制的形式。如 0 可以写成 0.0.0.0，4294967295 可以写成 255.255.255.255。划分多个区域时，Area 0 被定义为骨干区域，其他区域必须与骨干区域相连（如果没有使用虚链路的话）。

说明 network 之后的第一个点分十进制数，也可以用接口地址代替。许多技术文档建议明确地将每个参与 OSPF 的接口地址和子网掩码罗列在此，甚至有人建议使用类似于“10.9.6.1 0.0.0.0”的形式。事实上，OSPF 判断一个接口是否参与 OSPF 的逻辑是，将在 network 命令中输入的地址与通配符做或运算，接口地址也与这个通配符做或运算，如果结果相同，则认为这个接口应参与 OSPF。对于有大量子网参与 OSPF、且其地址属于一个连续空间的情况，将这些子网络用超网形式写出，可使语句更简练一些。本例中，“network 210.31.232.0 0.0.3.255 area 2”就是这样的一个例子。因为事实上，在网络 210.31.232.0 0.0.3.255 中，包括了许多 IP 子网。

3. 默认路由

```
S1(config)#router ospf 200
S1(config-router)#default-information originate metric-type 1
```

说明 向 OSPF 区域注入默认路由。metric-type 1 用于指定度量类型为 E1（外部 1 类），以使路由器得到的默认路由有更为精确的度量（将所接收的路由代价加上本路由器到公告路由器的代价作为度量）。默认的度量类型是 E2（外部 2 类），不考虑本路由器到公告路由器的代价。

2.4.2.5 验证

1. 环回口地址

```
S1#sh ip ospf
 Routing Process "ospf 200" with ID 10.10.10.253
```

```
......
S2#sh ip ospf
 Routing Process "ospf 200" with ID 10.10.10.252
......
S3#sh ip ospf
 Routing Process "ospf 200" with ID 10.10.10.251
......
```

2. 路由通告

```
S1#sh ip route ospf
......
     210.31.232.0/27 is subnetted, 4 subnets
O IA    210.31.232.32 [110/2] via 10.9.8.2, 09:46:50, Port-channel1
O IA    210.31.232.0 [110/2] via 10.9.8.2, 09:46:50, Port-channel1
O IA    210.31.232.96 [110/2] via 10.9.8.2, 09:46:50, Port-channel1
O IA    210.31.232.64 [110/2] via 10.9.8.2, 09:46:50, Port-channel1
O IA 210.31.233.0/24 [110/2] via 10.9.8.2, 09:46:50, Port-channel1
     210.31.234.0/26 is subnetted, 4 subnets
O IA    210.31.234.0 [110/2] via 10.9.8.2, 09:46:50, Port-channel1
O IA    210.31.234.64 [110/2] via 10.9.8.2, 09:46:50, Port-channel1
O IA    210.31.234.128 [110/2] via 10.9.8.2, 09:46:50, Port-channel1
O IA    210.31.234.192 [110/2] via 10.9.8.2, 09:46:50, Port-channel1
O IA 210.31.235.0/24 [110/2] via 10.9.8.2, 09:46:50, Port-channel1
......
O       10.9.6.0/30 [110/2] via 10.9.8.2, 09:46:50, Port-channel1
......
```

说明 为节省篇幅且便于阅读，只截取了 S1 中由 S2 注入的部分路由，并进行了简单整理。审视由 S1 获得的 OSPF 路由，可以清楚地看到，在 S2 上，210.31.232.0/22 实际被划分成多个子网（OSPF 不支持自动路由汇总，有关内容将在下面讨论）。

```
S1(config)#int p1
S1(config-if)#sh
S1(config-if)#^Z
S1#sh ip route ospf
     210.31.232.0/27 is subnetted, 4 subnets
O IA    210.31.232.32 [110/2] via 10.9.7.2, 10:12:50, Port-channel2
O IA    210.31.232.0 [110/2] via 10.9.7.2, 10:12:50, Port-channel2
O IA    210.31.232.96 [110/2] via 10.9.7.2, 10:12:50, Port-channel2
O IA    210.31.232.64 [110/2] via 10.9.7.2, 10:12:50, Port-channel2
O IA 210.31.233.0/24 [110/2] via 10.9.7.2, 10:12:50, Port-channel2
     210.31.234.0/26 is subnetted, 4 subnets
O IA    210.31.234.0 [110/2] via 10.9.7.2, 10:12:50, Port-channel2
O IA    210.31.234.64 [110/2] via 10.9.7.2, 10:12:50, Port-channel2
O IA    210.31.234.128 [110/2] via 10.9.7.2, 10:12:50, Port-channel2
O IA    210.31.234.192 [110/2] via 10.9.7.2, 10:12:50, Port-channel2
O IA 210.31.235.0/24 [110/2] via 10.9.7.2, 10:12:50, Port-channel2
......
O       10.9.6.0/30 [110/2] via 10.9.7.2, 10:12:50, Port-channel2
......
```

说明 当 S1 的 P1 口被 Down 掉后，原指向 P1 口的路由被自动更改为指向 P2 口，原 S1、S2 之间的"直飞"航线被动态调整为"经停"S2。借助冗余链路，避免了"单点故障"，保证了网络的可用性。

3. 默认路由

```
S2#sh ip route ospf
......
O*E1 0.0.0.0/0 [110/3] via 10.9.8.1, 07:28:34, Port-channel1
S2(config)#int p1
S2(config-if)#sh
S2(config-if)#^Z
S2#sh ip route ospf
......
O*E1 0.0.0.0/0 [110/4] via 10.9.6.2, 00:00:18, GigabitEthernet1/0/10
```

说明 当 S2 的 P1 口被 Down 掉后，原指向 P1 口的默认路由自动调整为指向 G1/0/10 口。

2.4.3 路由汇总

本例中，在 S2 上，区域 2 中有四个网段——210.31.232.0/24、210.31.233.0/24、210.31.234.0/24 和 210.31.235.0/24，其中有两个网段又进行了子网划分。OSPF 不在边界上自动汇总路由，而是直接将这些路由通告给其他路由器，这会导致路由表膨胀。如果在规划 IP 地址时，能够使同一区域中的网段连续且可以表达为超网，则可通过手工汇总路由"瘦身"路由表。就本例而言，可将上述网段汇总为 210.31.232.0/22。

```
S2(config)#router ospf 200
S2(config-router)#area 2 range 210.31.232.0 255.255.252.0
S2(config-router)#^Z
S2#sh ip route ospf
......
O    210.31.232.0/22 is a summary, 00:00:12, Null0
......
```

之后，S1、S3 便可获得"简洁"的 OSPF 路由。以 S1 为例：

```
S1#sh ip route ospf
......
O IA 210.31.232.0/22 [110/2] via 10.9.8.2, 00:07:01, Port-channel1
......
```

2.4.4 流量均衡

就 S1 而言，至 10.9.6.0/30 有 2 条等代价路径，OSPF 将在这 2 条等代价路径上均衡流量（与某些协议不同，OSPF 不在代价不同的接口上均衡流量）。

```
S1#sh ip route ospf
......
O       10.9.6.0/30 [110/2] via 10.9.7.2, 04:52:47, Port-channel2
                    [110/2] via 10.9.8.2, 04:52:47, Port-channel1
......
```

2.5 OSPF 常用调试命令

虽然配置简单，但事实上，OSPF 是一个十分复杂的协议。查看协议运行细节，了解执行过程，于故障排查大有裨益。下面介绍几个常用的调试命令（以上节示例为例）。

1. sh ip ospf neighbor

```
S2#sh ip ospf neighbor
Neighbor ID     Pri   State      Dead Time   Address     Interface
10.10.10.253    1     FULL/DR    00:00:39    10.9.8.1    Port-channel1
10.10.10.251    1     FULL/BDR   00:00:39    10.9.6.2    GigabitEthernet1/0/10
```

说明 该命令用于查看邻接路由器的相关信息。包括：邻居 ID、优先级、状态、死亡时间、接口 IP 地址以及与该邻居相连的本地接口。

```
S2#sh ip ospf neighbor detail
Neighbor 10.10.10.253, interface address 10.9.8.1
    In the area 0 via interface Port-channel1
    Neighbor priority is 1, State is FULL, 6 state changes
    DR is 10.9.8.1 BDR is 10.9.8.2
    Options is 0x52
    LLS Options is 0x1 (LR)
    Dead timer due in 00:00:30
    Neighbor is up for 08:23:51
    Index 2/2, retransmission queue length 0, number of retransmission 0
    First 0x0(0)/0x0(0) Next 0x0(0)/0x0(0)
    Last retransmission scan length is 0, maximum is 0
    Last retransmission scan time is 0 msec, maximum is 0 msec
......
```

说明 该命令用于查看邻接路由器的详细信息。

2. sh ip ospf *process-id*

```
S1#sh ip ospf 200
 Routing Process "ospf 200" with ID 10.10.10.253
 Supports only single TOS(TOS0) routes
 Supports opaque LSA
 Supports Link-local Signaling (LLS)
 It is an area border and autonomous system boundary router
 Redistributing External Routes from,
 Initial SPF schedule delay 5000 msecs
 Minimum hold time between two consecutive SPFs 10000 msecs
 Maximum wait time between two consecutive SPFs 10000 msecs
......
```

说明 该命令用于查看 OSPF 进程的有关信息，包括路由器 ID、各种计时器值等。

3. sh ip ospf database

```
S2#sh ip ospf database
            OSPF Router with ID (10.10.10.252) (Process ID 200)
                Router Link States (Area 0)
```

```
Link ID         ADV Router      Age         Seq#       Checksum Link count
10.10.10.251    10.10.10.251    1218        0x80000049 0x000A5C  2
10.10.10.252    10.10.10.252    1042        0x80000014 0x006038  2
10.10.10.253    10.10.10.253    956         0x80000054 0x00F55D  2
                Net Link States (Area 0)
Link ID         ADV Router      Age         Seq#        Checksum
10.9.6.1        10.10.10.252    1042        0x80000011  0x0039D4
10.9.7.1        10.10.10.253    1477        0x80000040  0x00D308
10.9.8.1        10.10.10.253    956         0x80000011  0x0035D3
......
```

说明 该命令用于查看链路状态数据库。包括链路 ID、发送 LSA（Link State Advertisement）的路由器（ADV Router）、LSA 条目的老化时间和序列号等。

4. debug ip ospf ……

用于显示与 OSPF 相关的处理细节。“……”可以是 hello、adj、events、flood、packet、spf 等。上述命令中，有些输出信息相当冗长、复杂，只有深刻理解 OSPF 的运行细节，才能读懂这些信息并将其用于调试过程。

2.6 ACL

2.6.1 概述

ACL（Access Control List，访问控制表）是控制接口流量的利器。通过定义 ACL，并在接口的适当方向启用，可以灵活控制通过接口的报文流。

对接口而言，报文流向有两种，一种来自外部，进入设备，另一种离开设备，流向外部。第一种流向，称为“in”方向；第二种则称为“out”方向。应用 ACL 时，除指定接口外，还必须明确指出要控制哪个方向上的报文流。

在接口的某一方向上启用 ACL 后，接口该方向上的任何报文，都将被检查，以决定是否放行。不允许通行的报文，将被路由器直接丢弃。

ACL 有两种类型：标准 ACL 和扩展 ACL。其中，前者仅允许检查 IP 包的源地址，简单但功能有限，可以使用的 ACL 标识数字应位于区间[1,99]或[1300,1999]上；后者则可检查报文类型（如 UDP、TCP、ICMP 等）、源地址、目的地址、端口号等，复杂但功能强大，可以使用的 ACL 标识数字应位于区间[100,199]或[2000,2699]上。

定义 ACL 时，可以用数字标识一个表，也可以用字符串标识一个表。实践中，为求易读易懂易编辑，通常使用后者，用字符串标识的 ACL 称为命名 ACL。

下面是四个例子，欲拦截 210.31.225.199 发往外网的 IP 包，可以选用“古典”或“现代”格式的标准、扩展 ACL。

```
S2(config)#access-list 91 deny host 210.31.225.199
S2(config)#access-list 100 deny ip host 210.31.225.199 any
S2(config)#ip access-list standard syr_s
S2(config-std-nacl)#deny host 210.31.225.199
S2(config-std-nacl)#exit
```

```
S2(config)#ip access-list extended syr_e
S2(config-ext-nacl)#deny ip host 210.31.225.199 any
```

2.6.2 基本规则

1. 应用步骤

定义 ACL 后，还须将其应用于特定接口的特定方向，方能起作用。例如：

```
S2(config-if)#ip access-group 99 in
```

2. 匹配处理

在接口的特定方向上应用了 ACL 后，这个方向上的所有报文将无一例外地被检查。在 ACL 中，肯定有一条语句会匹配该报文。原因是在 ACL 的最后，系统会默认增加这样一条规则：deny all，这意味着，进行 ACL 匹配时，系统遵循的是稳健性原则——拒绝所有未明确允许通过的报文。

3. 顺序处理

ACL 是有序语句的集合，这意味着语句位置会影响执行结果。例如，在 210.31.225.0/24 网段中，要求除来自主机 210.31.225.119 的报文外，均可通过。则可构造下列 ACL 并将其应用于适当接口的 in 方向上。

```
S2(config)#ip access-list standard test
S2(config-std-nacl)#deny host 210.31.225.119
S2(config-std-nacl)#permit 210.31.225.0 0.0.0.255
```

说明 如果对调 2 个语句的位置，则来自 210.31.225.0/24 网段的所有主机的报文将被放行，而拒绝来自 210.31.225.119 的报文的语句，因非首次匹配，是不会被执行的。

4. 通配符

指定源或目的 IP 地址时，可以使用形如“host 210.31.225.119”的格式指定一台主机，也可以使用通配符指定一个主机集，如“210.31.225.0 0.0.0.255”即可表达 210.31.225.0/24 网段中的所有主机。这里表达一个子网时，使用通配符。通配符形式与掩码不同，将掩码按位取反，即可获得对应的通配符。

所有主机，可表示为“0.0.0.0 255.255.255.255”，亦可表示为“any”。

5. 重用

对 ACL，系统允许“一次定义，多处引用”。

2.6.3 扩展 ACL 应用举例

1. 核查 TCP 报文

场景如图 2-6 所示。要求：除主机 210.31.225.212 可访问外网 WWW 服务外，不允许内网中其他主机访问外网任何服务。

```
ip access-list extended test
 permit tcp host 210.31.225.212 any eq www
interface e0/2
 ip access-group test out
```

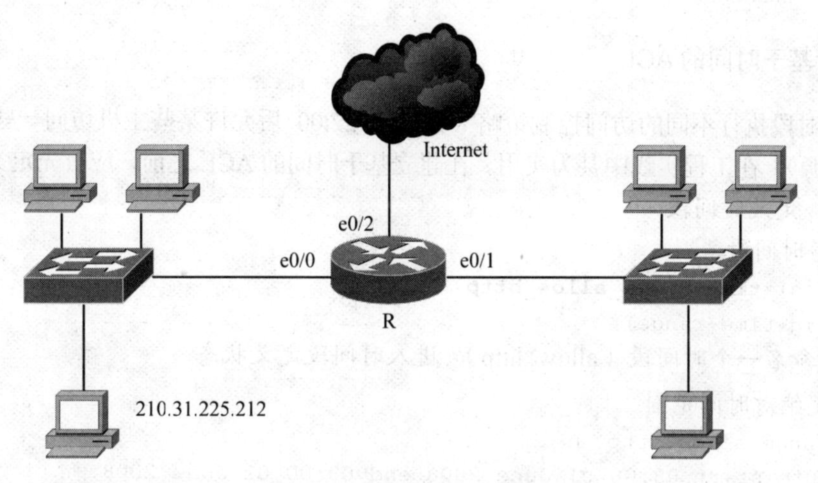

图 2-6 扩展 ACL 应用举例

2. 核查 ICMP 报文

场景如图 2-6 所示。要求：不允许外网主机发 ICMP echo-request 给内网主机。但允许在内、外网间传输其他 IP 报文。

```
ip access-list extended test
 deny   icmp any any echo
 permit ip any any
interface e0/2
ip access-group test in
```

3. 核查与 FTP 有关的报文

场景如图 2-6 所示。要求：只允许外网主机访问位于 210.31.225.212 上的 FTP 服务。

```
ip access-list extended test
 permit tcp any gt 1023 host 210.31.225.212 eq ftp
 permit tcp any gt 1023 host 210.31.225.212 eq ftp-data
interface e0/2
ip access-group test in
```

说明 上述配置的前提是假设 FTP 服务器工作在 Port 模式下，如果 FTP 服务器工作在 Passive 模式下，则 ACL 中的第 2 条语句应改为 permit tcp any gt 1023 host 210.31.225.212 gt 1023。

4. 核查与 DNS 有关的报文

场景如图 2-6 所示。210.31.225.212 为 DNS 树上的一个终端结点。要求：允许内网所有主机访问外网 DNS 服务器；允许 210.31.225.212 与外网 DNS 进行通信，以查询域名或完成与外网 DNS 服务器之间的信息交换。

```
ip access-list extended test
 permit udp any any eq domain
 permit tcp host 210.31.225.212 any eq domain
interface e0/2
 ip access-group test out
```

说明 DNS 客户机与服务器之间通过 UDP 通信，DNS 服务器之间通过 TCP 通信。

2.6.4 基于时间的 ACL

在不同时段执行不同的访问控制策略（如每天 22:00 后允许某些主机访问一些需要大量占用带宽的资源），在工程实践中甚为实用。在建立基于时间的 ACL 之前，应首先定义时间段。

2.6.4.1 定义时间段

1. 命名时间段

```
R(config)#time-range allow_http
R(config-time-range)#
```

说明 命名一个时间段（allow_http），进入时间段定义状态。

2. 指定绝对时间范围

```
time-range allow_http
 absolute start 08:00 01 June 2008 end 08:00 02 June 2008
```

说明 绝对时间范围，自 2008 年 6 月 1 日 8 时至次日 8 时。省略开始参数时，默认始于当前时刻，省略结束参数时，默认到永远。

3. 指定相对时间范围

```
time-range allow_http
 periodic daily 9:00 to 16:00
 periodic weekdays 9:00 to 16:00
 periodic weekend 9:00 to 16:00
 periodic Friday 9:00 to 16:00
```

说明 daily 表示日历天；weekdays 表示工作日（星期一到星期五）；weekend 表示周末（星期六、日）；Friday 表示星期五。

4. 绝对时间与相对时间的组合

```
time-range allow_http
 absolute start 00:00 01 January 2009 end 00:00 01 February 2009
 periodic daily 9:00 to 16:00
```

说明 所指定时间段为 2009 年 1 月中每天 9 时至 16 时。在这种情形下，只有绝对时间段匹配后，才进一步匹配相对时间段。若绝对时间段不匹配，系统将忽略相对时间段。

2.6.4.2 应用举例

场景如图 2-6 所示。要求：只允许内网主机在每天的 0 时至 7 时访问外网 WWW 服务。

```
ip access-list extended test
 permit tcp any any eq www time-range allow-http
time-range allow_http
 periodic daily 0:00 to 7:00
interface e0/2
 ip access-group test out
```

2.6.5 自返 ACL

1. 引言

场景如图 2-6 所示。考察通过 e0/2 口的 TCP 报文，这些报文主要是内、外网之间的流量。一般而言，为了安全，应拒绝外部主机主动发起与内部主机的连接。但是，为了内外连通，内部主机发起连接后，外部的响应报文必须通过 e0/2 口进入内网。怎样满足这个要求呢？假如在 e0/2 的 in 方向上，建立形如 permit tcp any any 的 ACL 语句，自然可允许外部的响应报文通过，但是，内向的主动连接也一并被允许了。为了解决这个问题，一个比较简单但是未必安全的办法是建立带有 established 关键字的语句，形如 permit tcp any any established。该关键字用于 TCP 报文，在核查报文时，读取报文中的 ACK（应答）或 RST（复位）位，若处于置位状态，则认为匹配成功。这样解决问题，看似成功，实有漏洞，因为攻击者可以在建立内向连接时，手工设置这两个位，从而主动发起内向连接。

自返 ACL 提供了解决上述问题的另一个途径。其思路是，在 out 方向上建立带有 reflect 参数的 ACL 条目，如果报文匹配该条目，则在 in 方向上的 ACL 中自动生成允许返回报文通过的临时条目，以保证通信的正常进行。与 established 关键字不同，除 TCP 外，ACL 还可核查多种协议。

构造自返 ACL 的主要步骤是，建立 ACL，允许发起特定的会话；“命名”会话；在另一个方向上，引用“会话”，以便建立动态 ACL 条目。

2. 应用举例

场景如图 2-6 所示。要求：允许内网主机向外网发起 TCP、UDP 和 ICMP 会话。

```
ip access-list extended outfilter
 permit tcp any any reflect my-packet
 permit udp any any reflect my-packet
 permit icmp any any reflect my-packet
ip access-list extended infilter
 evaluate my-packet
interface e0/2
 ip access-group infilter in
 ip access-group outfilter out
```

下面示意了 TCP、ICMP 会活的匹配情况。

```
R#sh ip access-lists
Extended IP access list infilter
    evaluate my-packet
Reflexive IP access list my-packet
    permit tcp host 210.31.228.2 eq www host 210.31.225.212 eq 1194 (13
matches) (time left 297)
    permit tcp host 210.31.228.2 eq www host 210.31.225.212 eq 1192 (25
matches) (time left 297)
    permit icmp host 210.31.228.254 host 210.31.225.212  (8 matches) (time
left 239)
```

说明 在 in 方向上自动建立的表项，不会永久存在。会话结束或 time-out 时，表项将被自动删除。time-out 的默认值为 300 秒（可以全局指定或分别指定）。对 TCP 而言，若所接收报文中的 RST 被置位且在 5 秒内检测到 2 个 FIN 位，自返表项将被立即删除。对 UDP 和 ICMP 而言，因其报文中无类似信息，需要通过计时器确定是否需要删除表项。

```
Extended IP access list outfilter
    permit tcp any any reflect my-packet
```

```
permit udp any any reflect my-packet
permit icmp any any reflect my-packet
```

2.6.6 CBAC

CBAC（Context-Based Access Control，基于上下文的访问控制）属于防火墙特征集（FFS），可满足多种安全需求。CBAC 的工作方式类似于自返 ACL，CBAC 自动检查已经建立的会话，并根据需要创建临时表项以放行返回报文。CBAC 与自返 ACL 的区别是，CBAC 能够检测高于第 4 层协议的信息，并根据检测结果执行智能操作。例如，对于 Port 模式下的 FTP 应用，CBAC 不仅能够保证“控制连接”中的返回报文正常通过，还会自动允许由服务器端主动发起、用于传送数据的连接。CBAC 可处理的应用还包括 Cu-SeeMe、H.323、Java、Microsoft NetShow、RealAudio、TFTP 等。

场景如图 2-6 所示。要求：允许内网主机向外网请求 DNS、WWW、FTP、E-mail 服务，允许 210.31.225.212 响应来自外网的 DNS 查询，并能够与外部 DNS 服务器正常通信。

```
ip inspect name requesttoInternet http
ip inspect name requesttoInternet smtp
ip inspect name requesttoInternet ftp
ip inspect name requesttoInternet udp
ip inspect name requesttoInternet tcp
ip access-list extended Internetin
 permit tcp any host 210.31.225.212 eq domain
 permit udp any host 210.31.225.212 eq domain
interface e0/2
ip inspect requesttoInternet out
ip access-group Internetin in
```

说明 某些设备不支持 CBAC。

说明 FTP 属于多通道应用，必须对外向请求进行核查（inspect）备案，以响应服务器可能对请求服务的主机的第 2 个端口的连接请求。

说明 核查 SMTP，只是允许发送邮件。为正常收取邮件，还应核查外向 TCP 请求。

说明 核查内部主机的外向 DNS 请求，可通过核查外向 UDP 请求实现。

说明 e0/2 口 in 方向上的 ACL，用于允许由外部主机主动发起的与 DNS 有关的连接请求。

2.7 NAT

2.7.1 概述

NAT（Network Address Translation，网络地址转换）的设计初衷是缓解 IPv4 地址供给与需求之间的矛盾，在工程实践中，NAT 也常用于增强内网的隐蔽性（隐藏内部 IP 地址）以提高安全性。

在图 2-7 所示场景中，出于安全性及其他方面的考虑，需要对外隐藏内部网段 210.31.226.0/24 和 210.31.227.0/24（当然，内部网段也可以是私有 IP 网段，如 192.168.0.0/24 等），本地路由器通过 210.31.225.128/25 网段与 ISP 路由器相连，ISP 路由器的路由表中不含指向 210.31.226.0/24 和 210.31.227.0/24 的路由。内网计算机若需连通外网，就必须进行地址转换。

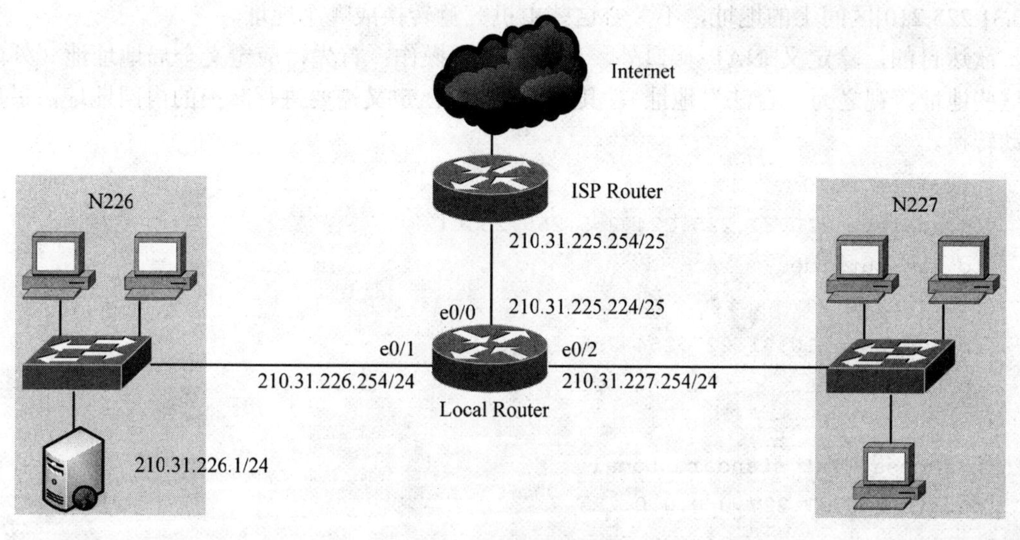

图 2-7　NAT 场景之一

例如，对 WWW 服务器 210.31.226.1 而言，若需要访问外网，其所发 IP 包，自 e0/0 出发时，其源地址必须转换为 210.31.225.128/25 网段中的地址，如 210.31.225.129，以保证回应包能顺利返回。待回应包到达 e0/0 口后，本地路由器转换该包中的目的地址为 210.31.226.1，然后再发送。

2.7.2　应用举例

1. 静态地址转换

场景如图 2-7 所示。要求：外网用户可通过 IP 地址 210.31.225.129 访问内网 WWW 服务器 210.31.226.1。

```
interface e0/0
 ip address 210.31.225.224 255.255.255.128
 ip nat outside
interface e0/2
 ip address 210.31.226.254 255.255.255.0
 ip nat inside
!
ip nat inside source static 210.31.226.1 210.31.225.129
```

说明　指定 NAT 的内口和外口，设置静态地址转换参数。类似地，可以指定多对静态地址转换。静态地址转换是一对一的转换，外网主机只需知道转换后的 IP 地址，便可以访问内网主机，尽管它并不知道这一主机的真实 IP 地址。

```
R#sh ip nat translations
Pro Inside global       Inside local       Outside local      Outside global
--- 210.31.225.129      210.31.226.1        ---                ---
```

2. 动态地址转换

场景如图 2-7 所示。要求：位于 210.31.227.0/24 网段的主机对外呈现[210.31.225.200, 210.31.225.210]区间上的地址，不关心这些主机究竟转换成哪个地址。

欲达目的，除定义 NAT 接口外，还需做如下操作：首先，应定义全局地址池（外网理解这些地址，视之为“合法”地址），其次，用 ACL 定义需要进行转换的内网地址，最后，启动转换。

```
interface e0/0
 ip address 210.31.225.224 255.255.255.128
 ip nat outside
interface e0/1
 ip address 210.31.227.254 255.255.255.0
 ip nat inside
!
ip access-list standard Local
 permit 210.31.227.0 0.0.0.255
!
ip nat pool Internet 210.31.225.200 210.31.225.210 netmask 255.255.255.128
ip nat inside source list Local pool Internet overload
```

说明 不选择参数“overload”时，因只有 11 个全局地址可用，故只允许 210.31.227.0/24 网段中的 11 台主机与外网连接。选择参数“overload”时，则全局地址池中的地址可被“重用”。这时，会出现内网多个 IP 地址被转换成同一全局地址的现象，为区分内网主机，路由器将采取特殊措施。例如，对 TCP 或 UDP 协议，路由器将同时转换（更改）源报文中的端口号；对 ICMP 报文，路由器将记录自内网接收报文的顺序，以便在收到回应报文时，能够正确转发至内网主机。在工程实践中，全局地址池中往往只包含一个地址。就本场景而言，这个地址甚至可以是接口 e0/0 的地址。

```
R#sh ip nat translations
Pro Inside global          Inside local          Outside local          Outside global
icmp 210.31.225.200:512    210.31.227.10:512     210.31.229.254:512     210.31.229.254:512
tcp 210.31.225.200:2614    210.31.227.15:2614    210.31.224.243:80      210.31.224.243:80
tcp 210.31.225.200:2647    210.31.227.16:2647    221.192.153.44:80      221.192.153.44:80
```

3. 多出口地址转换

场景如图 2-8 所示。ISP1、ISP2 分别为外网用户提供到网段 60.10.135.96/29、210.31.228.0/24 的路由。要求：内部主机访问 ISP1 的资源时，应将源地址转换为 60.10.135.98/29，内部主机访问 ISP2 的资源时，应将源地址转换为区间[210.31.228.1, 210.31.228.9]或[210.31.228.11,210.31.228.20]上的地址；ISP1、ISP2 的用户应分别通过地址 60.10.135.100、210.31.228.10 访问内网 WWW 服务器 210.31.226.1。

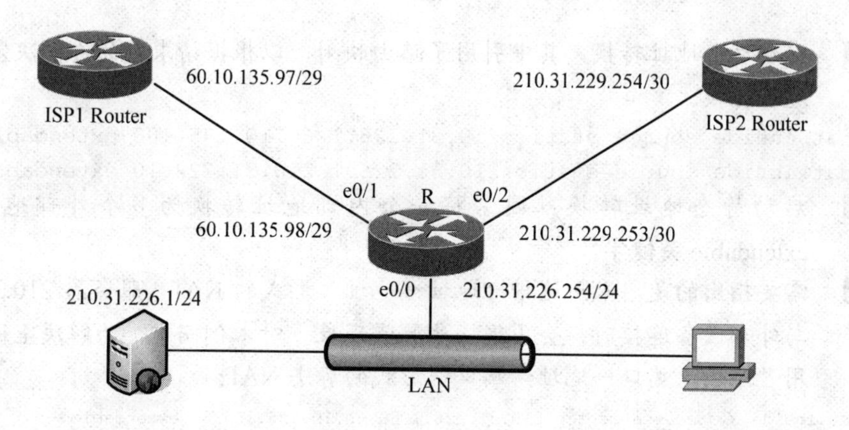

图 2-8　NAT 场景之二

```
interface Ethernet0/0
 ip address 210.31.226.254 255.255.255.0
 ip nat inside
interface Ethernet0/1
 ip address 60.10.135.98 255.255.255.248
 ip nat outside
interface Ethernet0/2
 ip address 210.31.229.253 255.255.255.252
 ip nat outside
```

说明　指定了两个 outside 口。

```
ip nat pool ISP1 60.10.135.98 60.10.135.98 netmask 255.255.255.248
```

说明　定义接口地址为动态转换目的地址。

```
ip nat pool ISP2 prefix-length 24
 address 210.31.228.1 210.31.228.9
 address 210.31.228.11 210.31.228.20
```

说明　用另一种格式分段定义动态转换目的地址池，以排除地址 210.31.228.10。

```
ip access-list standard inside-addr
 permit 210.31.226.0 0.0.0.255
```

说明　定义参与动态转换的源地址列表。这里并未排除 WWW 服务器地址 210.31.226.1。原因是当同时设置动态和静态转换时，路由器将优先进行静态转换。

```
route-map R-ISP1 permit 10
 match ip address inside-addr
 match interface Ethernet0/1
route-map R-ISP2 permit 10
 match ip address inside-addr
 match interface Ethernet0/2
```

说明　定义路由映射，其中给出了匹配条件。引用路由映射后，路由行为将决定来自内部的请求包的源地址如何转换。

```
ip nat inside source route-map R-ISP1 pool ISP1 overload
ip nat inside source route-map R-ISP2 pool ISP2 overload
```

说明 启动动态地址转换，其中引用了路由映射，以根据请求包的去向决定如何进行源地址转换。

```
ip nat inside source static 210.31.226.1 60.10.135.100 extendable
ip nat inside source static 210.31.226.1 210.31.228.10 extendable
```

说明 启动静态地址转换。因需将一个内部地址转换为多个外部地址，故使用 extendable 关键字。

说明 需要指出的是，采用这种“地址→地址”形式的 NAT，服务器 210.31.226.1 主动与外部设备连接时，会出现一些异常现象。对本例而言，为解决上述问题，可采用“地址：端口→地址：端口”形式的静态 NAT：

```
ip nat inside source static tcp 210.31.226.1 80 60.10.135.100 80 extendable
ip nat inside source static tcp 210.31.226.1 80 210.31.228.10 80 extendable
R#sh ip nat translations
Pro  Inside global          Inside local          Outside local        Outside global
---  60.10.135.100          210.31.226.1          ---                  ---
---  210.31.228.10          210.31.226.1          ---                  ---
icmp 60.10.135.98:1013    210.31.226.100:1013    60.10.135.97:1013    60.10.135.97:1013
icmp 60.10.135.98:1014    210.31.226.100:1014    60.10.135.97:1014    60.10.135.97:1014
```

2.8 策略路由

通常，路由器按一般规则路由 IP 包。所谓一般规则，是指按目的地址选路。工程应用场景千奇百怪，有时，用户希望路由器按包的源地址选路（这可以比照俗语“看人下菜碟”来理解）或按某些更加个性化的要求选路，策略路由用于支持此需求。因是特殊需求，所以，策略路由总是会被优先考虑的（凌驾于一般路由规则之上）。

例如，在图 2-8 所示的场景中，要求：WWW 服务器 210.31.226.1 发送的 IP 包，不论目的地址如何，均转换源地址为 210.31.228.10 并路由至 ISP2。这是典型的策略路由应用实例。实现方法如下：

```
interface Ethernet0/0
 ip address 210.31.226.254 255.255.255.0
 ip nat inside
 ip policy route-map Server
```

说明 启用策略。

```
ip nat inside source static 210.31.226.1 210.31.228.10
```

说明 启动静态地址转换。

```
ip access-list standard Server
 permit 210.31.226.1
```

说明 指定源地址。

```
route-map Server permit 10
 match ip address Server
 set ip next-hop 210.31.229.254
```

说明 定义策略——源地址匹配访问控制表 Server 的 IP 包，下一跳为 210.31.229.254。

2.9　综合举例——在多出口边界路由器上实现单地址 VPN Server

2.9.1　网络环境及具体需求

网络环境如图 2-9 所示，路由器均为 Cisco 产品。

内网通过流控、防火墙等设备与 R1 相连；为提高外网访问速度，R1 分别通过 3 个接口与 3 个 ISP 网络相连；在 R1 上建立静态路由，对 ISP2、ISP3 资源的请求包分别被路由至 R2、R3，默认路由为 ISP1 ROUTER；因 ISP 所能提供的 IP 地址数量很少，以及内网安全方面的需要，内部主机在访问外网资源时，均进行 NAT；为降低对 R1 处理能力的要求，在访问 ISP2、ISP3 的资源时，NAT 分别在 R2、R3 上进行。

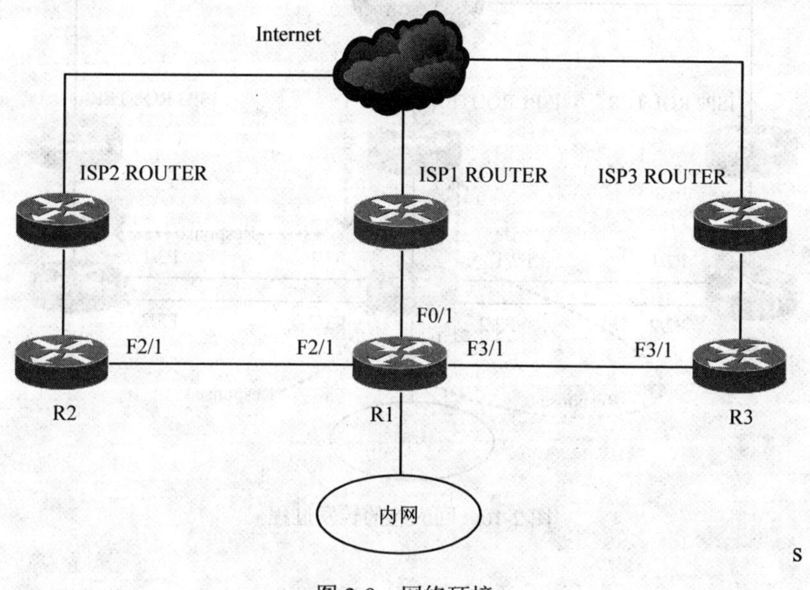

s

图 2-9　网络环境

在 R1 上建立 VPN Server，VPN 服务请求侦听接口为 R1：F0/1，其 IP 地址为 60.10.135.99。VPN 客户数量少、服务请求频率低，通过 VPN 服务请求的资源数据量不大，但客户分布在 Internet 上。为便于使用，要求 VPN 服务器能够以单一地址（60.10.135.99）接受、响应客户连接请求。

2.9.2　问题分析

客户欲获取 VPN 服务，最基本的条件是能够与 VPN Server 进行正常的 IP 通信。现以 ISP3 用户请求 VPN 服务为例进行分析。

在图 2-9 所示网络环境下，若 ISP3 的用户向 10.10.135.99 发送连接请求包，则 R1 在收到请求包后，生成的回应包（源地址为 10.10.135.99）将被路由至 R3。

因许多 ISP 均在其下连口上启用了单播 RPF（Reverse Path Forwarding），过滤源地址不在接口路由表中的 IP 包。因此，源地址为 10.10.135.99 的 IP 包将被丢弃，不能送达客户主机。

对 Cisco 设备而言，策略路由只对“物理”进入接口的包起作用。R1 上内容为“将源地址为 10.10.135.99 的包转发至 ISP1 ROUTER”的路由策略，对由 R1 本身产生、“源地址为 10.10.135.99”的包并没有改变路由的作用，这些包仍将被 R1“固执”地转发至 R3。

基于以上认识，可在 R1：F3/2、R3：F3/2 之间再建一条信道，在 R3：F3/1 上运行内容为“将源地址为 10.10.135.99 的包转发至 R1：F3/2”的路由策略，让进入 R3：F3/1、源地址为 10.10.135.99、目的地为客户主机的包经由新信道回到 R1：F3/2；在 R1：F3/2 接口上执行内容为“将源地址为 10.10.135.99 的包转发至 ISP1 ROUTER”的路由策略，将这些包转发至 ISP1 ROUTER，如图 2-10 所示。

对来自 ISP2 用户的 VPN 服务请求，也应按类似的方法处理。

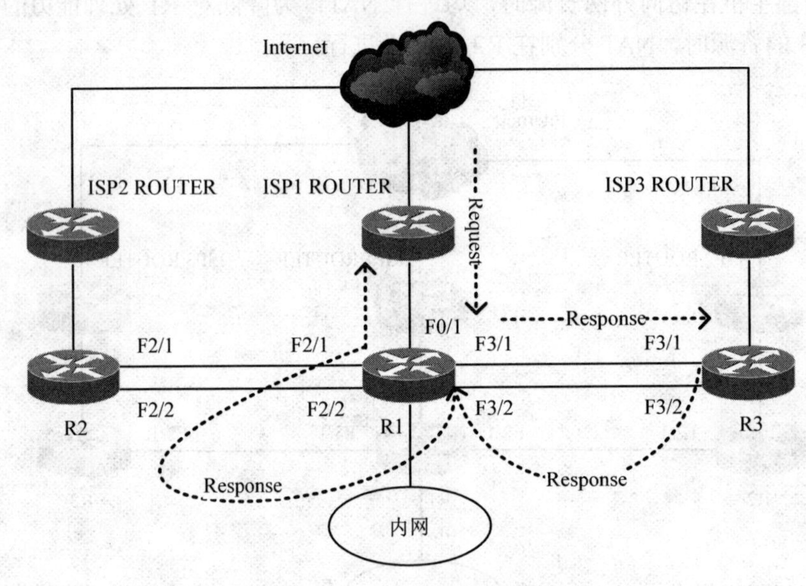

图 2-10 回应包的转发过程

2.9.3 实现方法

下面以 R1、R3 为例给出关键配置。其中，R1：F0/1 口的对端地址为 60.10.135.97。

1. R1

```
interface F0/1
 ip address 60.10.135.99 255.255.255.248
 crypto map nciaevpn
interface F3/1
 ip address 118.233.163.226 255.255.255.252
interface F3/2
 ip address 118.233.163.222 255.255.255.252
 ip policy route-map vpnserver
ip access-list extended vpnserverip
 permit ip host 60.10.135.99 any
route-map vpnserver permit 10
```

```
 match ip address vpnserverip
 set ip next-hop 60.10.135.97
```

2. R3

```
interface F3/1
 description Connect to CenterROUTER
 ip address 118.233.163.225 255.255.255.252
 ip policy route-map vpnserver
interface F3/2
 ip address 118.233.163.221 255.255.255.252
ip access-list extended vpnserverip
 permit ip host 60.10.135.99 any
route-map vpnserver permit 10
 match ip address vpnserverip
 set ip next-hop 118.233.163.222
```

2.9.4 测试结果及结论

完成设置后，分别在 ISP2、ISP3 和其他 ISP 的网络中向 60.10.135.99 发起 VPN 连接请求，均可正常建立连接，并正常访问内网资源。

可见：在理解 VPN 连接建立过程中 IP 包传输路径的基础上，根据需求，通过合理的路由策略，对 IP 包进行重定向，可在多出口边界路由器上实现单地址 VPN Server。

路由器的功能可以概括为在 IP 子网间传送数据包。

直连路由条目由路由器自动生成。可用 debug 命令查看路由器的内部处理过程。

静态路由适用于小型网络，配置十分简单，但不适用于大型或结构多变的网络。创建路由条目时，应尽可能使用下一跳路由器的地址而不是本地路由器接口。

当多条路由都能匹配同一个目的 IP 地址时，路由器将根据最长匹配规则转发数据包。子网掩码长度为零的路由可以匹配任何目的地址，称为默认路由。当路由表中不存在与目的地址匹配的常规路由时，路由器将使用默认路由转发数据包。与静态路由不同，即使指定了多个默认路由，路由器也不会在这些路由上均衡流量。默认路由非常适用于只有一个出口的网络。

动态路由可分为距离向量型（典型协议：RIP）、链路状态型（典型协议：OSPF）和混合型（典型协议：EIGRP）等三种类型。

因不同协议计算度量的方法不同，为正确选路，根据路由协议的性能，规定了一个用于描述其可信任程度的指标——AD。直连、静态、OSPF 的 AD 分别是 0、1、110。如果多条路由的管理距离和度量都相同，则选用最早获得的那一条，或者在这些路由上均衡流量。

为运行 OSPF 进程，必须有一个 RID（路由器 ID），若未配置环回口地址，则路由器将退而求其次地将处于激活状态的物理口中的最大 IP 地址视为 RID。为节省 IP 地址，可为环回口配置子网掩码为 255.255.255.255 的地址。当网络规模较大时，为避免链路状态更新信息扩散至整个网络，应选用多区域 OSPF。命令 default-information originate 用于将默认路由注入所有运行 OSPF 的路由器。将接口加入 OSPF 时，对于有大量子网参与 OSPF 且其地址在一个连续空间内的情况，为简单起见，可将这些子网络用超网的形式写出。OSPF 不在边界上自动进行路由汇总，这可能导致路由表膨胀。如果在规划 IP 地址时，能够使同一区域中的网段连续且可以表达为超网，则可通过手工汇总“瘦身”路由表。OSPF 支持等代价流量均衡。OSPF 常用调试命令有 sh ip ospf neighbor、sh ip ospf process-id、sh ip ospf database 和 debug ip osp 等。

通过定义 ACL，并在接口的适当方向启用，可灵活控制通过接口的报文。在接口的某一方向上启用 ACL 后，接口上该方向上的任何报文，都将被检查，以决定是否放行。不允许通行的报文，将被路由器直接丢弃。标准 ACL 仅允许检查 IP 包的源地址，简单但功能有限，可以使用的 ACL 标识数字应位于区间[1,99]或[1300,1999]上；扩展 ACL 可检查报文类型（如 UDP、TCP、ICMP 等）、源地址、目的地址、端口号等，复杂但功能强大，可以使用的 ACL 标识数字应位于区间[100,199]或[2000,2699]上。在实践中，为求易读易懂易编辑，通常使用命名 ACL。定义 ACL 后，还必须将其应用于特定接口的特定方向上，方能起作用。进行 ACL 匹配时，系统遵循稳健性原则——拒绝所有未明确允许通过的报文。ACL 是有序语句的集合——语句位置会影响执行结果。对 ACL，系统允许“一次定义，多处引用”。基于时间（绝对范围或相对范围）的 ACL 条目可被系统自动激活或关闭。

自返一般 ACL 可用于内向主动拒绝连接请求，其缺陷是不支持多通道应用。CBAC 的工作方式类似于自返 ACL，但其具备检测高层协议的能力，因此支持多通道应用。例如，对于 Port 模式下的 FTP 应用，CBAC 不仅能够保证“控制连接”中的返回报文正常通过，还自动允许由服务器端主动发起、用于传送数据的内向连接。

NAT 用于缓解 IPv4 地址供给与需求之间的矛盾，或增强内网的隐蔽性以提高安全性。静态 NAT 是一对一的转换，外网主机只需知道转换后的 IP 地址，便可访问内网主机。动态 NAT 则不具确定性。设置动态 NAT 时，需指出内网中的哪些地址需要转换，以及转换成哪些（或哪个）合法的外部地址。

通过引用路由映射。可实现多出口地址转换。

策略路由规则凌驾于一般路由规则之上。强制路由器按包的源地址选路，是策略路由的主要用途之一。

1．查看路由器的路由表条目的命令是（　　）。

A．show run　　　　B．show ip route

C．show ip protocol　　　　D．show ip int b

2．下面配置静态路由的命令，正确的是（　　）。

A．R1(config)#ip router 210.31.228.0 255.255.255.0 10.0.0.2

B．R1(config)#ip route 210.31.228.0 0.0.0.255 10.0.0.2

C．R1(config)#ip route 210.31.228.0 255.255.255.0 10.0.0.2

D．R1#ip route 210.31.228.0 255.255.255.0 10.0.0.2

3．关于静态路由的特点，不正确的是（　　）。

A．减轻 CPU 负担　　B．节省信道带宽

C．有助于提高网络安全性　　D．适合于大型网络

4．下面配置默认路由的命令，正确的是（　　）。

A．R1(config)#ip route 0.0.0.0 0.0.0.0 10.0.0.2

B．R1(config)#ip route 0.0.0.0 255.0.0.0 10.0.0.2

C．R1(config)#ip route 0.0.0.0 0.255.255.255 10.0.0.2

D．R1#ip route 0.0.0.0 0.0.0.0 10.0.0.2

5．启用路由器无类网络支持功能的命令是（　　）。

A．no ip classness　　B．ip classless

C．ip subnet-zero　　D．no ip classless

6．属于距离向量路由协议的是（　　）。

A．RIP、EIGRP　　B．RIP、OSPF

C．IGRP、OSPF　　D．RIP、IGRP

7．属于链路状态路由协议的是（　　）。

A．RIP、IS-IS　　B．RIP、OSPF

C．EIGRP、OSPF　　D．OSPF、IS-IS

8．距离向量路由协议以（　　）确定最佳路由。

A．带宽　　B．跳数

C．延迟　　D．性能

9．属于 Cisco 私有协议的是（　　）。

A．RIP、EIGRP　　B．IS-IS、OSPF

C．IGRP、EIGRP　　D．RIP、IGRP

10．缺省情况下，RIP 每（　　）秒发送一次路由更新通告。如果一个路由器超过（　　）秒钟还没有从另一个路由器获得路由更新报文，则认为先前来自那个路由器的路由不能再使用。如果在（　　）秒之后仍未收到更新报文，则删除那些路由。

A．30、120、240　　B．60、180、240

C．30、180、240　　D．30、180、360

11．RIP 最大的有效跳数是（　　）。

A．15　　B．16

C．100　　D．256

12．关于 OSPF 的特点，不正确的是（　　）。

A．规范完全开放　　B．路由收敛速度快

C．不支持 CIDR 和 VLSM　　D．带宽占用小

13．直连路由的管理距离是（　　），静态路由的管理距离是（　　），RIP 的管理距离是（　　），OSPF 的管理距离是（　　）。

A．1、2、120、110　　B．0、1、110、120

C．1、2、110、120　　D．0、1、120、110

14．关于环回端口的说法，不正确的是（　　）。

A．不存在物理故障

B．始终为 up 状态（除非手工 Down 掉）

C．一般用于指定路由器 ID

D．不能配置 IP 地址

15．下面声明 OSPF 子网的命令，正确的是（　　）。

A．S1(config-router)#network 10.9.6.0 0.0.0.3 area 0

B．S1(config)#network 10.9.6.0 255.255.255.252 area 0

C．S1(config-router)#network 10.9.6.0 255.255.255.252 area 0

D．S1(config)#network 10.9.6.0 0.0.0.3 area 0

16．下面进行 OSPF 路由汇总的命令，正确的是（　　）。

A．S2(config)#area 2 range 210.31.232.0 255.255.252.0

B．S2(config-router)#area 2 range 210.31.232.0 0.0.0.255

C．S2(config)#area 2 range 210.31.232.0 0.0.0.255

D．S2(config-router)#area 2 range 210.31.232.0 255.255.252.0

17．用于查看 OSPF 邻接路由器的相关信息的命令是（　　）。

A．S2#sh ip ospf database　　B．S2#sh ip ospf neighbor

C．S2#sh ip ospf 100　　D．S2#sh ip route ospf neighbor

18．关于标准 ACL 的说法，正确的是（　　）。

A．检查 IP 包的目的地址　　B．检查 IP 包的源地址

C．检查 IP 包的端口号　　D．检查 IP 包的报文类型

19．标准 ACL 的数字标识区间是（　　）。

A．[1，199]或[1300，1999]　　B．[1，99]或[1100，1999]

C．[1，199]或[1100，1999]　　D．[1，99]或[1300，1999]

20．扩展 ACL 的数字标识区间是（　　）。

A．[200，199]或[2000，2999]　　B．[100，199]或[2000，2699]

C．[100，199]或[2000，2999]　　D．[200，199]或[2000，2699]

21．根据下面的配置选择，如果一个源 IP 地址是 192.168.2.1 的数据包进 F0/1 端口，则该数据包会被（　　）；如果一个源 IP 地址是 192.168.1.1 的数据包出 F0/1 端口，则该数据包会被（　　）。

```
Router(config)#access-list 1 deny 192.168.1.0 0.0.0.255
Router(config)#int f0/1
Router(config-if)#ip access-group 1 in
```

A．丢弃，放行　　B．放行，放行

C．放行，丢弃　　D．丢弃，丢弃

22．根据下面的配置选择，如果一个源 IP 地址是 192.168.2.1 的数据包进 F0/1 端口，则该数据包会被（　　）；如果一个源 IP 地址是 192.168.1.1 的数据包进 F0/1 端口，则该数据包会被（　　）。

```
Router(config)#access-list 2 permit 192.168.1.0 0.0.0.255
Router(config)#access-list 2 deny host 192.168.1.1
Router(config)#int f0/1
Router(config-if)#ip access-group 2 in
```

A．丢弃，放行　　　　B．放行，放行

C．放行，丢弃　　　　D．丢弃，丢弃

23．关于 NAT 的作用，不正确的是（　　）。

A．缓解 IPv4 地址供给与需求之间的矛盾

B．节省网络带宽

C．提高网络安全性

D．增强内网的隐蔽性

第 3 章　交换机配置

本章以核心（第 3 层交换机）直辖接入（第 2 层交换机）的网络结构为背景，讲述交换机基本管理技术、VLAN 实现方法、生成树协议及性能优化等内容。最后，针对两个常见问题，给出具体解决方案。

- 管理用 VLAN、管理用 IP 参数、端口角色设置
- 端口（链路）捆绑、端口流控、端口与地址捆绑，端口接入设备数控制
- 交换机间链路、VTP
- VLAN 定义、端口 VLAN 设置、VLAN 间路由
- 生成树状态查看方法、生成树性能优化
- 在第 3 层交换机上构建 DHCP 服务器
- 在第 3 层交换机上将 IP 地址与 MAC 地址绑定

3.1　交换机基本配置

3.1.1　管理用 IP 参数

配置管理用 IP 参数的目的，是为了能够通过 IP 协议与其通信，以实现远程管理。对一个 LAN 而言，一般应将所有交换机的管理 IP 地址设置在一个私有网段（如 10.9.9.0/24）内，该 IP 子网的网关通常为第 3 层交换机上的虚拟端口 VLAN1，如图 3-1 所示。

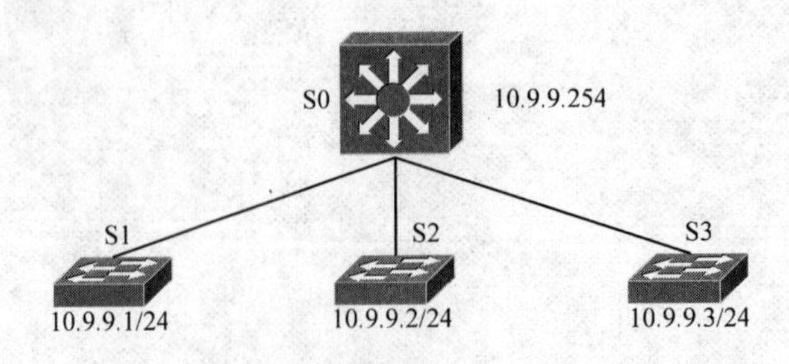

图 3-1　设置管理用 IP 参数

以交换机 S1、S0 为例：

```
S1(config)#int vlan 1
```

```
S1(config-if)#ip address 10.9.9.1 255.255.255.0
S1(config-if)#exit
S1(config)#ip default-gateway 10.9.9.254
```

说明 设置第 2 层交换机的管理 IP 地址、子网掩码、默认网关。

```
S0(config)#int vlan 1
S0(config-if)#ip address 10.9.9.254 255.255.255.0
```

说明 设置第 3 层交换机的管理 IP 地址、子网掩码。

```
S0(config-if)#^Z
S0#ping 10.9.9.1
Type escape sequence to abort.
Sending 5, 100-byte ICMP Echos to 10.9.9.1, timeout is 2 seconds:
!!!!!
Success rate is 100 percent (5/5), round-trip min/avg/max = 1/1/4 ms
```

3.1.2 端口通信参数

场景如图 3-1 所示，要求：设置交换机 S1 的 f0/1~f0/10 的通信速度为 100Mb/s，通信模式为全双工；将端口 f0/11，f0/20~f0/23 定义为宏组，并在这些端口上启用 Port Fast 特性。

```
S1(config-if-range)#int range f0/1 - 10
```

说明 指定端口范围。

```
S1(config-if-range)#speed ?
  10    Force 10 Mbps operation
  100   Force 100 Mbps operation
  auto  Enable AUTO speed configuration
S1(config-if-range)#speed 100
S1(config-if-range)#duplex ?
  auto  Enable AUTO duplex configuration
  full  Force full duplex operation
  half  Force half-duplex operation
S1(config-if-range)#duplex full
S1(config-if-range)#exit
S1(config)#define interface-range G1 fastEthernet 0/11 , f0/20 - 23
```

说明 定义端口宏组。

```
S1(config)#interface range macro G1
```

说明 用端口宏组指定端口范围。

```
S1(config-if-range)#spanning-tree portfast
```

3.1.3 端口角色转换

对第 3 层交换机而言，其端口既可用作第 2 层端口（交换端口），又可用作第 3 层端口（相当于路由器接口）。型号不同的交换机，端口的默认角色不同。

```
S0#sh run int f0/1
interface FastEthernet0/1
 no ip address
S0#conf t
S0(config)#int f0/1
```

```
S0(config-if)#no switchport
S0(config-if)#exit
S0(config)#do sh run int f0/1
interface FastEthernet0/1
 no switchport
 no ip address
```

说明 根据配置信息，可知端口 f0/1 默认为第 2 层端口。

3.1.4 EtherChannel——端口捆绑

1. 第 2 层端口捆绑

场景：交换机 S0 的端口 f0/1、f0/2 已经分别与 S1 的端口 f0/1、f0/2 连接。要求：将上述 2 条信道捆绑为 1 条逻辑信道，以实现冗余（一条物理信道发生故障，原来通过该信道进行的通信自动通过另一物理信道进行）和负载均衡（两物理信道均正常工作时，按某种算法自动均衡流量）。

```
S0(config)#int range f0/1 - 2
S0(config-if-range)#channel-group 1 mode on
S0(config-if-range)#^Z
```

说明 将端口指定为组 1 的成员。在同一组中，所有成员端口参数（如速度、双工模式等）必须完全相同。完成后，系统将自动生成逻辑端口 P1。模式“on”意味着强制将端口指定至组。当对端为 EtherChannel 组成员时，如此配置最为简单。

```
S0#sh etherchannel load-balance
Source MAC address
```

说明 默认按源 MAC 地址为物理信道分配流量。

```
S0#conf t
S0(config)#port-channel load-balance dst-mac
```

说明 更改流量均衡算法。

```
S0#sh etherchannel load-balance
Destination MAC address
S0#sh etherchannel brief
                Channel-group listing:
Group: 1
Group state = L2
Ports: 2   Maxports = 8
Port-channels: 1 Max Port-channels = 1
```

2. 第 3 层端口捆绑

场景：交换机 S0 的第 3 层端口 g1/0/11、g1/0/12 已经分别与 S1 的第 3 层端口 g1/0/11、g1/0/12 连接。要求将上述 2 条信道捆绑为 1 条逻辑信道，以实现冗余和负载均衡。

设置方法与第 2 层 EtherChannel 类似。需要注意的是成员端口不能设置 IP 参数，配置完成后，所生成的逻辑端口为第 3 层端口，功能与普通的第 3 层端口相同（如：可为其设置 IP 参数）。

```
S0(config)#int range g1/0/11 - 12
S0(config-if-range)#no switchport
```

```
S0(config-if-range)# no ip address
S0(config-if-range)# channel-group 1 mode on
S0(config-if-range)#^Z
S0(config)#port-channel load-balance src-dst-ip
S0#sh etherchannel load-balance
EtherChannel Load-Balancing Configuration:
        src-dst-ip
......
```

3.1.5 端口流控

交换机端口（尤其是第 2 层端口）距用户比较“近”，许多端口与用户设备直接相连。屏蔽来自用户设备的“不合格”报文（如异常的广播报文），有助于净化网络流量，提高速度。通常，抑制广播报文是最常见的管理需求，在某些情况下，也需要限制单播或组播报文。

流控功能的强弱、语法与设备密切相关。

本小节所举实例，其平台为 WS-C2960-48TC-L+IOS Ver 12.2。

1. 抑制广播报文

```
S(config)#int f0/24
S(config-if)#storm-control broadcast level 50 30
S(config-if)#^Z
S#sh storm-control f0/24 broadcast
Interface  Filter State   Upper        Lower        Current
---------  -------------  -----------  -----------  ----------
Fa0/24     Forwarding     50.00%       30.00%       0.00%
```

说明 广播流量占端口可用带宽的 50%时，开始采取抑制措施，直到广播流量降低为端口可用带宽的 30%。默认抑制措施为丢弃广播报文。可选抑制措施为“shutdown”，在这种情况下，一旦广播流量超过 50%，端口将被关闭，直到管理人员激活它（即使广播流量降低至端口可用带宽的 30%，端口也不会自动恢复正常）。

2. 抑制单播报文

```
S(config)#int f0/25
S(config-if)#storm-control unicast level bps 50m 30m
S(config-if)#^Z
S#sh storm-control f0/25 unicast
Interface  Filter State   Upper        Lower        Current
---------  -------------  -----------  -----------  ----------
Fa0/25     Forwarding     50m bps      30m bps       0 bps
```

说明 单播比特传输速度达到 50Mb/s 时，开始采取默认抑制措施，降低至 30Mb/s 时，恢复正常。

3. 抑制组播报文

```
S(config)#int f0/26
S(config-if)#storm-control action shutdown
```

说明 指定抑制措施。

```
S(config-if)#storm-control multicast level pps 4000 2000
```

说明 组播流量达到每秒4000个包时，开始采取抑制措施。

```
S(config-if)#^Z
S#sh storm-control f0/26 multicast
Interface  Filter State   Upper        Lower        Current
---------  -------------  -----------  -----------  ----------
Fa0/26     Forwarding     4k pps       2k pps       0 pps
```

3.1.6 将地址捆绑至端口

捆绑MAC地址至端口，一般用于精细管理，增强接入环节的安全性；捆绑IP地址至端口，一般用于防止因用户私设IP地址而引发冲突。

1. 捆绑MAC地址

```
S(config)#mac access-list extended p07
S(config-ext-macl)#permit host 0030.6e00.10d3 any
S(config-ext-macl)#exit
S(config)#int g0/7
S(config-if)#mac access-group p07 in
```

说明 只能用于in方向上。

也可以用另一方法实现——port-security：

```
S0(config)#int f0/1
S0(config-if)#switchport mode access
S0(config-if)#switchport port-security
```

说明 设置交换模式，启用端口安全特性。默认交换模式为“dynamic auto”，不支持“port-security”。

```
S0(config-if)#switchport port-security maximum 2
S0(config-if)#switchport port-security violation protect
S0(config-if)#switchport port-security mac-address 0030.6e00.10d4
S0(config-if)#switchport port-security mac-address 0030.6e00.10d5
```

说明 指定端口可接受的MAC地址数量、违规处理方式、可信任MAC地址。默认的违规处理方式为“shutdown”，在“protect”方式（本例）下，与非信任MAC地址有关的流量，将被滤除。

```
S0(config-if)#^Z
S0#sh port-security int f0/1
Port Security : Enabled
Port status : SecureUp
Violation mode : Protect
Maximum MAC Addresses : 2
Total MAC Addresses : 2
Configured MAC Addresses : 2
Sticky MAC Addresses : 0
Aging time : 0 mins
Aging type : Absolute
SecureStatic address aging : Disabled
Security Violation count : 0
```

2. 捆绑IP地址

```
ip access-list standard acl-p24
```

```
 permit 118.230.167.148
 permit 118.230.167.135
 permit 118.230.167.134
 permit 118.230.167.136 0.0.0.7
 permit 118.230.167.144 0.0.0.3
```

说明 只允许 IP 地址在区间[118.230.167.134，118.230.167.148]上的设备接入。

```
interface FastEthernet0/24
 switchport access vlan 676
 ip access-group acl-p24 in
```

说明 只能用于 in 方向。在第 2 层交换机上，解析第 3 层协议为扩展功能，因此，某些版本的 IOS（如标准 IOS）不支持该功能。

3.1.7 限制端口可接入设备数

有时需要控制端口可接入的设备数量，但并不关心所接设备的 MAC 地址。

场景之一：交换机 S1 的 f0/10 端口，最多允许接入 2 台设备。若有违规，则关闭端口。

```
S1(config)#int f0/10
S1(config-if)#switchport mode access
S1(config-if)#switchport port-security maximum 2
S1(config-if)#switchport port-security mac-address sticky
```

说明 指定端口动态学习设备的 MAC 地址。

```
S1(config-if)#switchport port-security violation shutdown
```

说明 指定违规处理方式。

```
S1(config-if)#^Z
S1#sh port-security int f0/10
Port Security                  : Enabled
Port Status                    : Secure-up
Violation Mode                 : Shutdown
Aging Time                     : 0 mins
Aging Type                     : Absolute
SecureStatic Address Aging     : Disabled
Maximum MAC Addresses          : 2
Total MAC Addresses            : 2
Configured MAC Addresses       : 0
Sticky MAC Addresses           : 2
Last Source Address            : 000b.5fc3.9f8c
Security Violation Count       : 0
```

场景之二：交换机 S1 的 f0/11 端口，最多允许接入 2 台设备。若有违规，则与违规接入设备有关的流量将被丢弃。

解决方法与场景一类似。更改违规方式为“protect”即可。

3.2 VLAN

VLAN（Virtual LAN，虚拟局域网）技术用于缩小广播域，增强安全性，提高控制灵活性。一般可将 VLAN 理解为以太网上一组物理端口的集合。图 3-2 描述了一典型的 VLAN 应用场景（当然，经过了适当的简化）。在该场景中，交换机 S0 的端口 f0/1 – 8、S1 的 f0/1 – 4 构成了 VLAN 227；S0 的 f0/13 – 20、S1 的端口 f0/11 – 14 构成了 VLAN 228。下面以该场景为例，介绍配置过程和方法。

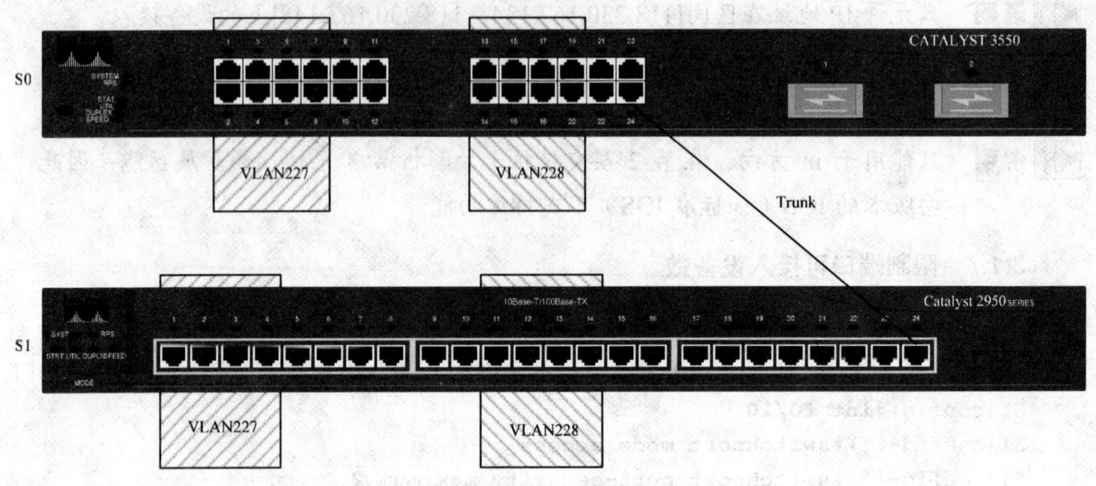

图 3-2　VLAN 场景

1. 配置交换机间链路——Trunk

与交换机级联链路类似，Trunk 用于在交换机间传输流量；与交换机级联链路不同，因 VLAN 跨越了交换机，为识别流量所属的 VLAN，发送至 Trunk 的流量必须按某种格式进行封装。封装格式（协议）有两种：ISL（Inter-Switch Link，交换机间链路）和 IEEE 802.1Q。其中前者为 Cisco 私有协议，后者属开放标准。实践中，为兼容非 Cisco 设备，一般选用后者。

在图 3-2 中，两交换机的 F0/24 端口间的物理连接完成后，Trunk 设置步骤如下：

```
S0(config)#int f0/24
S0(config-if)#switchport mode trunk
S0(config-if)#switchport trunk encapsulation dot1q
```

说明　设置端口模式，指定封装协议为 IEEE 802.1Q。

```
S0(config-if)#^Z
S0#sh int f0/24 trunk
Port      Mode         Encapsulation  Status       Native vlan
Fa0/24    on           802.1q         trunking     1
......
S1(config)#int f0/24
S1(config-if)#switchport mode trunk
S1(config-if)#switchport trunk ?
  allowed Set allowed VLAN characteristics when interface is in trunking mode
  native Set trunking native characteristics when interface is in trunking mode
  pruning Set pruning VLAN characteristics when interface is in trunking mode
```

说明　S1 只支持 IEEE 802.1Q。

```
S1(config-if)#^Z
```

```
S1#sh int f0/24 trunk
Port        Mode         Encapsulation  Status        Native vlan
Fa0/24      on           802.1q         trunking      1
......
```

2. 配置 VTP

VTP（VLAN Trunking Protocol，VLAN 中继协议）是 Cisco 的私有协议，该协议用于简化 VLAN 定义、配置过程。对本例而言，若不运行该协议，则 VLAN227 和 VLAN228 分别需要在两台交换机上进行定义。若配置了 VTP，则每个 VLAN 只需定义一次，便全局有效（对 VLAN 参数的修改也是如此）。

在 VTP 域中，交换机可工作在服务器、客户机或透明模式下。在服务器模式下，交换机接收并传播 VTP 通告，并据以更新 VLAN 设置；用户可创建、修改 VLAN，有关的信息将被以 VTP 通告的形式传遍整个 VTP 域；在客户机模式下，交换机被动地接收并传播 VTP 通告，根据 VTP 通告更新 VLAN 设置，但不能修改全局性的 VLAN 信息。透明模式很少使用。在透明模式下，交换机不参与 VTP 操作，只是简单转发 VTP 通告。

VTP 域中的客户机运行时，交换机并不保存学习到的 VLAN 信息，重启设备后，交换机将根据 VTP 通告生成 VLAN 有关的配置并据此工作。

```
S0(config)#vtp mode server
Setting device to VTP SERVER mode
S0(config)#vtp domain test
Domain name already set to test.
S0(config)#vtp password 654321
Setting device VLAN database password to 654321.
```

说明 设置密码可增加安全性，实践中，可以通过某种途径（如查看 CDP 邻居）获知网络 VTP 管理域名称，如果 VTP 域未设置密码，则恶意交换机可被设置为 VTP 服务器并接入网络，从而更改 VLAN 全局信息，造成灾难性的后果。

```
S0(config)#vtp version 2
```

说明 默认 VTP 版本为 1。版本 2 除拥有版本 1 的功能外，增加了对令牌环 VLAN 的支持和对多域透明模式的支持等特性。VTP 最新版本为 3，但目前的 IOS 尚不支持。

```
S0(config)#vtp pruning
```

说明 在默认情形下，任何一个 VLAN，其成员产生的广播报文会被发送至域内所有交换机。实践中，某些 VLAN 在某些交换机上可能无任何成员，为避免在 Trunk 上传输多余的广播流量，应启用 VTP 修剪。

```
S1(config)#vtp mode client
Device mode already VTP CLIENT.
S1(config)#vtp version 2
VTP mode already in V2.
S1(config)#vtp domain test
Domain name already set to test.
S1(config)#vtp password 654321
Password already set to 654321
```

说明 VTP 客户机的管理域名、密码必须与服务器一致。

```
S1#sh vtp status
```

```
VTP Version                        : 2
Configuration Revision             : 5
Maximum VLANs supported locally    : 128
Number of existing VLANs           : 6
VTP Operating Mode                 : Client
VTP Domain Name                    : test
VTP Pruning Mode                   : Enabled
VTP V2 Mode                        : Enabled
VTP Traps Generation               : Disabled
MD5 digest                         : 0xBF 0x22 0x2F 0x87 0xF3 0x68
                                     0xEC 0x5C
Configuration last modified by 10.9.9.254 at 1-21-09 02:04:21
```

需要特别指出的是，在 VTP 服务器上对 VLAN 进行更改，将使 VTP 配置版本号增加，并通告至域内其他交换机。交换机接收通告后，查看当前配置版本号，若低于收到的配置版本号，则更新本地配置，否则，维持本地配置不变。因此，进入 VTP 域的一般交换机，所拥有的版本号必须足够低，方可正常更新本地配置。更改 VTP 域名或删除相关配置信息可使配置版本号清零。

3. 定义 VLAN

```
S0(config)#vlan 227
S0(config-vlan)#name VLAN227
```

说明 命名 VLAN，以便管理。

```
S0(config-vlan)#vlan 228
S0(config-vlan)#name VLAN228
S0(config-vlan)#^Z
S0#sh vlan brief
VLAN Name             Status    Ports
---- ---------------- --------- -------------------------------
1    default          active    Fa0/1, Fa0/2, Fa0/3, Fa0/4
                                Fa0/5, Fa0/6, Fa0/7, Fa0/8
                                Fa0/9, Fa0/10, Fa0/11, Fa0/12
                                Fa0/13, Fa0/14, Fa0/15, Fa0/16
                                Fa0/17, Fa0/18, Fa0/19, Fa0/20
                                Fa0/21, Fa0/22, Fa0/23, Gi0/1
                                Gi0/2
227  VLAN227          active
228  VLAN228          active
1002 fddi-default     active
1003 trcrf-default    active
1004 fddinet-default  active
1005 trbrf-default    active
```

4. 将端口分配至 VLAN 中

```
S0(config)#int range f0/1 - 8
S0(config-if-range)#switchport access vlan 227
```

```
S0(config-if-range)#exit
S0(config)#int range f0/13 - 20
S0(config-if-range)#switchport access vlan 228
S0(config-if-range)#^Z
S0#sh vlan brief
......
227  VLAN227                          active    Fa0/1, Fa0/2, Fa0/3, Fa0/4
                                                Fa0/5, Fa0/6, Fa0/7, Fa0/8
228  VLAN228                          active    Fa0/13, Fa0/14, Fa0/15, Fa0/16
                                                Fa0/17, Fa0/18, Fa0/19, Fa0/20
......
```

说明 将端口分配至 VLAN 的操作必须在端口所在的交换机上进行。

在交换机 S1 上进行与上述操作类似的操作。

5. 配置 VLAN 间路由

```
S0(config)#int vlan 227
S0(config-if)#ip address 210.31.227.254 255.255.255.0
S0(config-if)#exit
S0(config-if)#int vlan 228
S0(config-if)#ip address 210.31.228.254 255.255.255.0
S0(config-if)#exit
```

说明 S0 系第 3 层交换机。设置交换虚拟接口（SVI），配置 IP 地址。这些地址即为相应 VLAN（IP 子网）中主机的"默认网关"。

```
S0(config)#ip routing
S0(config)#^Z
```

说明 启用 IP 路由功能。

```
S0#sh ip route
......
C    210.31.227.0/24 is directly connected, Vlan227
C    210.31.228.0/24 is directly connected, Vlan228
......
```

3.3 STP

3.3.1 常用 show 命令

实践中，出于构造冗余链路的需要，或者因线路连接错误，网络中会出现环路。环路会引发许多严重问题，如广播风暴、重复收帧、交换机 MAC 地址表震荡等，这会给网络带来灾难性的后果。STP（Spanning Tree Protocal，生成树协议）是一个用于在交换式网络中消除环路的第 2 层协议。

图 3-3 是一个简化的带有物理环路的交换环境。S0 的 22、24 口分别与 S1 的 23、24 口相连。这两条链路均为独立的 Trunk。在默认情形下，运行 STP，会自动阻塞 S1 的 f0/24 口，从而消除环路。

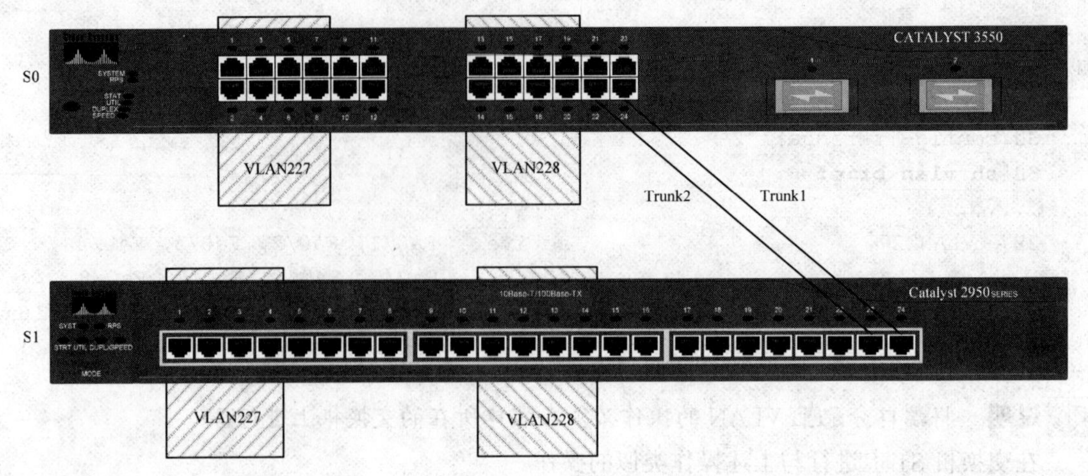

图 3-3 环路及消除

1. 查看生成树

```
S0#sh spanning-tree
VLAN0001
  Spanning tree enabled protocol ieee
  Root ID   Priority    32769
            Address     000b.5fc3.9f80
            This bridge is the root
            Hello Time   2 sec  Max Age 20 sec  Forward Delay 15 sec
```

说明 根桥信息。当前，本网桥为根桥。

```
  Bridge ID  Priority    32769  (priority 32768 sys-id-ext 1)
             Address     000b.5fc3.9f80
             Hello Time   2 sec  Max Age 20 sec  Forward Delay 15 sec
             Aging Time 300
```

说明 本网桥相关信息。

```
Interface    Port ID                    Designated                       Port ID
Name         Prio.Nbr   Cost  Sts  Cost   Bridge ID                   Prio.Nbr
Fa0/22       128.22     19    FWD  0      32769 000b.5fc3.9f80        128.22
Fa0/24       128.24     19    FWD  0      32769 000b.5fc3.9f80        128.24
```

说明 端口状态。

```
......
S1#sh spanning-tree
VLAN0001
  Spanning tree enabled protocol ieee
  Root ID    Priority   32769
            Address     000b.5fc3.9f80
            Cost        19
            Port        22 (FastEthernet0/22)
            Hello Time   2 sec  Max Age 20 sec  Forward Delay 15 sec
```

说明 根桥信息。当前，本网桥不是根桥。

```
  Bridge ID  Priority    32769  (priority 32768 sys-id-ext 1)
             Address     000b.bee4.2800
```

```
    Hello Time   2 sec  Max Age 20 sec  Forward Delay 15 sec
    Aging Time 300
```

说明 本网桥相关信息。

```
Interface        Role   Sts        Cost      Prio.Nbr Type
Fa0/23           Root   FWD        19        128.22   P2p
Fa0/24           Altn   BLK        19        128.24   P2p
```

说明 端口状态。F0/24 处于阻塞状态，环路被消除。

```
......
```

2. 查看根桥信息

```
S1#sh spanning-tree root
                                        Root   Hello  Max   Fwd
Vlan          Root ID                   Cost   Time   Age   Dly    Root  Port
VLAN0001      32769 000b.5fc3.9f80      19     2      20    15     Fa0/22
VLAN0227      32995 000b.5fc3.9f80      19     2      20    15     Fa0/22
VLAN0228      32996 000b.5fc3.9f80      19     2      20    15     Fa0/22
```

3. 查看端口状态

```
S1#sh spanning-tree summary
Switch is in pvst mode
Root bridge for: none
EtherChannel misconfig guard           is enabled
Extended system ID                     is enabled
Portfast Default                       is disabled
PortFast BPDU Guard Default            is disabled
Portfast BPDU Filter Default           is disabled
Loopguard Default                      is disabled
UplinkFast                             is disabled
BackboneFast                           is disabled
Pathcost method used                   is short
Name          Blocking  Listening  Learning  Forwarding   STP Active
-------------------------------------------------------------------
VLAN0001      1         0          0         1            2
VLAN0227      1         0          0         1            2
VLAN0228      1         0          0         2            3
3 vlans       3         0          0         4            7
```

3.3.2 STP 性能优化

3.3.2.1 IEEE 802.1d 性能优化

IEEE 802.1d 是默认的生成树协议。端口从启动到成为生成树中的一部分，通常需要 50 秒。对某些应用而言，这个延迟时间会引发问题。如：当与端口连接的设备为 DHCP 客户端时，将因在这段时间内找不到 DHCP 服务器而不能正常获取 IP 参数。为解决这些问题，Cisco 提供了一些增强的特性。

1. PortFast

场景如图 3-3 所示。S1 的端口 f0/1、f0/2 直连计算机。要求：在正常情况下，上述两端口不运行 STP。如误将交换机接在 f0/1 上，端口应自动关闭；如将交换机接在 f/2 上，端口应自动关闭 Portfast，重新成为生成树的一部分。

```
S1(config)#int f0/1
S1(config-if)#spanning-tree portfast
%Warning: portfast should only be enabled on ports connected to a single
 host. Connecting hubs, concentrators, switches, bridges, etc... to this
 interface  when portfast is enabled, can cause temporary bridging loops.
 Use with CAUTION
%Portfast has been configured on FastEthernet0/1 but will only
 have effect when the interface is in a non-trunking mode.
```

启用 PortFast 特性。

```
S1(config-if)#spanning-tree bpduguard enable
```

启用 BPDU（Bridge Protocol Data Unit，桥接协议数据单元，用于生成树）“守候”功能——一旦该端口收到 BPDU，便认为有交换机接入，立即将端口设置为“down (err-disabled)”状态。若需要启用已进入该状态的端口，可先执行“shutdown”，然后再执行“no shutdown”命令。

```
S1(config)#int f0/2
S1(config-if)#spanning-tree portfast
S1(config-if)#spanning-tree bpdufilter enable
```

启用 BPDU“过滤”功能——自动识别、适应端口所连接的设备。

需要特别指出，PortFast 只能用于接入层交换机上那些供最终用户接入主机的端口。

2. UplinkFast

场景如图 3-3 所示。要求：当链路 Trunk1 失效后，Trunk2 应迅速激活而不必因运行 STP 耗费 50 秒的时间。

```
S1(config)#spanning-tree uplinkfast
```

该特性一般只应在具备冗余上行链路的接入交换机上启用。

3. BackboneFast

启用 BackboneFast 后，当不与设备直接连接的链路失效时，设备可迅速响应，在大约 30 秒内重构生成树。BackboneFast 可在所有的交换机上启用。

```
S1(config)# spanning-tree backbonefast
```

4. PVST

IEEE 802.1d 在生成树时，不考虑 VLAN 因素，即为所有 VLAN 生成同样结构的树。在实践中，这种简单化的处理方式有时会影响性能。例如：在图 3-4 中，所有 VLAN 生成树的根桥均为 S0，且其拓扑结构是以 S0 为中心的星型。若 VLAN227 只在 S1、S2 上有成员，因 S1、S2 之间的链路被阻塞，故位于不同交换机上的 VLAN227 成员之间进行通信时，报文必须由 S0 中转。

为解决上述问题，Cisco 对 IEEE 802.1d 进行了优化，提供了 PVST（Per VLAN Spanning Tree，每 VLAN 生成树）解决方案。对本例而言，启用 PVST 后，可通过改变网桥优先级的方法为 VLAN227 生成一棵个性化的树。

```
S1(config)#spanning-tree mode pvst
S1(config)#spanning-tree vlan 227 priority 16384
```

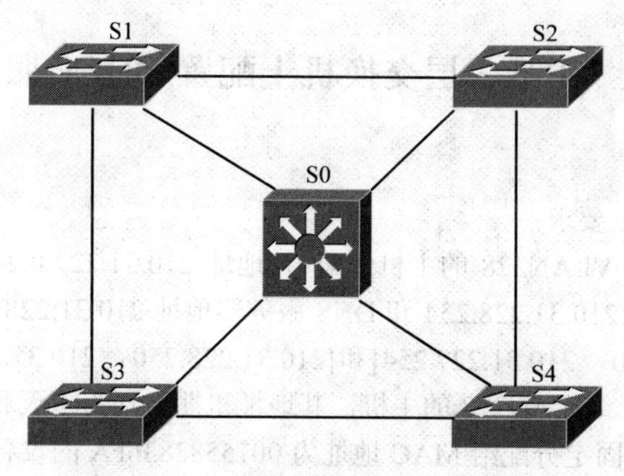

图 3-4　PVST

说明　设置优先级为 16384（默认为 32768），这样，在为 VLAN227 生成树时，S1 能够被选为根桥。

```
S1(config)#^Z
S1#sh spanning-tree
VLAN0001
  Spanning tree enabled protocol ieee
  Root ID    Priority    32769
             Address     000b.5fc3.9f80
             Cost        3019
             Port        23 (FastEthernet0/23)
......
```

说明　本交换机不是 VLAN0001 的根桥。

```
VLAN0227
  Spanning tree enabled protocol ieee
  Root ID    Priority    16611
             Address     000b.bee4.2800
             This bridge is the root
......
```

说明　本交换机是 VLAN0227 的根桥，其优先级为 16611（指定优先级+VLAN 号）。

3.3.2.2　IEEE 802.1w

IEEE 802.1d 的增强特性为 Cisco 独有。新标准 IEEE 802.1w（RAPID-PVST，快速 PVST）在兼容 IEEE 802.1d 的基础上，提供了对所有上述增强特性的支持。如果网络中的交换机都支持 IEEE 802.1w，应毫不犹豫地（在所有交换机上）选用此协议。

```
J08-514-1(config)#spanning-tree mode rapid-pvst
J08-514-1(config)#^Z
J08-514-1#sh spanning-tree
VLAN0001
  Spanning tree enabled protocol rstp
......
```

3.4 在第 3 层交换机上配置 DHCP 服务

1. 场景

场景如图 3-3 所示。要求：

自动为 VLAN227、VLAN228 的主机分配 IP 地址 210.31.227.0/24、210.31.228.0/24，默认网关 210.31.227.254、210.31.228.254 和 DNS 服务器地址 210.31.228.253。

区间[210.31.227.250，210.31.227.254]和[210.31.228.250，210.31.228.254]上的地址不用于动态分配；VLAN227、VLAN228 的主机，其地址租期分别为 1 天和 2 天；

地址 210.31.227.10 固定分配给 MAC 地址为 0015582836FA 的设备。

2. 配置

```
!
ip dhcp excluded-address 210.31.227.250 210.31.227.254
ip dhcp excluded-address 210.31.228.250 210.31.228.254
```

说明 排除地址。

```
!
ip dhcp pool vlan227
  network 210.31.227.0 255.255.255.0
  default-router 210.31.227.254
  dns-server 210.31.227.253 210.31.228.253
```

说明 配置分配给 VLAN227 中主机的 IP 参数（IP 地址、子网掩码、默认网关）和 DNS 服务器地址，默认租期为 1 天，故不需设置。

```
!
ip dhcp pool vlan227_su
  host 210.31.227.10 255.255.255.0
  client-identifier 0100.1558.2836.fa
```

说明 为特定设备分配固定的 IP 地址、子网掩码。

```
!
ip dhcp pool vlan228
  network 210.31.228.0 255.255.255.0
  default-router 210.31.228.254
  dns-server 210.31.228.253 210.31.228.253
  lease 2
```

说明 配置分配给 VLAN228 中主机的 IP 参数（IP 地址，子网掩码、默认网关）、DNS 服务器地址以及租期。

```
!
```

3. 验证

```
S0#sh ip dhcp binding
IP address       Hardware address      Lease expiration        Type
210.31.227.10    0100.1558.2836.fa     Infinite                Manual
210.31.228.3     0100.1558.2836.fa     Jan 28 2009 02:25       AM Automatic
```

4. 常见问题及解决方法

最常见问题是主机启动后不能获得 IP 地址。原因一般是交换机端口因运行 STP 而未能迅速进入正常工作状态。解决方法是，启用端口的“PortFast”特性，或在端口处于正常工作状态后，在主机上重发DHCP请求。

3.5 在第3层交换机上将IP地址与MAC地址绑定

1. 场景

某LAN采用静态IP地址分配方案。网络中有主机滥发ARP欺骗报文，导致交换机ARP表混乱，造成网络不通。要求：将IP地址与MAC地址绑定。

2. 解决步骤

（1）获取用户MAC地址。在ARP表混乱时直接要求用户提供其地址，或在ARP表正常时，获取用户MAC地址。

```
S#sh arp
Protocol  Address          Age (min)  Hardware Addr    Type   Interface
Internet  210.31.230.61    2           000b.dbca.ceb7   ARPA   Vlan230
......
```

（2）在交换机上将主机IP地址与MAC地址绑定。

```
S(config)#arp 210.31.230.61 000b.dbca.ceb7 arpa
S(config)#do sh arp
Protocol  Address          Age (min)  Hardware Addr   Type  Interface
Internet  210.31.230.61    -          000b.dbca.ceb7  ARPA
```

（3）在主机上将网关IP地址与MAC地址绑定。

```
C:\Documents and Settings\c01>arp -s 210.31.230.126 00-aa-00-62-c6-09
C:\Documents and Settings\c01>arp -a
Interface: 210.31.230.61 --- 0x60002
Internet Address      Physical Address          Type
210.31.230.126            00-aa-00-62-c6-09         static
```

3. 说明

上述解决方法只适用于采用静态IP地址分配方案的网络，对采用动态IP地址分配方案的网络，不同的设备制造商提供了各自的ARP攻击抵御手段，在此不介绍。

在一个LAN中，一般应将所有交换机的管理IP地址设置在同一私有网段内，该IP子网的网关通常为第3层交换机上的虚拟端口VLAN1。

端口通信参数包括速度和双工模式。第3层交换机的端口可根据需要指定为第2层或第3层端口。端口捆绑的目的是捆绑链路，将多条物理信道合并为一条逻辑信道以实现冗余和负载均衡，管理人员可根据需要选择负载均衡算法。

抑制进入端口的广播报文是最常见的管理需求，在某些情况下，也需要限制单播或组播报文。流控功能的强弱、语法与设备密切相关。

捆绑MAC地址至端口，一般用于精细管理，增强接入环节的安全性；捆绑IP地址至端口，一般用于防止因用户私设IP地址而引发冲突（在第2层交换机上，解析第3层协议为扩展功能，因此，某些版本的IOS不支持该功能）。

根据需要控制端口可接入的设备数量，并选择对违规行为采取何种制裁措施。

可将 VLAN 理解为以太网上一组物理端口的集合，集合中的端口可能来自不同的交换机。与交换机级联链路类似，Trunk 用于在交换机间传输流量；与交换机级联链路不同，因 VLAN 跨越交换机，为识别流量所属的 VLAN，发送至 Trunk 的流量必须按某种封装协议（如IEEE 802.1Q）进行封装。

VTP 是 Cisco 的私有协议，用于简化 VLAN 定义、配置过程。一般可将 VTP 域中的一台交换机指定为服务器，在该设备上设置全局性质的 VLAN 参数；将其他交换机指定为客户机，以自动更新本地 VLAN 设置。为安全起见，应该为 VTP 域设置密码。为避免在 Trunk 上传输多余的广播流量，可启用 VTP 修剪。

启用 VTP 后，定义 VLAN 的操作必须在 VTP 服务器上进行；而将端口分配至 VLAN 的操作必须在端口所在的交换机上进行。

欲实现 VLAN 间通信，简单启用第 3 层交换机的 IP 路由功能即可。

STP 是一个第 2 层协议，用于自动消除交换式网络中的环路。

IEEE 802.1d 是默认的生成树协议。端口从启用到成为生成树中的一部分，通常需用时 50 秒。这个时间延迟有时会引发问题。为解决此问题，Cisco 提供了 PortFast、UplinkFast 和 BackbloneFast 等增强特性。借助 Cisco 提供的 PVST 功能，可设法为每个 VLAN 指定独立的、结构合理的生成树。

在第 3 层交换机上配置 DHCP 服务时，若分别为不同的 VLAN 设置资源（如地址池、默认网关等），则客户可获得与所在 VLAN 相适应的 IP 参数。

在第 3 层交换机上将终端设备的 IP 地址与其 MAC 地址绑定，在终端设备上将默认网关的 IP 地址与其 MAC 地址绑定，可有效抵御 ARP 欺骗攻击。

习题三

1．第 2 层交换机的管理用 IP 地址指的是（　　）。

A．任意物理端口的 IP 地址　　B．F0/1 端口的 IP 地址

C．VLAN1 的 IP 地址　　D．与第 3 层设备连接的端口的 IP 地址

2．根据下面的配置选择，“10.9.9.254”通常指的是（　　）。

```
S1(config)#ip default-gateway 10.9.9.254
```

A．与之连接的第 3 层交换机上的 VLAN1 端口 IP 地址

B．F0/1 端口的 IP 地址

C．VLAN1 的 IP 地址

D．与第 3 层设备连接的端口的 IP 地址

3．将第 3 层交换机的第 2 层端口转换为第 3 层端口的配置命令是（　　）。

A．S0(config-if)#no switchport　　B．S0(config)#switchport

C．S0(config)#no switchport　　D．S0(config-if)#switchport

4．启用 EtherChannel 端口捆绑的作用是（　　）。（多选）

A．实现冗余　　B．增加带宽

C．提高安全性　　　　　　　　　　D．负载均衡

5．通常对交换机端口进行流控的措施是（　　）。（多选）

A．抑制广播报文　　　　　　　　　B．抑制端口带宽

C．抑制单播报文　　　　　　　　　D．抑制组播报文

6．根据下面的配置选择，正确的说法是（　　）。

```
S(config-if)#storm-control broadcast level 50 30
```

A．用于抑制广播报文，当流量达到 50Mb/s 时，开始采取抑制措施，直到广播流量降低为 30Mb/s

B．用于抑制组播报文，当流量达到 50Mb/s 时，开始采取抑制措施，直到广播流量降低为 30Mb/s

C．用于抑制组播报文，当流量占端口可用带宽的 50%时，开始采取抑制措施，直到广播流量降低为端口可用带宽的 30%

D．用于抑制广播报文，当流量占端口可用带宽的 50%时，开始采取抑制措施，直到广播流量降低为端口可用带宽的 30%

7．根据下面的配置选择，正确的说法是（　　）。

```
S(config-if)#storm-control unicast level bps 50m 30m
```

A．用于抑制单播报文，当流量达到 50Mb/s 时，开始采取抑制措施，直到广播流量降低为 30Mb/s

B．用于抑制组播报文，当流量达到 50Mb/s 时，开始采取抑制措施，直到广播流量降低为 30Mb/s

C．用于抑制组播报文，当流量占端口可用带宽的 50%时，开始采取抑制措施，直到广播流量降低为端口可用带宽的 30%

D．用于抑制单播报文，当流量占端口可用带宽的 50%时，开始采取抑制措施，直到广播流量降低为端口可用带宽的 30%

8．根据下面的配置选择，正确的说法是（　　）。（多选）

```
S1(config)#int f0/10
S1(config-if)#switchport mode access
S1(config-if)#switchport port-security maximum 10
S1(config-if)#switchport port-security mac-address sticky
S1(config-if)#switchport port-security violation shutdown
```

A．该端口最多允许接入 10 台设备　　B．该端口最大速度限制为 10Mb/s

C．端口动态学习设备的 MAC 地址　　D．违规处理方式为关闭端口

9．关于 VLAN 的说法，正确的是（　　）。

A．缩小广播域，增加广播域数量　　B．缩小冲突域，增加广播域数量

C．缩小冲突域，减少广播域数量　　D．缩小广播域，减少广播域数量

10．Trunk 的封装格式为（　　）。

A．ISL、802.11g　　　　　　　　B．PAP、802.11g

C．ISL、802.1Q　　　　　　　　D．PAP、802.1Q

11．关于 VTP 的说法，正确的是（　　）。（多选）

A．是 Cisco 的私有协议　　　　　B．用于简化 VLAN 定义、配置过程

C. 用于避免环路　　D. 用于指定根桥

12. VTP 的工作模式有（　）。（多选）

A. server　B. client　C. bypass　D. transparent

13. 关于 VTP 服务器模式的描述，正确的是（　）。

A. 接收和传播 VTP 通告；不能创建、修改 VLAN

B. 接收和传播 VTP 通告；可创建、修改 VLAN

C. 不接收和传播 VTP 通告；可创建、修改 VLAN

D. 不接收和传播 VTP 通告；不能创建、修改 VLAN

14. 关于 VTP 客户机模式的描述，正确的是（　）。

A. 接收和传播 VTP 通告；不能创建、修改 VLAN

B. 接收和传播 VTP 通告；可创建、修改 VLAN

C. 不接收和传播 VTP 通告；可创建、修改 VLAN

D. 不接收和传播 VTP 通告；不能创建、修改 VLAN

15. 交换机 S0 和 S1 的 VTP 配置如下，S1 不能更新自己的 VLAN 信息，可能的原因是（　）。（多选）

```
S0#sh vtp status
VTP Version                        : 2
Configuration Revision             : 4
Maximum VLANs supported locally    : 128
Number of existing VLANs           : 6
VTP Operating Mode                 : Server
VTP Domain Name                    : test1
S1#sh vtp status
VTP Version                        : 2
Configuration Revision             : 7
Maximum VLANs supported locally    : 128
Number of existing VLANs           : 2
VTP Operating Mode                 : Client
VTP Domain Name                    : test2
```

A. S0 和 S1 的 VTP 域密码配置不一致

B. VTP 修剪特性未被激活

C. S1 的配置版本号比 S0 的高

D. S0 和 S1 的 VTP 域名不一致

16. 关于 STP 的说法，正确的是（　）。

A. 是 Cisco 的私有协议　　B. 用于简化 VLAN 定义、配置过程

C. 用于避免环路　　D. 用于邻居发现

17. 属于 IEEE 802.1d 性能优化特性的是（　）。

A. PortFast　　B. UplinkFast

C. BackbloneFast　　D. PVST

18. 在第 3 层交换机上将终端设备的 IP 地址与 MAC 地址绑定，其主要目的是（　）。

A. 避免广播风暴　　B. 加速收敛

C. 抵御 ARP 欺骗攻击　　D. 避免 MAC 地址表震荡

第 4 章　防火墙配置

本章以 Cisco 安全设备为平台，讲述防火墙的工作机制、NAT 及应用实例、高层协议检测和抵御网络攻击的基本手段等。

- 接口的安全级别、接口间互访规则
- 动、静态 NAT 与 PAT
- NAT 与 DNS 记录重写
- 应用层协议检测
- ICMP 检测与控制
- TCP 报文规范化、拦截、连接数限制
- 预防 IP 欺骗

4.1　基本概念与命令

4.1.1　接口的安全等级

图 4-1 描述了防火墙在网络中的位置。

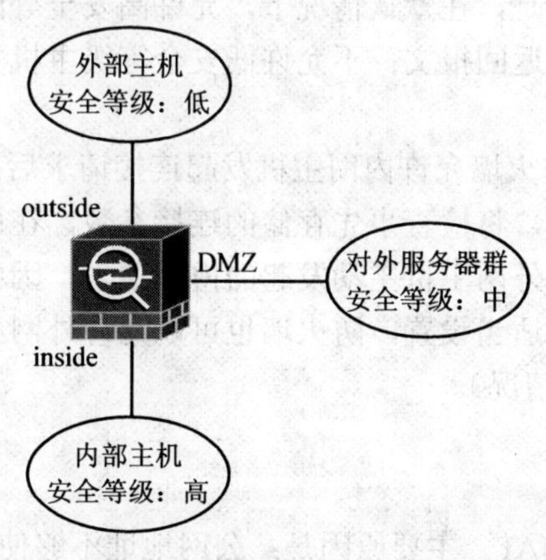

图 4-1　接口的安全等级

与路由器类似，防火墙用于连接不同的网络；与路由器不同，防火墙的主要功能是控制（允许或拒绝）网络间的流量，以保护敏感资源，使其免遭攻击或窥探。该功能主要体现在

两个方面：一方面是控制内部用户主动发起的向外连接，为网管提供灵活性；另一方面是允许外部用户主动取用对外发布的资源，为外网提供服务。

目前的防火墙产品一般都提供多个物理接口。实际应用中，一般用一个接口连接内部网络、一个接口连接外部网络（通常是 Internet），一个或多个接口连接运行对外服务的服务器，这些服务器所在的区域一般称为 DMZ（demilitarized zone）。

从可信任度看，内网、外网和对外服务器各不相同。其中，内网最可信，可以认为其安全级别最高；外网最不可信，安全级别最低；而 DMZ 居中。防火墙允许用户任意设置物理接口的安全等级，以连接适当的网络。典型配置如下：

```
interface GigabitEthernet0/0
 speed 1000
 duplex full
 nameif outside
```

说明 命名接口，以便引用。

```
 security-level 0
```

说明 定义安全等级（范围为 0～100）。一般外网、DMZ、内网接口的安全等级依次为 0、50、100。

```
......
interface GigabitEthernet0/1
 nameif inside
 security-level 100
......
interface GigabitEthernet0/2
 nameif dmz
 security-level 50
......
```

4.1.2 核心安全策略

防火墙的核心安全策略是，在默认情况下，允许高安全等级主机主动发起与低安全等级主机的连接，并放行相应的返回报文；不允许低安全等级主机主动发送连接请求给高安全等级的主机。

例如，在图 4-2 中，防火墙允许内网主机发起连接请求后，将在内部存储与该连接有关的参数，接收到回应报文后，将检查事先存储的连接参数，在确认该报文为合法的返回报文后，方允许其通行。对于由外网主机主动发起的内向请求，因找不到相关状态参数，防火墙将阻止其通过。当然，经过适当设置，防火墙也可以允许外网主机主动发起内向请求（一般见于外网主机访问 DMZ 的情况）。

4.1.3 NAT

通常，防火墙都运行 NAT。主要原因是：公网地址不够使用；隐藏内部 IP 地址，增加安全性；允许外网主机访问 DMZ。

1. 动态 NAT 和 PAT

在图 4-3 中，内部主机访问外网和 DMZ 时，都需要转换源地址，配置方法如下。

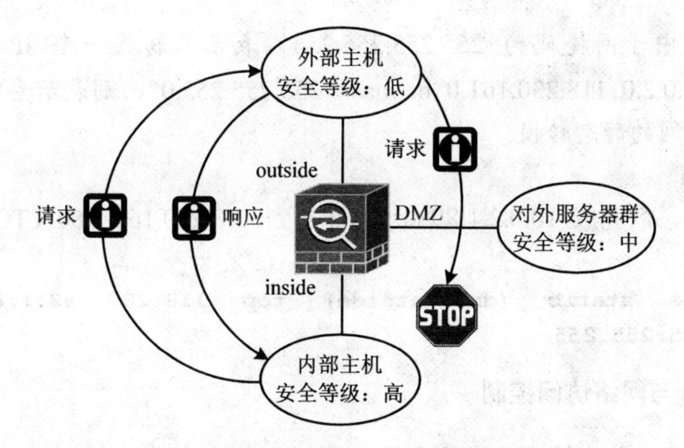

图 4-2　核心安全策略

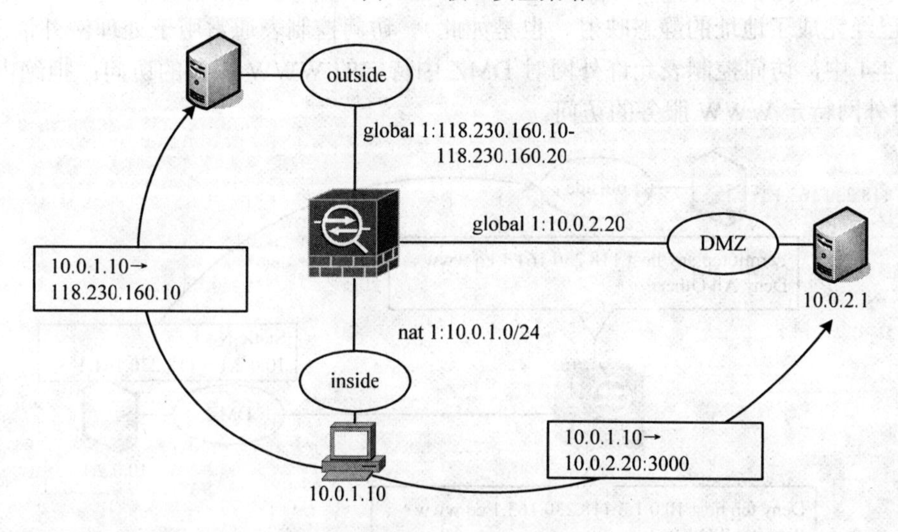

图 4-3　多口 NAT

```
FW(config)# nat (inside) 1 10.0.1.0 255.255.255.0
```

指定需要转换的源地址。其 NAT ID 为 1。用于匹配 global 命令中的 NAT ID。

```
FW(config)# global (outside) 1 118.230.160.10-118.230.160.20
```

指定用于替代源地址的地址池。其 NAT ID 为“1”，表明内口 NAT ID 为 1 的地址将被替换为地址池中的地址。该方式即为动态 NAT。

```
FW(config)# global (dmz) 1 10.0.2.20
```

指定用于替代源地址的唯一地址。其 NAT ID 为“1”，表明内口 NAT ID 为 1 的地址都将被替换为同一地址（10.0.2.20）。该方式即为动态 PAT。

收到来自内网的 IP 包后，防火墙首先根据路由表确定应将包发往哪个接口，然后执行地址转换。

2. 静态 NAT

在图 4-3 中，为使外部用户可访问 DMZ 中的服务器，除适当应用 ACL 外，还需将服务器的 IP 地址（10.0.2.1）映射（静态转换）为公网地址（如 118.230.161.1）。静态转换命令如下：

```
FW (config)# static (dmz,outside) 118.230.161.1 10.0.2.1 netmask 255.255.255.255
```

说明 本例中子网掩码为 255.255.255.255，表示只转换一个 IP 地址。若参数形如“10.0.2.0 118.230.161.0 netmask 255.255.255.0”，则表示要完成一个子网到另一个子网的静态转换。

3. 静态 PAT

在图 4-3 中，欲完成 10.0.2.1:8080（TCP）到 118.230.162.1:80（TCP）的静态映射，命令如下：

```
FW(config)# static (dmz,outside) tcp 118.230.162.1:80 10.0.2.1:8080 netmask 255.255.255.255
```

4.1.4 ACL 与网络访问控制

在默认情况下，防火墙允许高安全接口到低安全接口的主动连接，拒绝反方向的主动连接（即使已经完成了地址的静态映射，也是如此）。访问控制表通常用于处理例外情况。

在图 4-4 中，访问控制表允许外网对 DMZ 中特定的 WWW 服务的访问；拒绝内网主机 10.0.1.3 对外网特定 WWW 服务的访问。

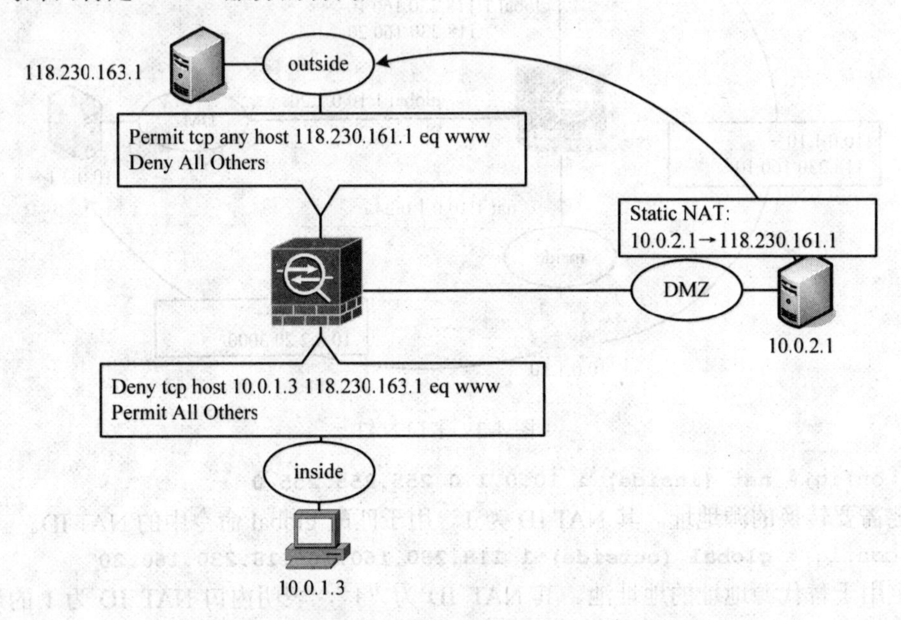

图 4-4 ACL 与网络访问控制

```
FW(config)# access-list outside extended permit tcp any host 118.230.161.1 eq www
```

说明 就本例而言，外网访问 DMZ 中服务器的报文，到达 outside 口时，其目的地址是该服务器映射到 outside 口的地址。故构造用于 outside 口的 ACE（Access Control Entries）时，应以此地址（而不是真实地址）为目的地址。

```
FW(config)# access-list inside extended deny tcp host 10.0.1.3 118.230.163.1 eq www
```

说明 就本例而言，内网主机访问外网的报文，到达 inside 口时，其源地址是该主机的真实地址。无论该地址之后是否需要进行转换，在构造用于 inside 口的 ACE 时，应以真实地址为源地址。

```
FW(config)# access-list inside extended permit ip any any
FW(config)# access-group outside in interface outside
FW(config)# access-group inside in interface inside
```

说明 应用 NAT 后，同一主机，对不同的接口可能呈现不同的 IP 地址。为接口构造 ACL 时，应根据 NAT 的工作机制，判断对该接口而言主机究竟呈现哪个 IP 地址。

使用扩展 ACL 时，对 TCP、UDP 协议，可以使用下列操作符指定端口号：lt——小于，gt——大于，eq——等于，neq——不等于，range——指定一个数值区间，如“range 100 200”。

低版本的防火墙，只允许在接口的 in 方向上应用 ACL，高版本的防火墙则无此限制。

4.1.5 静态路由、路由表

1. 路由处理过程

防火墙可工作在路由（Routed）或透明（Transparent）模式下。工程中，一般选择路由模式。在路由模式下，外部网络可将防火墙理解为“router hop”。但是，在防火墙内部，确定路由的过程与路由器并不完全相同。防火墙是根据地址转换表——XLATE（形如“NAT from inside:10.0.1.22 to outside:210.31.228.9 flags iI”）、静态映射（形如“NAT from dmz:10.9.9.103 to outside:210.31.229.1 flags s”）——和路由表来路由数据包的。路由处理包括两个步骤：确定包应该送至哪个接口；根据该接口的路由表（而不是其他接口的路由表）发送数据包。其处理过程如图 4-5 所示。

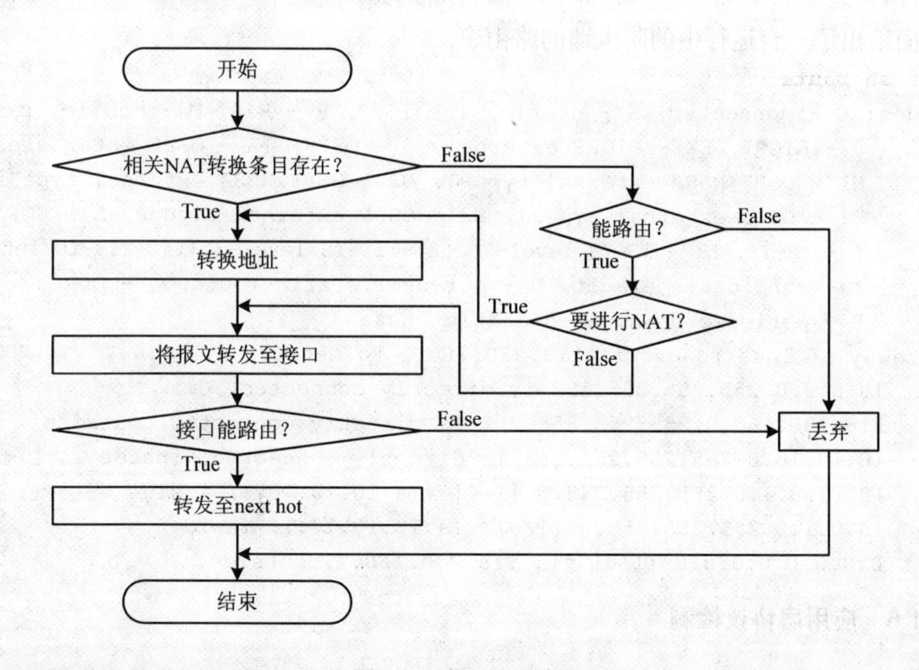

图 4-5 路由处理过程

由处理过程可见，防火墙的路由条目是与接口捆绑在一起的。

2. 静态路由设置

在图 4-6 中，假设防火墙未运行动态路由协议。欲使内网与 Internet 连通，应在防火墙上设置静态路由如下：

```
FW(config)# route outside 0.0.0.0 0.0.0.0 118.230.160.1 1
```

说明 设置默认路由。最后的参数“1”用于指定静态路由的管理距离。

```
FW(config)# route inside 192.168.1.0 255.255.255.0 10.10.10.1 1
FW(config)# route inside 10.0.1.0 255.255.255.0 10.10.10.1 1
```

说明 设置指向不与防火墙直连的内网的静态路由。在工程上，习惯上称此类路由为“回指路由”。

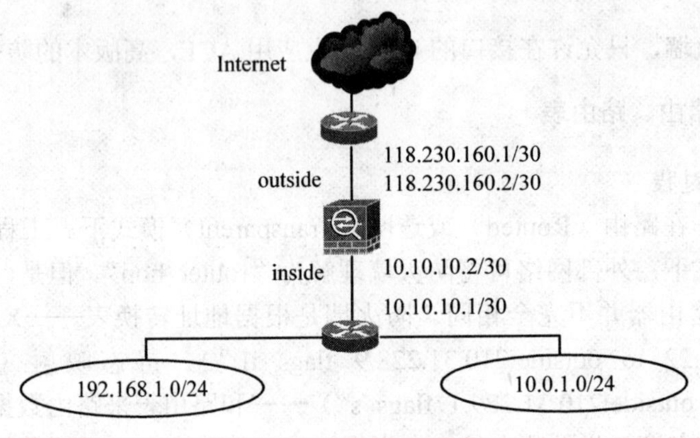

图 4-6 静态路由设置

3. 路由表

下面给出了一台运行中的防火墙的路由表。

```
FW# sh route
Codes: C - connected, S - static, I - IGRP, R - RIP, M - mobile, B - BGP
       D - EIGRP, EX - EIGRP external, O - OSPF, IA - OSPF inter area
       N1 - OSPF NSSA external type 1, N2 - OSPF NSSA external type 2
       E1 - OSPF external type 1, E2 - OSPF external type 2, E - EGP
       i - IS-IS, L1 - IS-IS level-1, L2 - IS-IS level-2, ia - IS-IS inter area
       * - candidate default, U - per-user static route, o - ODR
       P - periodic downloaded static route
Gateway of last resort is 118.230.160.1 to network 0.0.0.0
C    10.9.9.0 255.255.255.252 is directly connected, dmz
C    118.230.160.0 255.255.255.252 is directly connected, outside
C    10.10.10.0 255.255.255.252 is directly connected, inside
S    192.168.1.0 255.255.248.0 [1/0] via 10.10.10.1, inside
S    10.0.1.0 255.255.255.0 [1/0] via 10.10.10.1, inside
S*   0.0.0.0 0.0.0.0 [1/0] via 118.230.160.1, outside
```

4.1.6 应用层协议检测

检测应用层协议（传输层报文的载荷）的能力是衡量防火墙性能的重要指标。

防火墙之所以能自动允许内向的返回报文，是因为其记录了相关会话的状态。对于大部分应用而言，记录传输层的状态已经足够。但对某些应用，尚需进一步检测高层协议，方可确保正常通信。

例如，FTP 在标准模式下工作时，需要使用控制和数据 2 个通道，其中，控制通道首先开通，之后，通过该通道为数据通道协商、开通一对新的端口。如果不检测这个协商过程，防火墙就无法自动为数据传输开通通道。再如，某些协议在工作时，将 IP 地址封装在应用层协议中，在接收方，再将这个地址与 IP 层的源地址进行比较，两者一致，方允许正常通信。这样，防火墙在进行地址转换时，不仅需要转换 IP 层地址，还需要检测并转换嵌入高层协议的地址，以保证两者匹配。

下面是设备默认的策略配置，如果需要，也可自行更改（如增加对 ICMP 的检测等）。

```
class-map inspection_default
match default-inspection-traffic
```

说明 指定需要检测的流量，包括任何应用协议在默认端口上的流量。

```
policy-map type inspect dns preset_dns_map
parameters
message-length maximum 512
```

说明 DNS 包信息限长为 512 字节。

```
policy-map global_policy
class inspection_default
inspect dns preset_dns_map
inspect ftp
inspect h323 h225
inspect h323 ras
inspect rsh
inspect rtsp
inspect esmtp
inspect sqlnet
inspect skinny
inspect sunrpc
inspect xdmcp
inspect sip
inspect netbios
inspect tftp
```

说明 引用需要检测的流量，指定需要检测哪些协议。

```
service-policy global_policy global
```

说明 在所有接口上启动检测。

4.2 应用举例

4.2.1 扩展 DMZ 区接口数量

通常，DMZ 中的服务器需要相互隔离，彼此不进行通信。因此，在实际应用中，每一个 DMZ 口只连接一台服务器的情况比较常见。防火墙提供的物理接口是有限的（如 ASA 5520 的标准配置是 4 个接口），当接口数不满足要求时，可以加配接口板以增加接口数量。但这种方法存在两个问题，一是接口板价格比较高；二是受设备扩充槽数的限制，不可能加配太多的接口板。

因防火墙支持 VLAN 并具备路由功能，故可借助 Trunk 与第 2 层交换机连接，通过 VLAN 使交换机端口成为防火墙接口，以实现端口扩充。

在图 4-7 所示场景中，防火墙配置了 8 个接口，其中，内、外网各占用 1 个，DMZ1～5 共占用 5 个。空闲的物理口为 GigabitEthernet1/3。要求：通过下连交换机 WS-C2960G-24TC-L 增加 6 个接口供 DMZ6～11 使用。

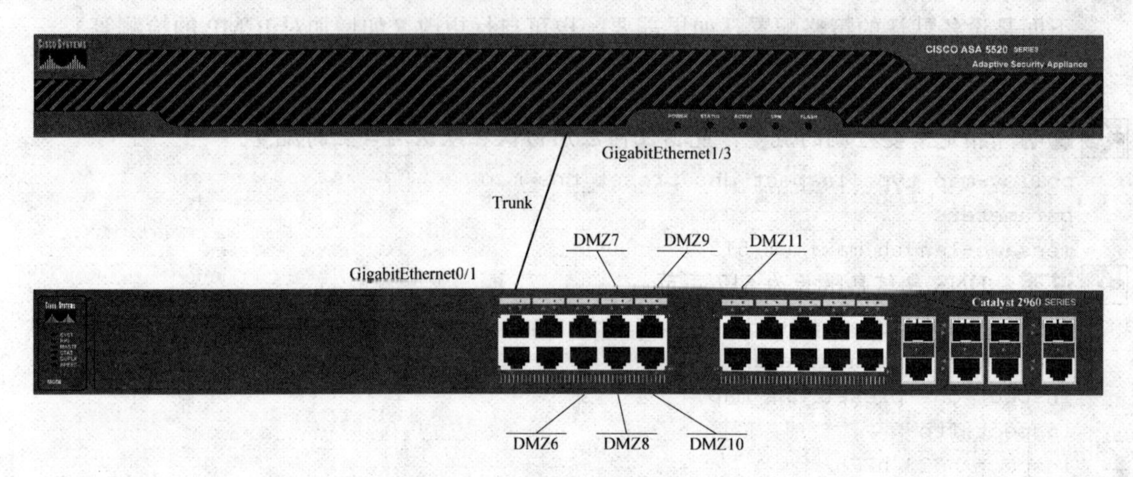

图 4-7 扩展 DMZ 区接口

解决方案：将防火墙的 GigabitEthernet1/3 与交换机的 GigabitEthernet0/1 连接，设置端口为 Trunk；为便于管理，将交换机的 GigabitEthernet0/6～11 用作 DMZ6～11 接口。

防火墙配置文件中的相关内容如下：

```
interface GigabitEthernet1/3
 no nameif
 no security-level
 no ip address
```

说明 将该口用作 Trunk。

```
interface GigabitEthernet1/3.6
 vlan 6
 nameif dmz6
 security-level 50
 ip address 10.0.10.26 255.255.255.252
```

说明 定义子接口的 VLAN、名称、安全级别、IP 地址（该地址即为相应 VLAN 中主机的默认网关）。

```
interface GigabitEthernet1/3.7
 vlan 7
 nameif dmz7
 security-level 50
 ip address 10.0.10.30 255.255.255.252
......
interface GigabitEthernet1/3.11
 vlan 11
```

```
 nameif dmz11
 security-level 50
 ip address 10.0.10.46 255.255.255.252
```

交换机配置文件中的相关内容如下：

```
interface GigabitEthernet0/1
 switchport mode trunk
......
interface GigabitEthernet0/6
 switchport access vlan 6
 spanning-tree portfast trunk
interface GigabitEthernet0/7
 switchport access vlan 7
 spanning-tree portfast trunk
......
interface GigabitEthernet0/11
 switchport access vlan 11
 spanning-tree portfast trunk
```

4.2.2 限制内网主机与外网的并发连接数

要求：在每天的8:00～18:00，内部子网10.10.10.0/24中的每台主机，最多允许有20个并发的TCP或UDP连接存在于防火墙中。

相关配置如下：

```
FW(config)# time-range work-time
FW(config-time-range)# periodic daily 8:00 to 18:00
```

说明 指定时间范围。

```
FW(config)# access-list CONNS extended permit ip 10.10.10.0 255.255.255.0
any time-range work-time
```

说明 构造基于时间的ACE，指定连接特征及时段参数。定时功能由关键字“time-range”及其参数实现。在“work-time”时段内，ACE有效。超出该时间范围后，ACE处于inactive状态——“access-list CONNS line 1 extended permit ip 10.10.10.0 255.255.255.0 any time-range work-times (hitcnt=0) (inactive) 0x3894729d”。

```
FW(config)# class-map CONNS
FW(config-cmap)# match access-list CONNS
```

说明 指定控制对象。

```
FW(config)# policy-map CONNS
FW(config-pmap)# class CONNS
FW(config-pmap-c)# set connection per-client-max 20
```

说明 引用控制对象，设置控制参数。

```
FW(config)# service-policy CONNS interface inside
```

说明 在内口上启动控制。

4.2.3 NAT前后源地址不变

启用NAT控制后（通常NAT控制都处于启用状态），内部主机的地址必须经过NAT，方可与其他接口所连接的网络进行通信。在实践中，有时某些源地址并无改变的必要，甚至不允许改变。

要求：内部子网 210.31.227.0/24 在 NAT 后，地址与真实地址相同。

解决方法一——“Identity NAT”：

```
FW(config)# nat (inside) 0 210.31.227.0 255.255.255.0
```

说明 特点：支持策略 NAT（本书不涉及）。仅允许内部主机主动建立连接，如图 4-8 所示。

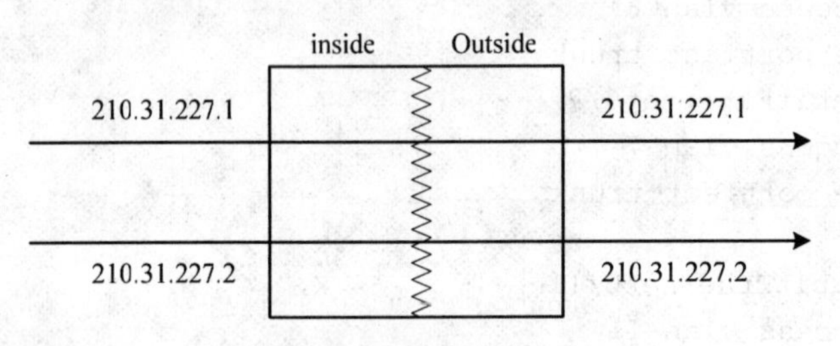

图 4-8 单向连接

解决方法二——“Static Identity NAT”：

```
FW(config)# static (inside,outside) 210.31.227.0 210.31.227.0 netmask 255.255.255.0
```

特点：可指定目的接口；内、外部主机均可主动建立连接，如图 4-9 所示。

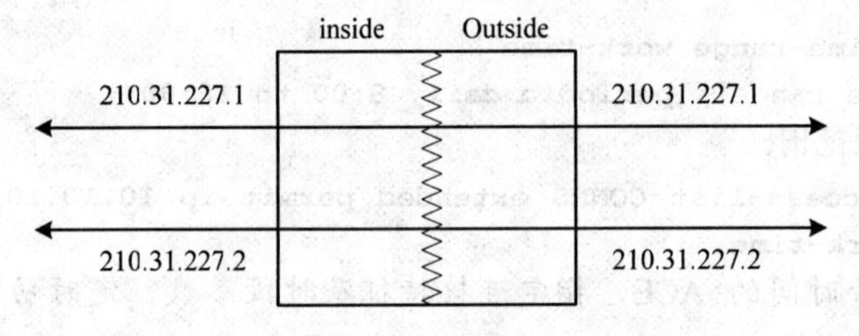

图 4-9 双向连接

解决方法三——“NAT exemption”：

```
FW(config)# access-list exempt permit ip 210.31.227.0 255.255.255.0 any
FW(config)# nat (inside) 0 access-list exempt
```

说明 特点：占用的资源较少。内、外部主机均可主动建立连接，如图 4-9 所示。

4.2.4 NAT 与 DNS 记录重写

在图 4-10 所示场景中，DMZ 中服务器的真实地址（10.0.2.1）已映射为外部地址（118.230.161.1）。DNS 服务器位于外网，其中包含可将 syr.nciae.edu.cn 解析为外部地址 118.230.161.1 的 A 记录。

外网用户可通过域名或外部地址正常访问 WWW 服务器。内部用户可通过真实地址（10.0.2.1）访问 WWW 服务器，但是，如果内部用户需要通过域名访问 WWW 服务器，则需要将域名解析为真实地址 10.0.2.1。

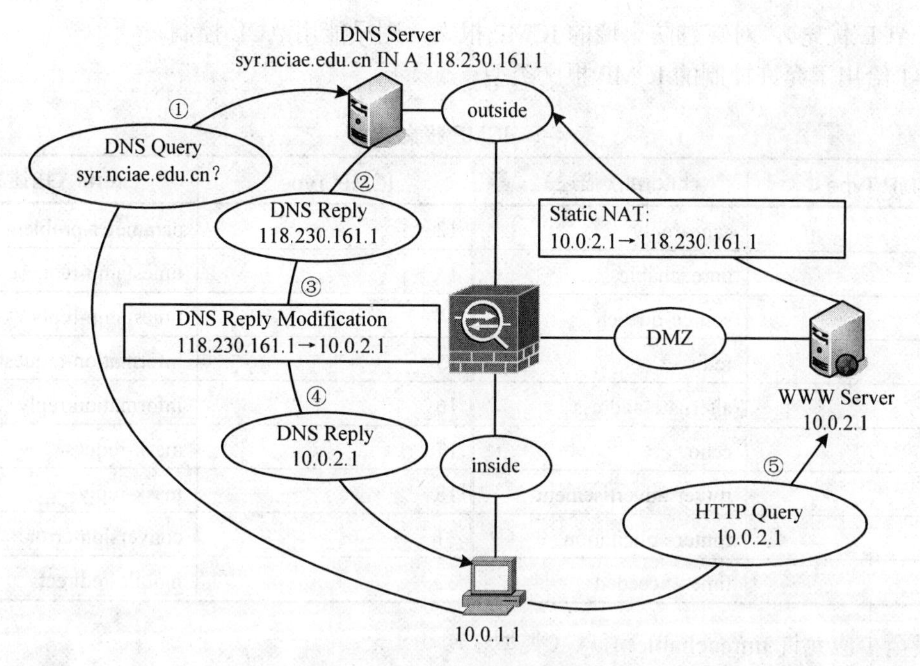

图 4-10　NAT 与 DNS 记录重写

可以在启用防火墙的 DNS 检测功能（在默认情况下，该功能处于启用状态）后，通过 DNS 记录重写实现这一功能。

欲实现 DNS 重写，需要在配置地址映射时加入关键字 DNS。就本例而言，相关配置如下：

```
FW(config)# static (dmz,outside) 118.230.161.1 10.0.2.1 dns
```

内网主机通过域名访问 DMZ 中 WWW 服务器的过程标示于图 4-10 中：①内网主机运行浏览器，向 DNS 服务器发送 DNS 请求；②DNS 服务器以地址 118.230.161.1 回复；③防火墙接收到回复报文后，送 DNS 检测引擎进行处理，检测引擎检索到 NAT 配置“static (dmz,outside) 118.230.161.1 10.0.2.1 dns”，将 DNS 回复报文中的地址 118.230.161.1 改写为 10.0.2.1（NAT 配置中的关键字 DNS 是必需的，否则防火墙不进行改写操作）；④将修改后的 DNS 回复送内网主机；⑤内网主机向 DMZ 中的服务器发送 HTTP 请求。

4.2.5　ICMP 检测与控制

1. ICMP 检测

默认情况下，防火墙未启用 ICMP 报文检测。当内网主机主动向外网发送 ICMP 报文后，防火墙不会自动允许其回应报文通过。

可以将下面的命令加入检测策略，启动 ICMP 检测。

```
FW(config-pmap-c)# inspect icmp
```

2. ICMP 控制

ICMP 是一把双刃剑。一方面，网管人员借此测试路由、连通性等，另一方面，不怀好意者也可借此窥探网络结构。制定 ICMP 报文管理策略时，需在便利性与安全性之间平衡。

对以防火墙为源或目的的 ICMP 报文，可以用 ACL 或 ICMP 命令加以控制（两者同时存在时，ACL 优先)；对穿越防火墙的 ICMP 报文，则只能用 ACL 控制。

表 4-1 给出了允许控制的 ICMP 报文类型。

表 4-1 ICMP 报文类型

ICMP Type	Literal（描述）	ICMP Type	Literal（描述）
0	echo-reply	12	parameter-problem
3	unreachable	13	timestamp-request
4	source-quench	14	timestamp-reply
5	redirect	15	information-request
6	alternate-address	16	information-reply
8	echo	17	mask-request
9	router-advertisement	18	mask-reply
10	router-solicitation	31	conversion-error
11	time-exceeded	32	mobile-redirect

一般至少应允许 unreachable 消息（类型 3）。

【例 4-1】要求：DMZ 接口，允许子网 172.23.1.0/24 中的主机 Ping 该接口，允许以该接口地址为源地址的任何 unreachable 消息。

配置命令如下：

```
FW(config)# icmp permit 172.23.1.0 255.255.255.0 echo-reply DMZ
FW(config)# icmp permit any unreachable DMZ
```

说明　不使用 ICMP 命令时，接口本身允许收发任何 ICMP 报文，但不接收以广播地址为目的地址的 ICMP 报文。接口执行 ICMP 命令时，将按顺序匹配的原则，允许未明确拒绝且明确允许——拒绝在前，则后续允许无效——的收发行为（最后隐含执行 deny 操作，类似于 ACL）。

【例 4-2】要求：连接外网的 outside 接口，允许内部子网 172.23.1.0/24 中的主机 Ping 任何外网主机的 ICMP 报文和任何 unreachable 报文发往外网。

ACL 配置如下：

```
access-list outside-out extended permit icmp 172.23.1.0 255.255.255.0 any echo
access-list outside-out extended permit icmp any any unreachable
```

4.3 抵御网络攻击

防火墙提供 TCP 报文规范化、并发连接数限制等功能，以抵御网络攻击。

4.3.1 TCP 报文规范化

启用该功能后，防火墙可辨认不规范的 TCP 报文，并根据用户设置进行相应处理——放行（allow）、丢弃（drop）、改写报文中的不规范比特后放行（clear）。

配置方法如下：

```
FW(config)# access list tcpnorm extended permit ip any 10.0.2.0 255.255.255.0
```

```
FW(config)# class-map tcp_norm_class
FW(config-cmap)# match access-list tcpnorm
```

说明 指定要处理的流量。

```
FW(config)# tcp-map syr_tcp
```

说明 指定规则。默认规则如下，除非用户修改处理方式，这些规则将自动执行。如果选用默认规则，则不需要在 tcp-map 中输入任何命令。

```
no check-retransmission
no checksum-verification
exceed-mss allow
queue-limit 0 timeout 4
reserved-bits allow
syn-data allow
synack-data drop
invalid-ack drop
seq-past-window drop
tcp-options range 6 7 clear
tcp-options range 9 255 clear
tcp-options selective-ack allow
tcp-options timestamp allow
tcp-options window-scale allow
ttl-evasion-protection
urgent-flag clear
window-variation allow-connection
FW(config-cmap)# policy-map syr
FW(config-pmap)# class tcp_norm_class
FW(config-pmap-c)# set connection advanced-options syr_tcp
```

定义策略，指定控制对象、参数。

```
FW(config-pmap-c)# service-policy syr interface intside
```

在接口上启用策略。

4.3.2 连接数限制及其定时器设置

1. TCP 拦截

DoS（Denial of Service，拒绝服务）攻击过程如下：恶意主机伪造源 IP 地址发送 TCP 连接请求给服务器，服务器向这个伪造的地址发送确认报文，之后，等待对这个报文的确认。而确认信息是永远不会到来的。这个徒劳的等待确认信息的连接即所谓的初始（embryonic）或半开（half-open）连接。将大量的恶意请求发往服务器，会使服务器端口缓冲区溢出，从而不再响应任何 TCP 连接请求（即使该请求是善意的）——拒绝服务。

利用防火墙限制半开连接数，可以抵御 DoS 攻击。其工作机制是，当半开连接数到达所设定的阈值后，防火墙开始接管连接过程，代替服务器向客户发送确认报文，并等待来自客户的响应，在收到来自客户的合法响应后，防火墙方将连接权授予客户。

此外，为抵御基于猜测连接序号的攻击，可启用防火墙的 TCP 连接序号随机化（random-sequence-number）功能。

2. 配置举例

```
FW(config)# class-map CONNS
FW(config-cmap)# match any
FW(config-cmap)# policy-map CONNS
FW(config-pmap)# class CONNS
FW(config-pmap-c)# set connection conn-max 1000 embryonic-conn-max 2000
```

说明 命令格式：set connection {[conn-max n] [per-client-max n] [embryonic-conn-max n] [per-client-embryonic-max n] [random-sequence-number {enable | disable}]}，n 取 0 值（默认值）表示无限制。

```
FW(config-pmap-c)# set connection timeout tcp 3:0:0 embryonic 0:40:0 half-closed
0:20:0
```

说明 命令格式：set connection timeout {[embryonic hh:mm:ss] {tcp hh:mm:ss [reset]] [half-closed hh:mm:ss] [dcd hh:mm:ss [max_retries]]}，各参数默认值依次为 0:0:30、1:0:0、0:10:0、0:0:15、5。

```
FW(config-pmap-c)# service-policy CONNS interface outside
```

4.3.3 预防 IP 欺骗

在接口上启用单播 RPF（Reverse Path Forwarding），可过滤源地址不在接口路由表中的 IP 包。例如，接口 DMZ 只有指向 10.10.10.0/24 的路由，则启用单播 RPF 后，该接口将拒绝所有源地址不属于子网 10.10.10.0/24（如 10.10.9.1）的 IP 包进入。

例如，欲在 inside 接口上启用单播 RPF，可键入下列命令：

```
FW(config)# ip verify reverse-path interface inside
```

4.3.4 阻止特定的连接

可以通过 shun 命令阻止特定的连接（这些连接可能正被用于网络攻击），命令格式如下：

```
shun src_ip [dst_ip src_port dest_port [protocol]] [vlan vlan_id]
```

仅指定源 IP 地址时，所有新建连接将被拒绝，但已存在的连接不受影响。欲阻止已存在的连接，需指定全部参数。

4.4 综合举例——WWW 服务器虚拟镜像与 url 重定向

为解决网间通信不畅的问题，许多园区网开通了多条外连信道，其对外 WWW 服务器被映射为多个外部 IP 地址并对应多个域名，以提高与外网客户间的通信速度。但是，用户访问 WWW 服务器时，其使用的域名或 IP 地址不具备可控性。因此，需要一种机制，使得 WWW 服务器能够根据客户 IP 地址，智能地将其重定向至适合其访问的域名或 IP 地址。本节将以双出口环境为例给出其实现方法。

4.4.1 网络环境及具体需求

网络环境如图 4-11 所示。WWW 服务器接入防火墙的 DMZ 区。启用一块网卡，配置 2

个真实 IP 地址（118.230.161.49、118.230.161.50），在路由器上，完成“地址：端口←→地址：端口”形式的静态映射，以为不同的用户提供合适的访问点。

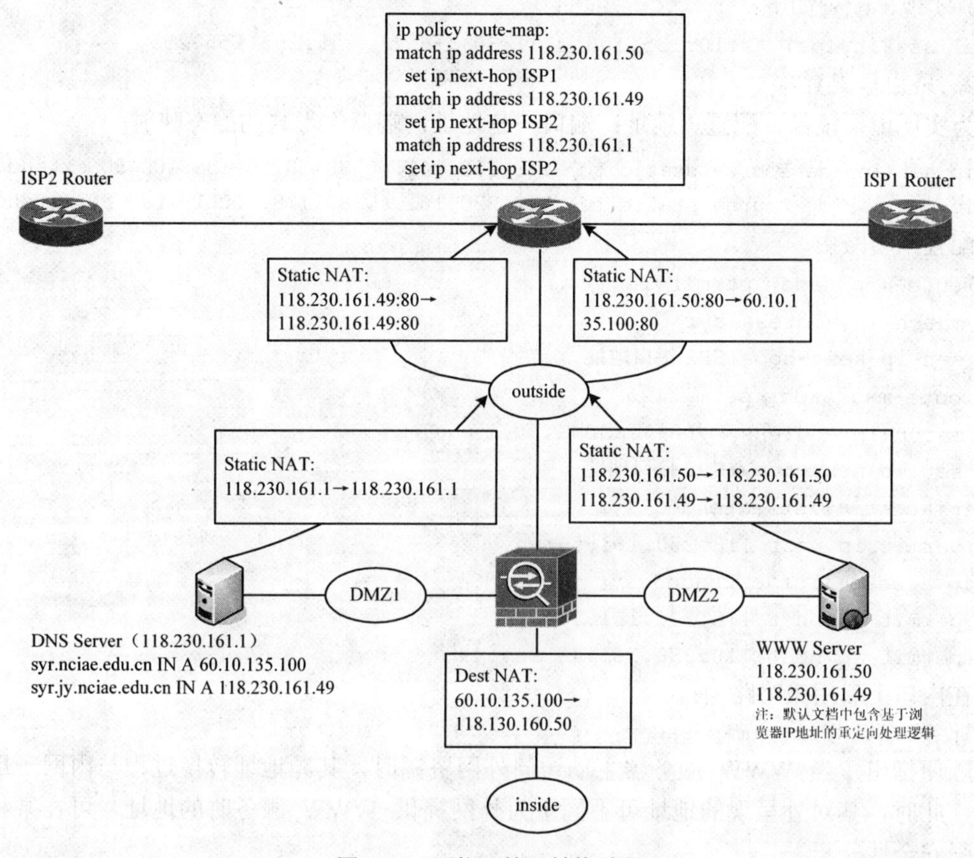

图 4-11　网络环境及转换过程

DNS 服务器接入防火墙的 DMZ 区。该服务器只通过 ISP2 与外网连通。为内、外网用户解析域名。其中包含记录 syr.nciae.edu.cn IN A 60.10.135.100 和 syr.jy.nciae.edu.cn IN A 118.230.161.49。

在 WWW 服务器上运行的各网站，其主目录均启用“默认内容文档”，在该文档中加入基于客户 IP 地址的 url 重定向逻辑，以将用户引导至合适的域名（IP 地址）。

4.4.2 实现方法

1. 防火墙设置

在防火墙上进行“Static Identity NAT”，相关配置为：

```
static (dmz1,outside) 118.230.161.1 118.230.161.1 netmask 255.255.255.255
static (dmz2,outside) 118.230.161.49 118.230.161.49 netmask 255.255.255.255
static (dmz2,outside) 118.230.161.50 118.230.161.50 netmask 255.255.255.255
```

内网用户通过任何 DNS 服务解析域名 syr.nciae.edu.cn，其结果都为 60.10.135.100（即使内网用户使用外网中的某个 DNS 服务器解析域名，因在路由器上进行的不是“地址←→地址”形式的静态映射，此时路由器不进行 DNS 重写，域名 syr.nciae.edu.cn 的解析结果仍然是 60.10.135.100）。为使内网用户能够正常访问 syr.nciae.edu.cn，应将其对 IP 地址 60.10.135.100 的访问转换为对 118.230.161.50 的访问。该需求可通过防火墙的 DNAT（目的 NAT）实现，配置如下：

```
alias (inside) 60.10.135.100 118.230.161.50 255.255.255.255
```

2. 路由器配置

为实现虚拟镜像，配置“地址：端口←→地址：端口”形式的静态映射：

```
ip nat inside source static tcp 118.230.161.50 80 60.10.135.100 80 extendable
ip nat inside source static tcp 118.230.161.49 80 118.230.161.49 80 extendable
```

配置策略路由：

```
route-map saddr permit 10
 match ip address syr
 set ip next-hop ISP1 接口地址
route-map saddr permit 20
 match ip address syr_jyandDNS
 set ip next-hop ISP2 接口地址
ip access-list extended syr
 permit ip host 118.230.161.50 any
ip access-list extended syr_jyandDNS
 permit ip host 118.230.161.1 any
 permit ip host 118.230.161.49 any
```

在内口上启用策略路由：

```
ip policy route-map saddr
```

顺便指出，当 WWW 服务器主动访问外网资源时，其源地址转换过程与内网一般主机类似，此时，其对外呈现的地址可不同于为外网提供 WWW 服务时的地址，可在某种程度上增强安全性。

3. 重定向逻辑

假定原网站的“默认内容文档”依次为 A1.B1、A2.B2，删除这些设置，指定“默认内容文档”为 A3.B3，在 A3.B3 中加入如图 4-12 所示的重定向逻辑。

4.4.3 测试结果、结论与创新点

上述设置方案具体应用于某校园网，ISP1 为中国联通，ISP2 为 CERNET。经测试，公网用户用 syr.nciae.edu.cn 或 syr.jy.nciae.edu.cn 访问 WWW 服务时，网站自动重定向至 syr.nciae.edu.cn；CERNET 用户用 syr.nciae.edu.cn 或 syr.jy.nciae.edu.cn 访问 WWW 服务时，网站自动重定向至 syr.jy.nciae.edu.cn。

采用本方案，在不购置新设备（如负载均衡器）、不增加网站维护工作量的前提下，大幅度减少了公网与 CERNET 间的流量，网站访问速度显著提高。

本解决方案的实用、创新之处在于，用虚拟镜像代替实体镜像；用具有普适性的软件实现智能重定向。

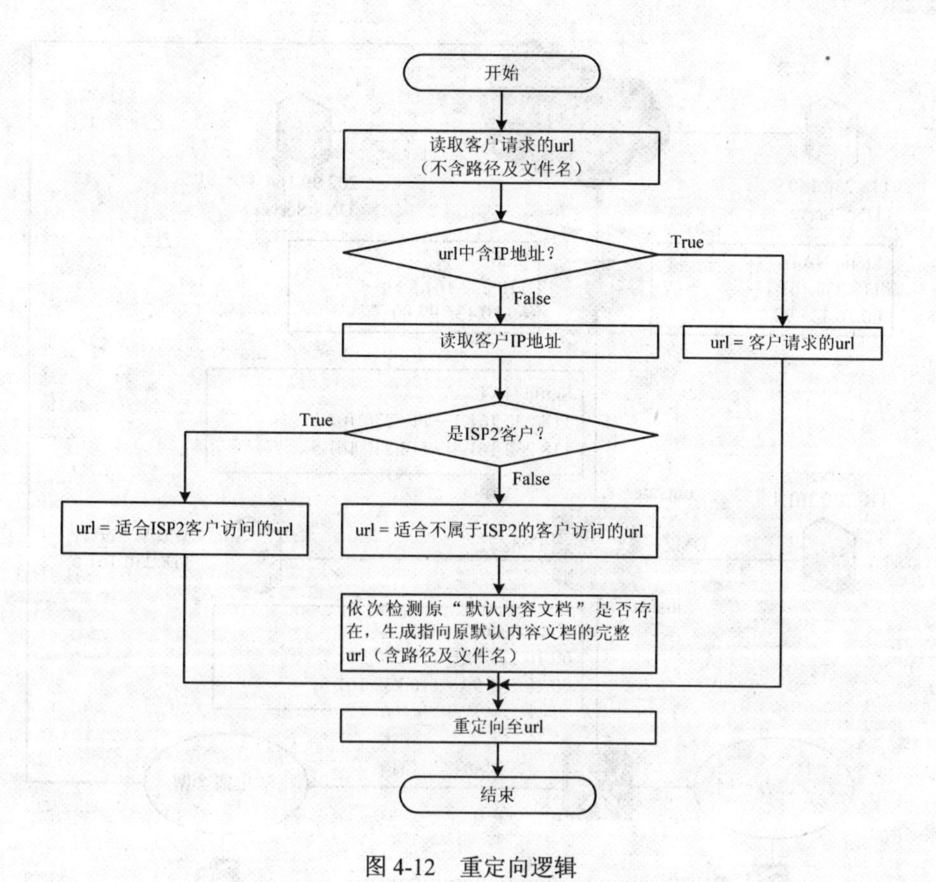

图 4-12　重定向逻辑

4.5　综合举例二——网间“短接”技术方案设计

在某些高校，教学、办公网与学生宿舍区网相对独立，分别由学校、ISP 投资建设和管理，彼此出口不同，通过 Internet 互联。这种架构会引发两个严重问题：①学生宿舍区用户访问学校网络资源或与教学、办公网中的普通主机通信时，需绕行 Internet，速度不够理想，并且会消耗教学、办公网出口信道一定数量的付费带宽；②在未建立有效的单点登录机制的情况下，为使学生宿舍区用户能够访问学校内部网络资源，需要构建比较复杂的映射、控制环节。用专用信道“短接”两网，可以较低的成本解决上述问题。本节以经过适当简化的网络环境为例，给出了基于 Cisco 设备的技术方案。

4.5.1　网络环境及解决方案要点

网络环境如图 4-13 所示。

解决方案要点可描述为：①用光缆将教学、办公网核心交换机与学生宿舍区网络出口设备直接相连；②将学生宿舍区 IP 地址视为内网地址，在教学、办公网的核心交换机、防火墙上增加指向这些地址的路由；③在学生宿舍区网络出口设备上增加指向教学、办公网的路由。如果该设备还下连有学生宿舍区之外的其他网络，则应部署策略路由，允许且只允许学生宿舍区用户通过“短接信道”访问学校网络资源。

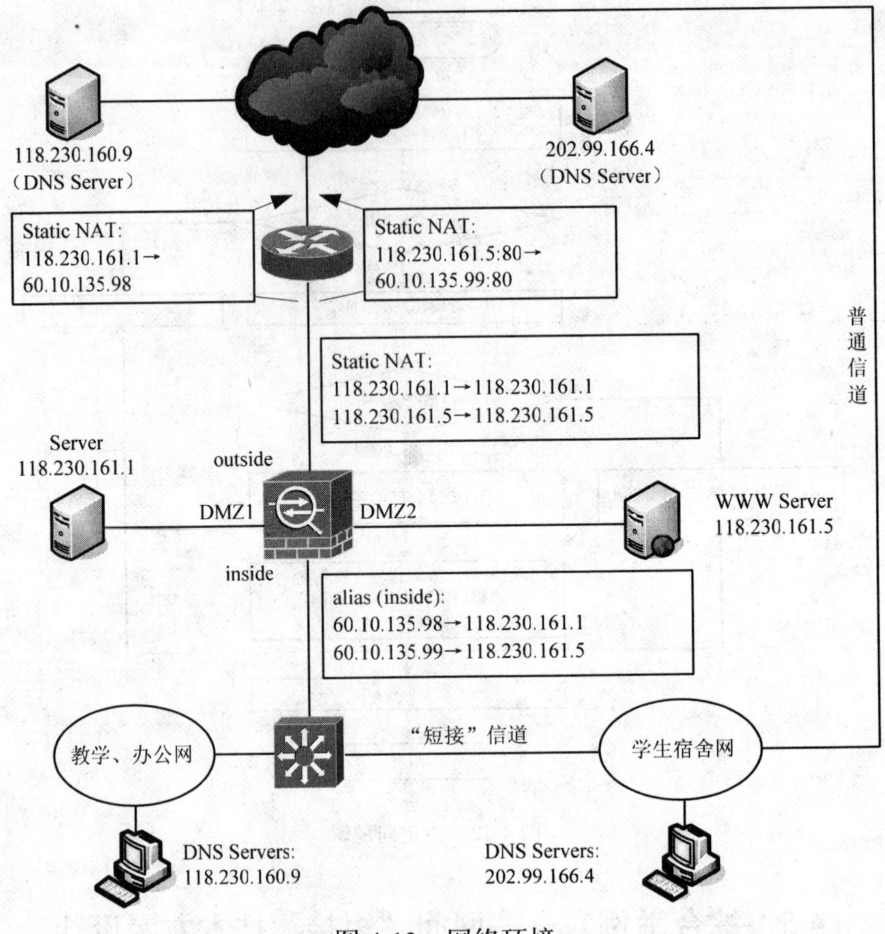

图 4-13 网络环境

4.5.2 访问控制、网络安全和域名解析

1. 访问控制与网络安全

从访问控制的角度看，因学校网管人员不能控制 ISP 设备，为有效拦截来自学生宿舍区用户、指向 Internet 资源的访问请求包进入教学、办公网，应在核心交换机的“短接”端口上设置 ACL，只接受指向学校网络资源的请求包。

从网络安全的角度看，应允许教学、办公网中主机主动与学生宿舍区主机建立连接；拒绝由学生宿舍区主机发起，指向教学、办公网一般主机或服务器大部分端口的连接请求，但允许对特定服务器或服务器特定端口（如 WWW 服务器的 80 端口）的主动连接请求。

适当构造 ACL 和 CBAC，可实现上述需求。

设学生宿舍区 IP 网段为 A，则可构造下列语句，并通过 ip inspect requesttoSTUDENT out、ip access-group STUDENTin in 语句在“短接”端口上启用。

```
ip inspect name requesttoSTUDENT ftp
ip inspect name requesttoSTUDENT udp
ip inspect name requesttoSTUDENT tcp
ip access-list extended STUDENTin
```

```
permit tcp A host 60.10.135.98
permit udp A host 60.10.135.99 eq www
```

2. 域名解析

本技术方案不要求对学生宿舍区主机的网络参数作任何修改，这意味着这些主机仍旧通过普通信道进行域名解析，得到的将是相关服务器映射至外部的 IP 地址。访问这些服务器时，学生宿舍区主机以内网主机的身份出现，目的地址为外网地址，通信通过“短接信道”进行。经过综合考虑，本方案认为，教学、办公网中的主机，也应通过外部地址访问这些服务器。

于是就引发了两个问题：

首先，主机以内网主机身份出现时，只能基于服务器的真实地址请求服务，基于服务器外网地址的请求将被路由器阻止。

为解决此问题，可在防火墙上配置 alias，如“alias (inside) 60.10.135.99 118.230.161.5 255.255.255.255”，通过目的 NAT，将对外网地址的请求转换为对内网地址的请求。

其次，教学、办公网中的主机进行域名解析时，所使用的信道中包含核心交换机、防火墙和路由器等结点。其中，路由器的 NAT 和 DNS 重写特性会影响解析结果。

可以分两种情况讨论。

对于以“地址←→地址”方式实现的映射，如“ip nat inside source static 118.230.161.1 60.10.135.98”，路由器重写 DNS 回应包，包中的地址“60.10.135.98”将被改写为“118.230.161.1”。在防火墙上加入语句“alias (inside) 60.10.135.98 118.230.161.1 255.255.255.255”，将地址“118.230.161.1”再改写为“60.10.135.98”，客户进行 DNS 解析时便可以获得外部地址“60.10.135.98”。

对于以“地址：端口←→地址：端口”方式实现的映射，如“ip nat inside source static tcp 118.230.161.5 80 60.10.135.99 80 extendable”，路由器不执行 DNS 重写。

4.5.3 结论

将两个通过 Internet 联接的网络用专用信道“短接”，在确保教学、办公网安全的前提下，可节省教学、办公网出口的信道带宽；使学生宿舍区用户能够顺利访问学校内部资源；同时，教学、办公网主机与学生宿舍区主机（包括服务器）间的通信速度亦有大幅度提升。

防火墙的主要功能是控制（允许或拒绝）网间流量，以保护敏感资源，使其免遭攻击或窥探。

目前的防火墙产品一般都提供多个物理接口，用户可任意设置物理接口的安全等级，以连接适当的网络。实际应用中，通常用一个接口连接内网、一个接口连接外网，一个或多个接口连接 DMZ。一般将外网、DMZ、内网接口的安全等级依次设置为 0、50、100。

防火墙的核心安全策略是，在默认情况下，允许高安全等级主机主动发起与低安全等级主机的连接，并放行相应的返回报文；不允许低安全等级主机主动发送连接请求给高安全等级的主机。

通常，防火墙都运行 NAT。主要原因是：公网地址不够使用；隐藏内部 IP 地址，增加安全性；允许外网主机访问 DMZ。

为实现动态 NAT 和 PAT，需要设置两个参数：参与转换的源地址、替代源地址的地址池。这两组地址通过 NAT ID 建立关联。

为使外部用户能够访问 DMZ 中的服务器，除需适当应用 ACL 外，还需将服务器的 IP 地址映射（静态转换）为外网地址，是为静态 NAT。类似地，静态 PAT 用于实现“IP 地址：端口号→IP 地址：端口号”的固定映射关系。

在默认情况下，防火墙允许高安全接口到低安全接口的主动连接，拒绝反方向的主动连接（即使已经完成地址的静态映射，也是如此）。访问控制表通常用于处理例外情况。

防火墙一般工作在路由模式下，此时外部网络可将防火墙理解为“router hop”。在防火墙内部，为报文选路的过程包括两个步骤：确定包应该送哪个接口；根据接口的路由表将报文送出防火墙。与路由器不同，防火墙的路由条目是与接口捆绑在一起的。

检测应用层协议（传输层报文的载荷）的能力是衡量防火墙性能的重要指标。防火墙之所以能自动允许内向的返回报文，是因为其记录了相关会话的状态。对于大部分应用而言，记录传输层的状态，已经足够。但对某些应用（如标准模式下的 FTP），还需进一步检测高层协议，方可确保正常通信。

防火墙支持 VLAN 并具备路由功能，借助 Trunk 与第 2 层交换机连接，可实现端口扩充。

欲使 NAT 前后，源地址不变，可选的方法有三种——Identity NAT、Static Identity NAT 和 NAT exemption。

在配置静态地址映射时，加入关键字 DNS，可实现 DNS 重写。

默认情况下，防火墙未启用 ICMP 报文检测。当内网主机主动向外网发送 ICMP 报文后，防火墙不会自动允许其回应报文通过。手工启用 ICMP 检测，可解决这一问题。

对以防火墙为源或目的的 ICMP 报文，可以用 ACL 或 ICMP 命令加以控制；对穿越防火墙的 ICMP 报文，只能用 ACL 控制。

利用防火墙限制半开连接数，可以抵御 DoS 攻击。其工作机制是，当半开连接数到达所设定的阈值后，防火墙开始接管连接过程，代替服务器向客户发送确认报文，并等待来自客户的响应，在收到来自客户的合法响应后，防火墙方将连接权授予客户。

为抵御基于猜测连接序号的攻击，可启用 TCP 连接 random-sequence-number 功能。

启用单播 RPF，可过滤源地址不在接口路由表中的 IP 包，以防 IP 欺骗。

shun 命令用于阻止特定的连接。

1. 防火墙的主要功能是（　　）。（多选）

A．控制网络间的流量　　B．路由功能

C．分割广播域　　D．保护敏感资源免遭攻击或窥探

2. 关于防火墙连接网络的安全级别，由高到低的排列顺序是（　　）。

A．内网、外网、DMZ　　B．内网、DMZ、外网

C．DMZ、内网、外网　　D．外网、DMZ、内网

3．在默认情况下，防火墙允许（　　）安全等级主机主动发起与（　　）安全等级主机的连接，并（　　）相应的返回报文；不允许（　　）安全等级主机主动发送连接请求给（　　）安全等级的主机。

A．低、高、放行、高、低　　B．低、高、阻止、高、低

C．高、低、阻止、低、高　　D．高、低、放行、低、高

4．在防火墙上运行 NAT，主要原因是（　　）。（多选）

A．节省公网地址使用　　B．隐藏内部 IP 地址，增加安全性

C．节省内网地址使用　　D．允许外网主机访问 DMZ

5．一般将防火墙外网、DMZ、内网接口的安全等级依次设置为（　　）。

A．0，50，100　　B．100，50，0

C．0，100，50　　D．50，0，100

6．为了在防火墙上实现动态 NAT 和 PAT，需要设置两个参数，即（　　）。（多选）

A．参与转换的源地址　　B．参与转换的目的地址

C．替代源地址的地址池　　D．替代目的地址的地址池

7．防火墙的工作模式是（　　）。（多选）

A．路由模式　　B．客户端模式

C．服务器模式　　D．透明模式

8．欲使防火墙 NAT 前后源地址不变，可选的方法有（　　）。（多选）

A．Static Identity PAT　　B．Identity NAT

C．Static Identity NAT　　D．NAT exemption

9．在配置地址映射时，加入关键字（　　），可实现 DNS 重写。

A．Renew　　B．DNS

C．Domain　　D．Flush DNS

10．对以防火墙为源或目的的 ICMP 报文，可以用（　　）加以控制。（多选）

A．NAT　　B．ACL

C．PAT　　D．ICMP 命令

11．对穿越防火墙的 ICMP 报文，只能用（　　）控制。

A．NAT　　B．ACL

C．PAT　　D．ICMP 命令

12．利用防火墙（　　），可以抵御 DoS 攻击。

A．限制 ICMP 连接数　　B．限制 TCP 半开连接数

C．限制 UDP 连接数　　D．ACL

第 5 章　无线局域网配置

本章以 AP 为中心，讲述如何用无线设备之长补有线网络之短。内容涵盖 AP 的主要工作模式、网络安全措施等。

- IEEE802.11b、IEEE802.11g
- Access Point 模式
- 漫游应用
- 无线桥接
- 负载均衡
- SSID
- 无线网络安全与 WPA、WPA2

5.1　基本概念与标准

5.1.1　基本概念

受速度、稳定性等因素的制约，无线局域网（Wireless LAN，WLAN）目前仍然用于对有线网络做必要补充，而非主流网络技术。

速度、传输距离是最主要、最易理解的衡量无线网性能的指标。

选择用于无线局域网的通信频段时，除需要考虑无线电波传输的技术因素之外，还应该严格遵守政府对于频率使用的相关规定。无线局域网选用美国联邦通信委员会（FCC）开放的三个频段：902MHz～928MHz、2.4GHz～2.4835GHz、5.725GHz～5.850GHz，这 3 个频段在使用时无需申请执照。我国一般使用 2.4GHz～2.4835GHz 频段。

虽有技术标准，理论上符合标准的设备均可互相连接和互相操作。但是，目前构建无线局域网时，最好选用同一厂商的设备，以充分利用厂商的私有技术，优化网络性能。

5.1.2　标准

1．IEEE802.11

IEEE802.11 是无线局域网领域内被认可的首个国际标准。802.11 定义的传输速率是 1Mb/s 和 2Mb/s。目前来看，这个速度显然太低了。

2. IEEE802.11b

IEEE802.11b 是曾经广泛使用的 WLAN 协议。该协议使用 2.4GHz 频段，支持最多 3 个非重叠信道。802.11b 在无线局域网协议中最大的贡献在于，它在 802.11 协议的物理层增加了两个新的速率：5.5Mb/s 和 11Mb/s。实际使用速率与环境、距离和信号强度有关。802.11b 的成本较低，能够为大众接受。另外，通过统一的认证机构认证所有厂商的产品，使 802.11b 设备实现了彼此兼容。

3. IEEE802.11g

802.11g 是 802.11b 在同一频段上的扩展。该标准支持高达 54Mb/s 的速率、兼容 802.11b，是目前广泛使用的技术标准。需要指出的是，虽然兼容 802.11b，但与以太网不同，只要有一块 802.11b 网卡接入网络，原本运行 802.11g 的设备将转而运行 802.11b，这会导致速度降低。

4. IEEE802.11a

IEEE802.11a 为高速 WLAN 协议，使用 5GHz 频段。最高速率为 54Mb/s，可支持的其他速度有 48Mb/s、36Mb/s、24Mb/s、18Mb/s、12Mb/s、9Mb/s 和 6Mb/s，与 802.11b 不兼容，是其最大的缺点。

5. IEEE802.11h

IEEE802.11h 是 801.11a 标准的扩展。支持多达 23 个非重叠信道。此外，包括两个新特性：DFS（Dynamic Frequency Selection，动态频率选择）和 TPC（Transmit Power Control，传输功率控制）。前者用于检测、避让与设备所用频率有冲突的雷达信号（检测到冲突时，放弃所占用的信道或将其标记为不可用）；后者用于支持用户手工设置设备传输功率，以控制传输范围，节电或减少对临近 WLAN 的干扰。

6. IEEE802.11n

2009 年 9 月 12 日，IEEE 标准组正式批准了 802.11n 标准。IEEE802.11n 建立在 802.11g 基础上，增加了 MIMO（Multiple-Input Multiple-Output，多输入输出）特性。借助多个天线增加吞吐能力，802.11n 在理论上拥有 300Mb/s 的传输率，是 802.11g 标准的大约 6 倍。

5.2 AP 应用举例

以下举例中，AP（Access Point，接入点）均为 D-Link 的 DWL-2100AP。

5.2.1 Access Point 模式

要求：通过 AP，将安装无线网卡的计算机接入 IP 网（网络号：210.31.225.128/25，默认网关：210.31.225.254），如图 5-1 所示。

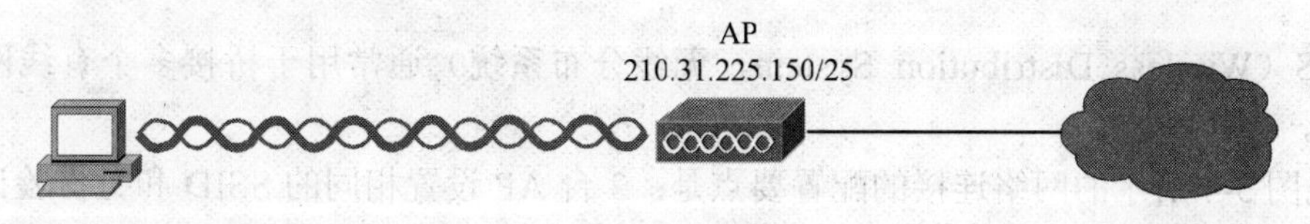

图 5-1 AP 模式

配置：依次设置设备管理用 IP 参数、无线参数（SSID、Channel 和 SSID Broadcast）、

安全参数（Authentication、Encryption）和 AP 模式。如图 5-2 所示。

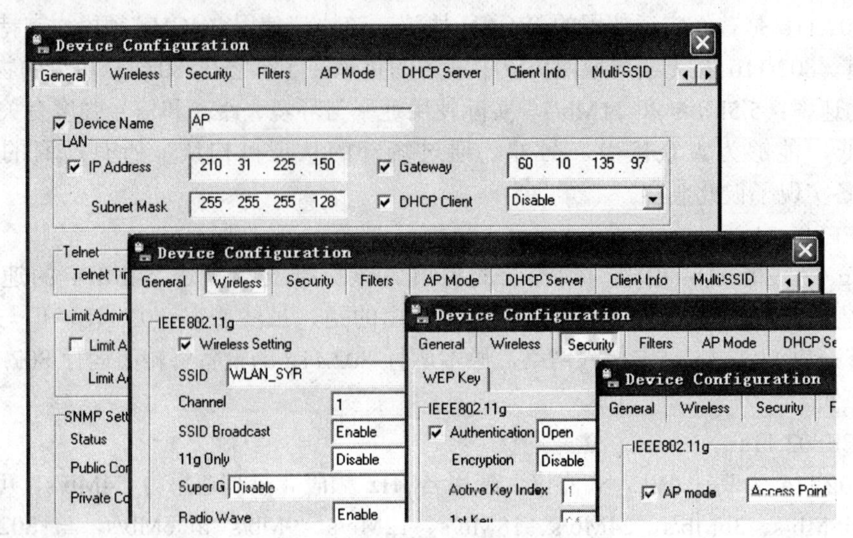

图 5-2 AP 模式配置

上述配置在安全（如隐匿 SSID、设备身份验证等）、性能（信道选择，自动扫描等）诸方面均未考虑。无线网络安全将在下节介绍。为查看 AP 覆盖区域内的其他 WLAN 设备，可 Telnet 至 AP，然后执行下列操作：

```
AP wlan1 -> find all
Traffic will be disrupted during the channel scan
=> BSS'es from the selected wireless mode <=
BSS Type  Channel      RSSI      BSSID           SECURITY   MODE      SSID
AP BSS    2.412 (  1)   6    00:30:c7:06:0e:63    OFF       802.11b   shiju
AP BSS    2.437 (  6)   26   00:1e:58:af:be:22  PSK-AUTO    802.11g   WLANofLTB
AP BSS    2.437 (  6)   10   00:1e:58:a2:fe:3f  PSK-AUTO    802.11g   WLANofLTB
AP: 3, Ad-Hoc: 0. Total BSS: 3
```

可根据输出的信息，选择空闲信道（Channel），以优化性能。

5.2.2 漫游应用

要求：用 3 台 AP 覆盖一个比较大的区域，用户可在保持与网络连接的前提下漫游于该区域。如图 5-3 所示。

配置要点：3 台 AP 均需选择 Access Point 模式，其 SSID、设备身份验证方式必须相同，并接入同一 IP 子网，Channel 应分别设置为 1、6 和 11。此外，设备管理地址不能冲突。

5.2.3 WDS 模式

WDS（Wireless Distribution System，无线分布系统）通常用于桥接多个有线网，如图 5-4 所示。

实现图 5-4 所示的网络连接的配置要点是：3 台 AP 设置相同的 SSID 和身份验证方式，选择同一 Channel，工作模式选择 WDS；在 AP1 的 Remote AP MAC Address 中填写 AP2 和 AP3 的 MAC 地址，在 AP2、AP3 的 Remote AP MAC Address 中填写 AP1 的 MAC 地址。

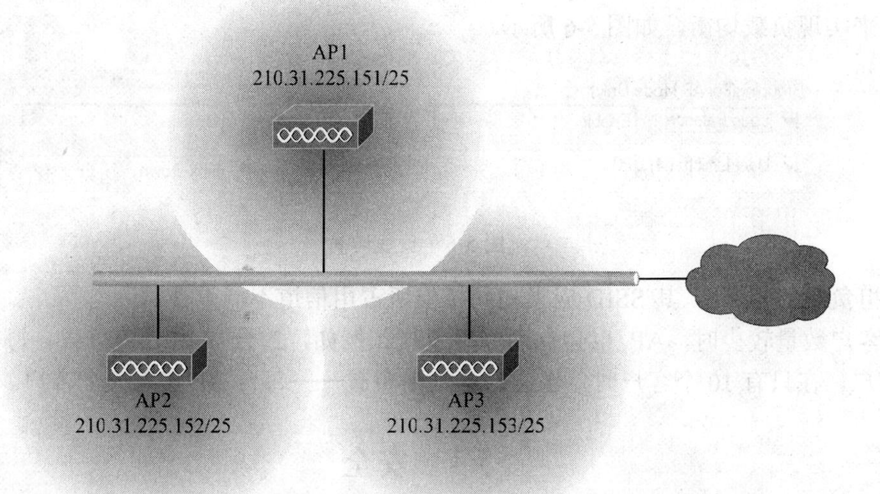

图 5-3 漫游应用

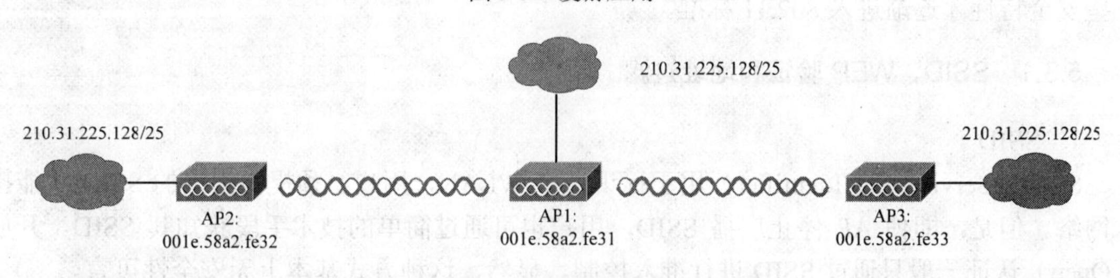

图 5-4 WDS 模式

5.2.4 WDS with AP 模式

该模式类似于 WDS 模式，不同之处是此模式下的 AP 同时可与无线终端设备连接，如图 5-5 所示。除各 AP 均应选择 WDS with AP 模式外，其余配置规则与 WDS 模式相同。

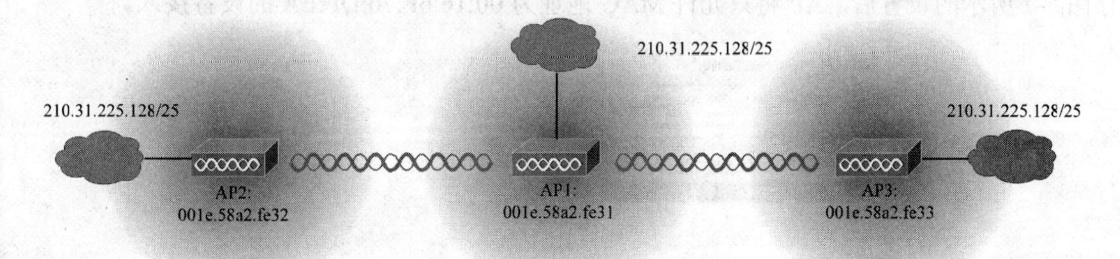

图 5-5 WDS with AP 模式

5.2.5 负载均衡

对 IEEE802.11g 设备而言，每台 AP 同时接入的无线设备以不超过 20 台为宜。在无线客户密集的场所，可架设多台 AP，启用其 Load Balance（负载均衡）功能，并指定 User Limit，来实现负载均衡，如图 5-6 所示。

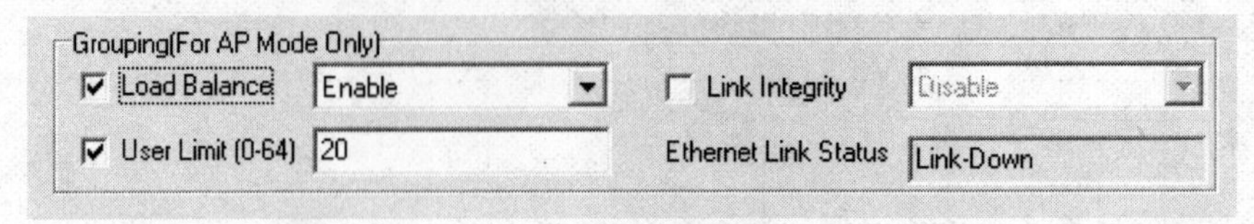

图 5-6 负载均衡

分担负载的各 AP，其 SSID 应当相同，但所占用信道不能重叠。

当客户数量较少时，AP 也会自动分担负载。例如，2 台 AP 分担负载，每台最多允许 20 个客户。在只有 10 个客户时，也会自动均衡负载——每台 AP 接入 5 个客户。

5.3 安全

最初，802.11 委员会并未考虑 WLAN 安全问题。意识到用户需要安全的 WLAN 之后，一些安全特性才逐渐进入 802.11 标准。

5.3.1 SSID、WEP 验证和地址过滤

1. SSID

SSID（Service Set Identifier）用于标识一个 WLAN，用户必须提供正确的 SSID 才能接入网络。但是，即使 AP 停止广播 SSID，用户也可通过简单的技术手段获知其 SSID。开放（Open）认证一般只通过 SSID 进行准入控制。显然，这种方式基本上无安全性可言。

2. WEP

WEP（Wired Equivalent Privacy）是一种数据加密机制，对应于 AP 的共享（Shared）验证方式，同时提供数据加密功能。WEP 是一种存在缺陷的协议，可借助简单的无线设备破解。

3. 地址过滤

可以通过基于 MAC 地址的 ACL，允许或拒绝无线设备接入 WLAN，如图 5-7 所示。保存图 5-7 所示的设置后，AP 将只允许 MAC 地址为 00:16:6F:76:DF:EA 的设备接入。

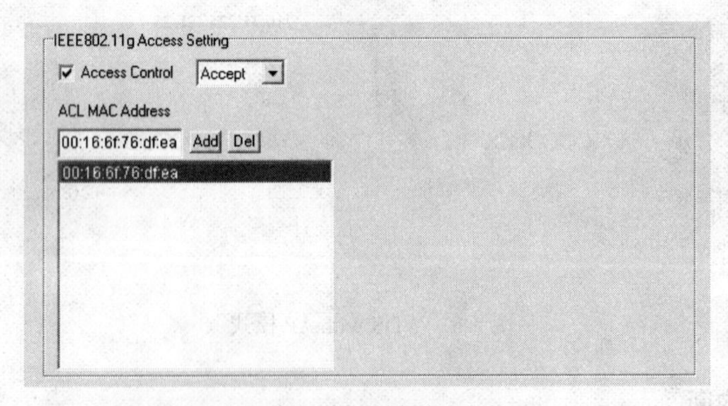

图 5-7 地址过滤

遗憾的是，借助简单的嗅探器，可获知 AP 允许的 MAC 地址。更改客户设备的 MAC

地址后，即可接入 WLAN，因此地址过滤也属于一种有缺陷的安全机制。

5.3.2 WPA 和 WPA2

WPA（Wi-Fi Protected Access）是由 Wi-Fi（Wireless Fidelity）联盟开发的标准。WPA2 则是 IEEE802.11i 标准。除 IEEE802.11i 使用 AES（Advanced Encryption Standard）加密外，两者基本类似。

WPA 或 WPA2 允许设备通过 RADIUS 服务器或 PSK（Pre-Shared Key，预共享密钥）进行身份验证，如图 5-8 所示。

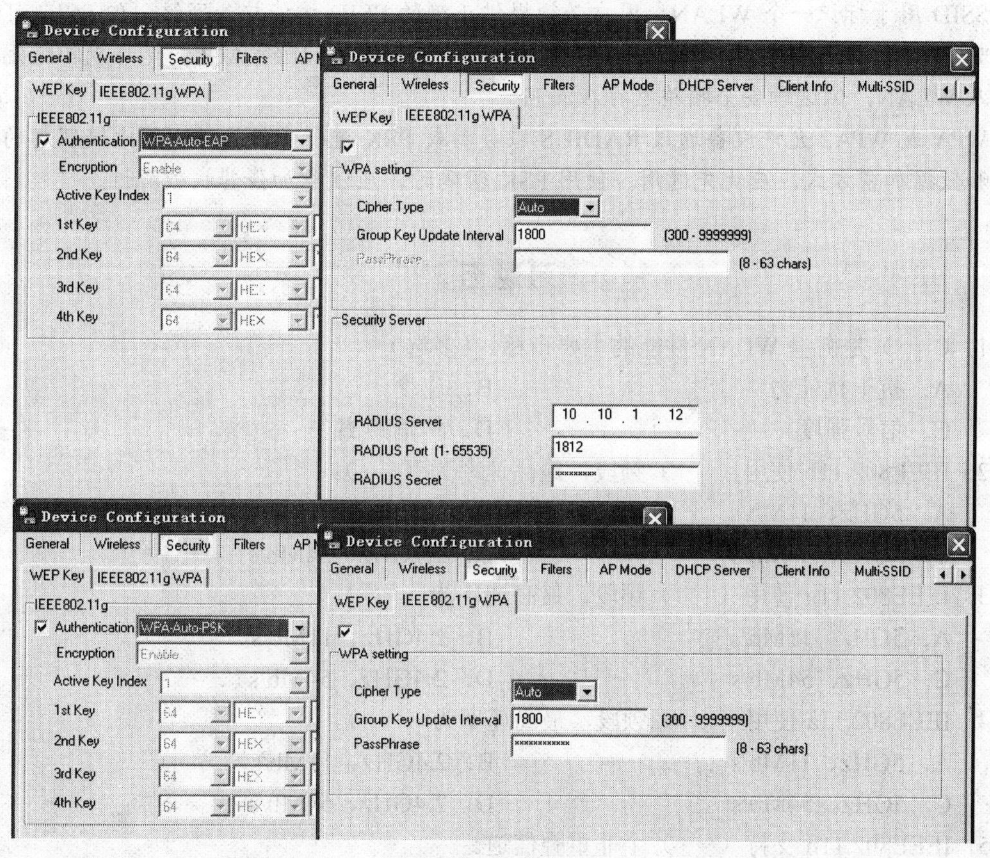

图 5-8　身份验证

相对于前面提到的安全机制，WPA 或 WPA2 是比较理想的身份验证和数据加密方式，应优先选用。使用 PSK 密码时，应注意加强其抗破解性（密码中应包含字母、数字和特殊字符）。

WLAN 目前仍然用于对有线网络做必要补充，而非主流网络技术。速度和传输距离是衡量其性能的主要指标。构建无线局域网时，应尽可能选用同一厂商的设备。

IEEE802.11b 使用 2.4GHz 频段，最高速率为 11Mb/s。802.11g 是 802.11b 在同一频段上

的扩展，最高速率为 54Mb/s，兼容 802.11b。IEEE802.11a 使用 5GHz 频段，最高速率为 54Mb/s，不兼容 802.11b。IEEE802.11h 是 801.11a 标准的扩展，支持 23 个非重叠信道，增加了 DFS 和 TPC 功能。802.11n 建立在 802.11 基础之上，增加了 MIMO 特性，最多支持 8 棵天线，速率可达 100Mb/s 以上。

Access Point 模式是 AP 的基本工作模式。用于在 AP 与无线终端之间建立连接。适当设置工作于 Access Point 模式下的多台 AP，可支持用户漫游。WDS 模式和 WDS with AP 模式都用于桥接多个有线网，在 WDS with AP 模式下，AP 可同时与无线终端连接。

在无线客户密集的场所，可架设多台 AP，启用其 Load Balance 功能，以实现负载均衡。

SSID 用于标识一个 WLAN，用户必须提供正确的 SSID 才能接入网络，但 SSID 可被轻易侦听。WEP 是一种存在缺陷的协议。可通过基于 MAC 地址的 ACL，允许或拒绝无线设备接入 WLAN，但这种安全措施也存在漏洞。

WPA 或 WPA2 允许设备通过 RADIUS 服务器或 PSK 进行身份验证，是比较理想的身份验证和数据加密方式，应优先选用。使用 PSK 密码时，应注意加强其抗破解性。

习题五

1. （　　）是衡量 WLAN 性能的主要指标。（多选）

A. 抗干扰能力　　B. 速度
C. 信号强度　　D. 传输距离

2. IEEE802.11b 使用（　　）频段，最高速率为（　　）。

A. 5GHz、11Mb/s　　B. 2.4GHz、11Mb/s
C. 5GHz、54Mb/s　　D. 2.4GHz、54Mb/s

3. IEEE802.11g 使用（　　）频段，最高速率为（　　）。

A. 5GHz、11Mb/s　　B. 2.4GHz、11Mb/s
C. 5GHz、54Mb/s　　D. 2.4GHz、54Mb/s

4. IEEE802.11a 使用（　　）频段，最高速率为（　　）。

A. 5GHz、11Mb/s　　B. 2.4GHz、11Mb/s
C. 5GHz、54Mb/s　　D. 2.4GHz、54Mb/s

5. IEEE802.11h 支持（　　）个非重叠信道。

A. 3　　B. 11　　C. 23　　D. 54

6. 无线局域网选用美国联邦通信委员会（FCC）开放的三个频段是（　　）。（多选）

A. 902MHz～928MHz　　B. 2.4GHz～2.4835GHz
C. 3.0GHz～4.48GHz　　D. 5.725GHz～5.850GHz

7. 我国一般使用的开放无线频段是（　　）。

A. 902MHz～928MHz　　B. 2.4GHz～2.4835GHz
C. 3.0GHz～4.48GHz　　D. 5.725GHz～5.850GHz

8. 用于增强 WLAN 安全性的措施有（　　）。（多选）

A. SSID　　B. WEP　　C. 地址过滤　　D. WPA

第 6 章　服务器基础

本章介绍局域网服务器的特点、结构和分类，重点讲述服务器不同于一般 PC 机的特性和硬件构成，最后简要介绍服务器系统的主要技术。

- 服务器的主要特点和结构类型
- 服务器的分类
- 服务器的特性
- 服务器的硬件
- 服务器系统主要技术

6.1　服务器概述

从理论上讲，只要安装了服务器操作系统，并能在网络环境中为客户提供服务的计算机，就可以称为服务器。

在实际应用中，服务器可以是安装有服务器操作系统的 PC 兼容机，也可以是在硬件上做了专门设计的高性能计算机。本章所讨论的服务器，特指后者。

6.1.1　服务器的主要特点

虽然就硬件功能模块而言，服务器与 PC 机并无太大的区别（服务器也是由主板、CPU、内存及硬盘等硬件构成的）。但是，就硬件模块的性能而言，服务器要远远超过 PC 机。

从外观上看，服务器硬件与 PC 机比较类似，但是也有一些区别。一般而言，服务器不仅要性能卓越，还要“尽可能稳定”。在这个原则下，所有对服务器稳定性影响较大的部件都需要采用与 PC 机不同的技术来实现。

服务器的 CPU 主频一般略低于主流 PC 机的 CPU 主频，这样做主要是为了尽量减少 CPU 的发热量，使服务器更稳定地运行。另外，因为可以通过增加主机箱风扇和加大主机箱内部空间的方法来降低机箱内部温度，故使服务器同主流 PC 机的 CPU 主频之间的差距有逐渐缩小的趋势。服务器主机箱空间较大的另一个原因是需要插入更多的部件，如冗余电源、磁带机、磁盘阵列等。

服务器硬盘和内存的性能直接影响到服务器整体的稳定性，所以一般需要专门设计，这也是服务器不同于 PC 机的一个重要方面。服务器的硬盘一般采用系统资源占用率极低且数据传输速率较高的 SCSI 接口，转速一般在 10000 转/分钟以上。服务器的内存一般都具有数据纠错能力，且存取速度较快。

由于服务器要面向多个客户终端提供多种服务，因此需要拥有较大的存储空间和较高的访问速度。而服务器能够容纳数据量的多少取决于硬盘的大小，高效的运行速度在很大程度上取决于内存的大小。所以，服务器的硬盘和内存容量一般都比较大。

大部分服务器都支持热插拔技术，一些中高档的服务器还安装有冗余部件，如冗余电源、冗余风扇，甚至备用网卡或硬盘。这样，如果由于部件故障、功能扩展或其他原因需要更换或增加部件时，就可以在不停止服务器系统运行的情况下进行，既方便服务器维护，又确保其不中断服务。

正是由于服务器的这些特点，决定了服务器的成本和价格较高，中档服务器价位一般为几万元，而高档服务器则动辄数十万乃至上百万元。

6.1.2 服务器的结构类型

服务器从其外形上划分，一般有塔式、机架式和刀片式几种类型。

1. 塔式服务器

塔式服务器的外形同普通的立式 PC 机很相似，是应用最为广泛的一种服务器结构类型，如图 6-1 所示。

图 6-1 塔式服务器

塔式服务器较普通立式 PC 机的机箱更大，其机箱内部留有足够的空间来用于安装扩展的服务器组件，如各种板卡、硬盘、备用电源等，所以这种类型服务器的配置非常灵活。低端的入门级和工作组级服务器，中端的部门级服务器，甚至高端的企业级服务器都可以采用塔式结构。这种结构通常被较多地应用在集多种服务于一身的通用服务器上。

塔式服务器的大机箱还有利于散热，即使对一些功耗较大的通用服务器也能轻松应付。正因为如此，塔式服务器对组件稳定性的要求相对机架式和刀片式服务器要低。所以这类服务器的价格相对也较低，加之其灵活的扩展性，塔式服务器的性价比是很高的。

2. 机架式服务器

机架式服务器的主要设计目的就是尽量减少服务器的空间占用。机架式服务器的外形同机架式路由器、交换机等网络设备相似，如图 6-2 所示。

机架式服务器在使用时必须安装在标准机柜内。机柜的宽度要符合国际通用标准，而高度和深度一般不固定，要根据实际需要确定。机柜高度通常以“U”为单位，1U 相当于 1.75 英寸的高度，如 10U 表示机柜内部高度为 17.5 英寸。常见的机柜高度有 24U、30U、40U、42U 等，如图 6-3 所示。

图 6-2 机架式服务器（正面和背面）

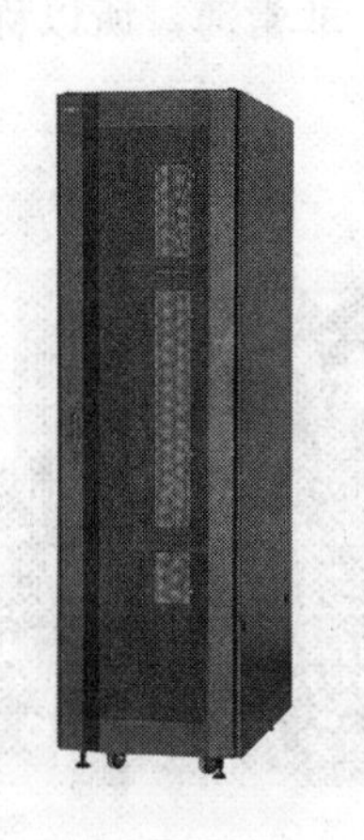

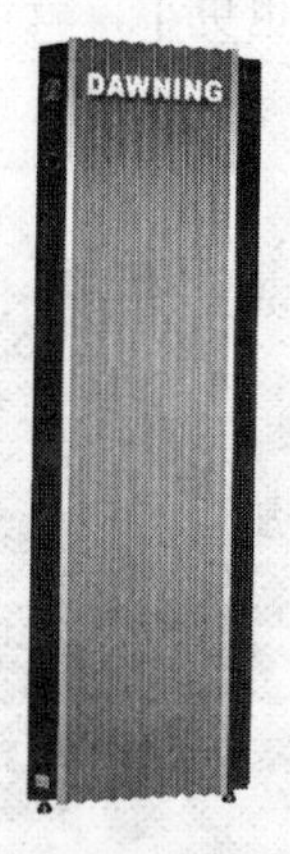

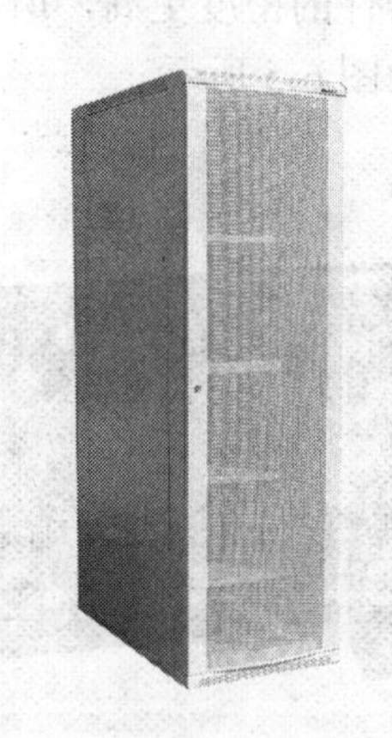

图 6-3 标准机柜

将机架式服务器统一安装在标准机柜内可以节省大量空间，同时也便于与其他网络设备连接，使机房更加整洁、美观。另外，机架式服务器集中放置使 KVM 多主机切换系统（如图 6-4 所示）的安装和使用更加方便，通过 KVM，多台主机共享一套键盘、鼠标和显示器，从而可在一定程度上降低设备投入成本。

图 6-4 KVM

虽然机架式服务器能有效减少占用空间，但是也存在一些问题。在扩展性方面，由于机箱空间较小，机架式服务器不能安装太多的扩展组件，提供的功能和服务自然也不能像塔式通用服务器那么多样，而是主要侧重于某个方面的应用，如数据存储、Web 服务等。所以，机架式服务器特别适合在一些特殊的行业作功能型服务器。当然，机架式服务器扩展性差只是相对而言，随着服务器技术的不断发展和成熟，出现了服务器群集技术和外接扩展组件技术，可以有效地解决机架式服务器扩展性差的问题。

在散热方面，机箱空间较小的机架式服务器与机箱空间充裕的塔式服务器相比要差很多，所以对机架式服务器各个组件的热稳定性要求要高一些，很多组件都经过特殊优化设计，甚至为了减少运行时的发热量，采取降低部分性能的方法来提高稳定性。另外，增加散热片和风扇也是常用的提高机架式服务器散热性能的措施之一。因此，机架式服务器在价格上要比同等性能的塔式服务器贵很多，性价比相对较低。

3. 刀片式服务器

刀片式服务器在服务器领域出现得最晚，是为特殊行业应用专门设计的。它要比机架式服务器元器件的密度更高，所占用的空间也更小，就像刀片一样，非常薄，所以称为刀片式服务器，如图 6-5 所示。

图 6-5　刀片式服务器和单个刀片

刀片式服务器在工作时同机架式服务器一样，也要被安装在机柜内，但是这种机柜不是前面提到的标准机柜，而是刀片式服务器专用的刀片服务器机柜。一个刀片服务器机柜中可以插入若干个单一的刀片式服务器，组成一个大的刀片式服务器系统。该系统有两种工作模式，一种模式是每个刀片式服务器运行自己的操作系统，使用自己的软、硬件资源，为不同的用户群提供指定的服务，彼此之间相互独立，没有联系。另一种模式是通过系统软件将多个刀片式服务器组成一个服务器集群。在该模式下，所有的刀片式服务器可以共享资源，为相同的用户群提供高效的网络服务。刀片式服务器支持热插拔，增加或更换刀片式服务器可以在不中断网络服务的情况下轻松完成，从而为服务器的日常管理和维护带来了极大的方便。

与机架式服务器相比，刀片式服务器在可扩展性和可管理性方面都更胜一筹，但是它同机架式服务器一样，一般也属于功能型服务器。刀片式服务器在电信部门、网络服务提供商等要求高密度计算机环境的特殊行业应用较为广泛。

6.2 服务器的分类

随着服务器技术的不断发展，服务器的种类也多种多样。根据应用层次、执行方式和用途的不同，服务器有以下几种不同的分类方法。

6.2.1 按应用层次分类

按应用层次是常用的划分服务器类别的方法，它主要是根据服务器的综合性能和服务器专用技术来划分档次，一般可以分为入门级服务器、工作组级服务器、部门级服务器和企业级服务器四类。

1. 入门级服务器

入门级服务器是最低档的服务器类型，它仅具有最基本的服务器配置，其配置同普通的PC机差不多，但是也有区别，例如，入门级服务器的硬盘、电源和风扇等基本硬件可以做冗余，硬盘多采用可以热插拔的SCSI接口硬盘，内存较普通PC机要大，一般在1GB～2GB之间，且带纠错功能。在外形上，入门级服务器多数采用塔式结构（如图6-6所示），也有一些采用机架式甚至刀片式结构，但比较少见。

图6-6 入门级服务器

由于受服务器应用档次和价格的限制，入门级服务器一般采用基于Intel架构的服务器专用CPU芯片，操作系统主要采用Windows、Linux等网络操作系统。个别入门级服务器采用RISC架构处理器，如Sun公司的多款入门级服务器就采用该架构，并配以UNIX操作系统。

入门级服务器的性能比较有限，不适用于大型数据库数据处理、网络通信量大、需要长期不间断工作的情况，仅能满足小型网络用户的文件共享、互联网接入、少量数据处理以及简单数据库应用的需求，并且所能连接终端的个数有限，一般少于20个，在稳定性、可扩展性、数据纠错和冗余性方面表现一般。

2. 工作组级服务器

工作组级服务器是比入门级服务器高一个档次的服务器。这类服务器通常支持1～4个处理器，支持大容量的、采用ECC纠错技术的内存，支持增强服务器管理功能的SM总线。外形以塔式和机架式为主，如图6-7所示。

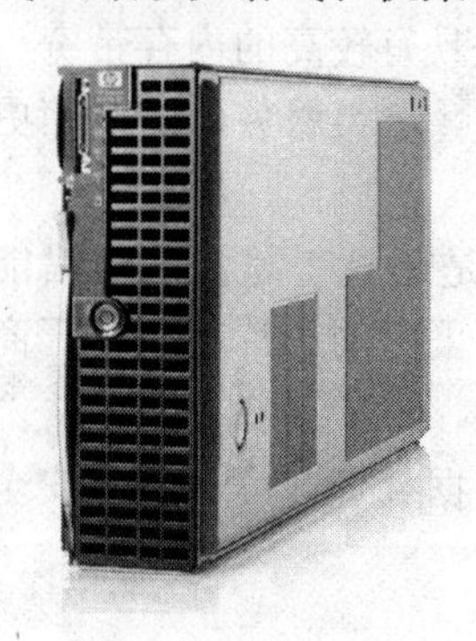

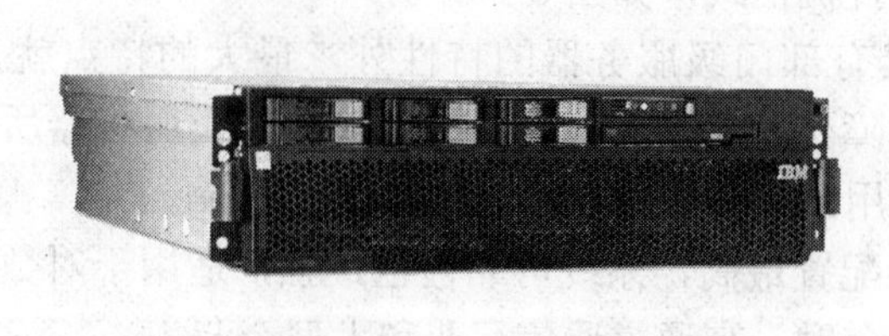

图6-7 工作组级服务器

工作组级服务器通常采用 Intel 或 AMD 公司的服务器专用处理器，并配以 Windows、Linux 和 NetWare 网络操作系统，也有一部分服务器使用 UNIX 操作系统。

工作组级服务器比入门级服务器在稳定性、可扩展性、数据纠错和冗余性等方面有所提高，连网终端数有所增加，一般在 50 个左右，能满足中小型网络用户的数据处理、文件共享、互联网接入以及简单数据库应用的需求，但是仍然不能满足大型数据库系统的应用需求。在价格方面，工作组级服务器要比入门级服务器高 1～3 倍。

3. 部门级服务器

部门级服务器属于中档服务器，一般支持 4 路以上对称处理器，具备比较完整的硬件配置和服务器技术，具有优良的稳定性和可扩展性。部门级服务器的最大特点是集成了大量的监控和管理功能，具有全面的服务器管理能力，可以通过自带的服务器管理软件，监控工作温度、电压以及风扇转速等状态参数，便于管理人员及时准确地了解服务器的工作情况。部门级服务器一般需要安装较多的组件，所以机箱通常要比入门级服务器或工作组级服务器大一些，如图 6-8 所示。

图 6-8 部门级服务器

部门级服务器一般采用 IBM、Sun 和 HP 自主研发的 RISC 架构的处理器芯片，并配以 UNIX 操作系统。部门级服务器可以连接 100 个以上的网络客户终端，适合于对处理速度和系统可靠性要求较高的中型规模网络，一般是中型企业的首选，在金融、邮电部门也有应用。

4. 企业级服务器

企业级服务器属于高档服务器。在全球范围内仅有少数厂家（如 IBM、Sun 和 HP 等）能够生产。企业级服务器一般都采用 4 路以上对称处理器结构，有的会多达几十个甚至上百个。企业级服务器一般还通过独立的双 PCI 通道来提高数据传输率，具有较高的内存带宽、大容量热插拔硬盘和热插拔电源、超强的数据处理能力和集群性能等。这类服务器的机箱更大，一般为单机柜式或组合机柜式，如图 6-9 所示。

企业级服务器除了具有部门级服务器的特性外，最大的特点就是还具有超强的容错能力、优秀的扩展性能、故障预报警、在线诊断等功能，这类服务器所采用的芯片都是各厂商自主研发和生产的，所使用的操作系统一般为 UNIX 或 Linux。

企业级服务器的硬件配置最高，系统可靠性也最强，适用于对数据处理速度、数据安全以及可靠性要求非常高的金融、交通、通信行业和大型企业。

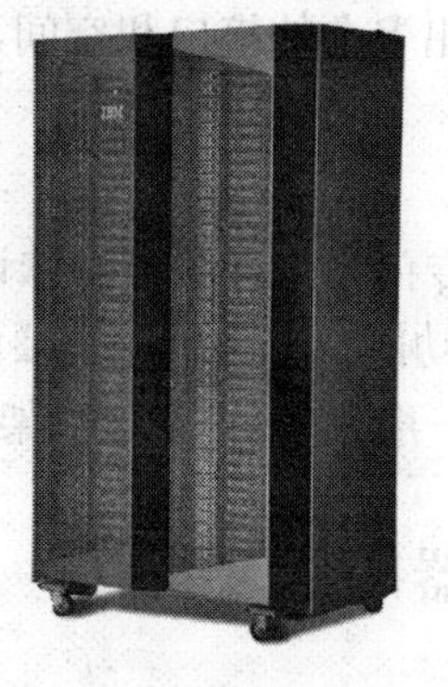

图 6-9　企业级服务器

6.2.2　按指令执行方式分类

服务器处理器的指令执行方式一般分为 CISC、RISC 和 VLIW 三类架构。

1. CISC 架构

在 CISC（Complex Instruction Set Computer，复杂指令系统计算机）架构的处理器中，程序的各条指令以及每条指令中的各个操作都是按照顺序串行执行的。串行执行使指令易于控制，但是执行速度较慢，系统资源利用率不高，而且处理器的编程和设计都比较复杂。

2. RISC 架构

RISC（Reduced Instruction Set Computer，精简指令系统计算机）是对 CISC 指令系统的精简和优化。CISC 指令系统的微处理器结构复杂，研发时间长，成本高。统计结果表明，在 CISC 指令系统中，每条指令的使用频率相差悬殊，仅占指令总数 20%的一些比较简单的指令在程序中使用的频率却高达 80%。RISC 微处理器在 CISC 微处理器的基础上精简了指令系统，并采用超标量和超流水线结构，大幅度提高了并行处理能力。另外，RISC 指令系统采用了缓存、主存、外存三级存储结构，使读取数据和存储数据指令分开执行，从而使处理器不会因为存取数据而降级处理速度。RISC 微处理器芯片的工作频率通常较低，功耗和温度也低，不易出现故障和老化，系统的稳定性大幅度提高。目前大多数中、高档服务器都采用 RISC 指令系统。

3. VLIW 架构

VLIW（Very Long Instruction Word，超长指令集字）简化了处理器结构，删除了处理器内部许多用于协调并行工作的复杂的控制电路，而将所有的这类工作交给编译器来完成，从而降低了芯片制作成本，价格低廉，能耗更少，指令执行速度比 CISC 和 RISC 指令系统高出数倍。但是基于 VLIW 指令系统的微处理器芯片使程序变得很大，需要更多的内存来存储数据，而且编译器的智能程度直接影响到整个系统的工作效率。

6.2.3　按用途分类

随着计算机网络的发展和普及，网络服务也多种多样，作为网络服务提供者的服务器种类也越来越多。按照用途划分，服务器可以分为通用型服务器和功能型服务器两种类型。

1. 通用型服务器

通用型服务器是兼顾多方面应用需求、能够提供各种基本服务功能的服务器。这类服务器结构相对复杂，而且通常要为附加组件留出多余的接口和空间，故多采用塔式结构。目前大多数服务器都属于通用型服务器。

2. 功能型服务器

功能型服务器又称为专用型服务器，是专门为某种服务特殊设计的一类服务器，如 Web 服务器、FTP 服务器、文件服务器等。由于功能型服务器仅需要满足个别功能的应用要求，所以对性能的要求较单一，结构也较简单，一般采用单 CPU 机架式或刀片式服务器结构。

6.3 服务器的主要特性

服务器作为一种特殊类型的计算机，有其自身的一些特性，这些特性分别是可扩展性（Scalability）、可用性（Usability）、可管理性（Manageability）和可利用性（Availability），简称 SUMA。

6.3.1 可扩展性

服务器的可扩展性是指服务器的硬件可以根据实际需要而随时灵活地配置，即通常所说的“按需扩展”。服务器的应用和服务在不同的时期可能会发生变化，应用和服务的变化必然会对服务器的处理速度、存储空间、接口类型和数量提出新的要求。在这种情况下，为了有效地保护用户以前的资金投入，服务器需要有一定的冗余插槽和支架。例如，服务器需要留有较多的 PCI、PCI-X 插槽，以便连接更多的板卡，需要有较多的驱动器支架，以便在数据膨胀时增加硬盘来扩容，需要较多的内存插槽，以便在需要时增加内存。另外，为了确保服务器的可靠性和稳定性，还需要提供冗余电源、冗余风扇等备用组件。以上这些都是服务器可扩展性方面的具体体现。

6.3.2 可用性

服务器的可用性是指服务器应具有很高的稳定性和可靠性。在多数情况下，服务器承担着存取重要数据、提供网络服务的重任，所以要求服务器能够稳定地连续工作。一旦服务器由于硬件或软件方面的原因发生故障，轻则使服务失效、业务停止，重则使大量重要数据丢失，甚至使整个网络陷入瘫痪状态，造成难以估量的损失。

为了提高服务器的稳定性和可靠性，通常的做法是配置冗余部件和采用内存查错、纠错技术。冗余部件一般是指 CPU、内存、硬盘、PCI 适配器、电源和风扇等硬件，它们会在主部件出现故障的情况下自动代替主部件工作，保证系统持续运行。很多服务器一般还提供功能多样的硬件在线诊断系统，该系统可以在服务器出现异常情况时，如内存出错、机箱温度过高、风扇转速降低、电源电压异常等，及时报警并予以处理。另外，有些服务器还支持操作系统和应用程序的备份和还原，并提供用于数据灾难恢复的系统模块，从而大大提高了可用性。

6.3.3 可管理性

服务器的可管理性是指能为用户提供非常方便、快捷的网络管理，它包括硬件管理和软件管理两方面。

在服务器硬件的可管理性方面，通常的做法是在服务器主板上集成各种传感器，用于实时监测服务器上硬件的工作，同时配以相应的管理软件并借助计算机网络实现远程监控，从而使管理人员能够很方便地对服务器进行及时有效的管理。

服务器的可管理性主要体现在软件方面，一般中、高档的服务器都会针对特殊需求或者硬件结构提供相应的管理软件，帮助用户有效地监控、配置和管理服务器。由于各个服务器生产厂商所提供的管理软件种类繁多，在此不再一一介绍。事实上，很多网络操作系统，如微软的 Windows 2000 Server、Windows Server 2003 和 Windows Server 2008，也提供了许多用于对服务器进行各方面管理服务的工具。

6.3.4 可利用性

服务器的可利用性是指服务器要具有很高的数据处理能力和处理效率。目前，该特性主要是通过对称多处理器技术和群集技术实现的。

随着用户应用要求的不断提高，仅仅使用单处理器已经很难满足实际应用的需求。通过使用对称多处理器技术，可以在服务器上安装多个处理器，各处理器之间共享内存和系统总线。多个处理器同时工作，对用户来说是透明的。需要指出的是，处理器必须成对使用，即处理器个数必须是偶数。

服务器群集技术是近几年兴起的用于提高服务器性能的新技术。它是将一组相互独立的服务器通过高速通信网络组成的一个单一的服务器系统，并以单一系统的模式进行管理。一个服务器群集包含多台拥有共享数据存储空间的服务器，群集系统内任意一台服务器都可以被所有的网络用户所使用。

6.4 服务器硬件简介

虽然服务器的硬件结构与普通 PC 机很相似，如都有 CPU、主板、硬盘、内存等，但是作为一类比较特殊的计算机，它的许多关键部件又和普通 PC 机有很大的区别。

6.4.1 服务器的 CPU

服务器的 CPU 就如同人的大脑一样，负责处理各种信息和协调各部分的工作，其处理能力直接影响到服务器整体的性能。

1. RISC 处理器

RISC 技术是 IBM 公司在 20 世纪 70 年代推出的，并在 20 世纪 80 年代后期逐渐取代 CISC 技术而成为主流微处理器的架构。RISC 处理器优化了指令系统，使程序编译和运行速度大幅度提高，采用更加简单和统一的指令格式、固定的指令长度和优化的寻址方式，使整个结构更加合理，便于设计和纠错。

在 RISC 架构的基础上，各服务器厂家又研发出了自己的 CPU，如 IBM 公司的 PowerPC 系列、Sun 公司的 SPARC 系列、HP 公司的 PA-RISC 系列等，如图 6-10 所示。

2. Intel 处理器

Intel 在 20 世纪 90 年代开发了第一代 Intel 服务器处理器 Pentium Pro。在随后的较长一段时间里，又相继推出了 Pentium II Xeon（至强）、Pentium III Xeon、P4 Xeon 和 Xeon MP

一系列至强处理器，提高了工作频率，加大了高速缓存，处理能力大大加强。现在很多服务器使用的就是 Xeon 系列 CPU。为了与 IBM、HP 和 Sun 竞争，Intel 在 2000 年和 2002 年分别推出了全新 64 位服务器处理器 Itanium 和 Itanium 2 安腾系列，该系列处理器采用较低的主频以降低发热量，提高稳定性，但其对 32 位应用程序的兼容性不太令人满意。图 6-11 是几款 Intel 早期开发的处理器。

图 6-10　RISC 处理器

图 6-11　Intel 处理器

近年来，Intel 又研制开发了多款至强和安腾多核（双核、四核、六核）处理器，提供更为强大的处理能力和计算性能，如图 6-12 所示。

图 6-12　Intel 至强多核处理器

3．AMD 处理器

AMD 是服务器处理器领域的后起之秀。在 2001 年 6 月推出了定位于入门级服务器层次的 AMD Athlon MP 处理器，与 Intel 的 Xeon 系列处理器抗衡。在 2003 年 4 月，AMD 又发布了历经 3 年时间研发出来的 64 位处理器 Opteron（皓龙），它采用 x86 架构，成功地解决了与主流 32 位应用程序的兼容性问题。当 Intel 的多核处理器以优越的表现大行其道之时，AMD 也推出了自己的多核（双核、三核、四核）处理器。图 6-13 是几款 AMD 处理器。

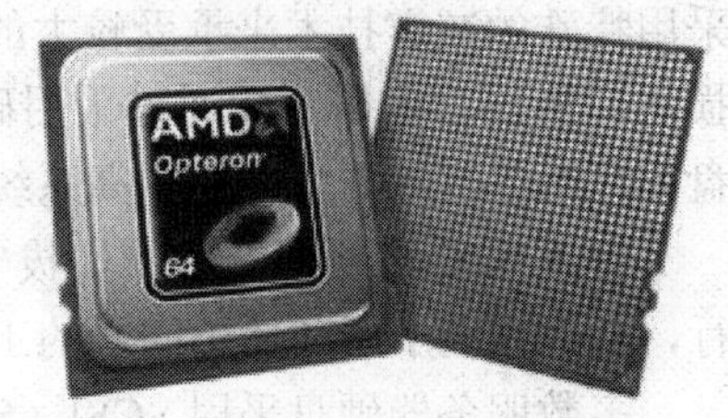

图 6-13　AMD 处理器

6.4.2　服务器的主板

服务器的主板是整个服务器的“骨架”，很多板卡和部件都必须安装在主板上才能工作。服务器的许多特性都是通过主板来体现的，如扩展性、冗余性能和热插拔都需要主板的支持。服务器主板与普通 PC 机主板存在很大的区别，从外表上就比较容易区分出来。一般服务器主板的面板更大，电子元件、CPU 插座、PCI（或 PCI-X）插槽、内存插槽和各种接口更多，如图 6-14 所示。

图 6-14　服务器主板

通常服务器都支持对称多处理器技术，所以在主板上会有 2 个、4 个或者更多个 CPU 插座。通过在一个服务器中安装多个 CPU，可以提高服务器的数据处理能力，满足复杂的应用服务需求。服务器主板的 PCI（或 PCI-X）插槽要比普通 PC 机的 PCI 插槽的信息传输速度提高数倍。很多中、高档主板都支持 64 位系统总线，使 PCI 总线接口带宽更高，并发数据量更大。另外，服务器主板所能安装 CPU 和内存的数量并不受限于主板上 CPU 插座和内存插槽的数量，很多主板可以提供独立的 SMP 模块和内存板卡的安装方式，从而大大扩展了 CPU 数量和内存容量。

6.4.3　服务器的硬盘

服务器在网络中提供各种各样的服务和应用，而使这些服务和应用得以实现的网络操作系统和应用软件都必须安装在服务器的硬盘中才能被启动运行。另外，对于充当数据中心的服务器来说，其硬盘中存储了大量宝贵的用户文件和数据，因此硬盘的重要性显得更为突出。

服务器硬盘在很多方面要比普通 PC 机的硬盘更优异。服务器硬盘比普通硬盘具有更快的转速、更大的缓存和输入输出带宽，从而数据传输速度更快。

因为服务器要为较多的用户提供不间断的应用和服务，所以服务器硬盘应具有更高的稳定性，能长时间持续高速运转，并能采用“S.M.A.R.T”技术，对自身的工作情况进行监控、分析，并做出报告。另外，为了避免因强烈的撞击而造成硬盘损坏，服务器硬盘一般会采用特殊的减震技术来承受较大的冲击力。当然，以上这些技术都不能从根本上避免硬盘的损坏，所以很多服务器通过采用磁盘阵列（RAID）技术，冗余、备份硬盘数据，以便在硬盘损坏时恢复数据，从而提高系统的可靠性。

很多服务器硬盘支持热插拔安装方式，需要更换或添加硬盘时，可以不必停机直接进行，从而保证了服务器不间断的工作。

多数服务器硬盘采用 SCSI（Small Computer System Interface，小型计算机系统接口）接口，它比普通 PC 机硬盘广泛采用的 IDE（Integrated Drive Electronics，电子集成驱动器）接口有更多优势，如数据吞吐量大、CPU 资源占用率极低、支持更多硬盘数量等。SCSI 硬盘必须配以相应的 SCSI 接口才能使用，有的服务器主板集成了 SCSI 接口，有的则需要安装专用的 SCSI 接口卡，如图 6-15 所示。

图 6-15　SCSI 硬盘及接口卡

随着服务器硬件技术的发展，新的服务器硬盘接口规范也在不断推出。SATA（Serial Advanced Technology Attachment，串行高级技术附件）是由 Intel、IBM 和 Seagate 等公司共同提出的硬盘接口规范。SATA 硬盘又叫串口硬盘，相对 IDE 和 ATA 硬盘来说，SATA 硬盘传输速度更快，执行效率更高，而且具备更强的纠错能力，这在很大程度上提高了数据传输的可靠性。SATA 硬盘支持热插拔，而且接线更为简单，能有效改善机箱内部空气流通，从而利于散热。现在的 SATA 硬盘一般采用 SATA2.0 或 SATA2.5 规范。SAS（Serial Attached SCSI，串行连接 SCSI）是新一代的 SCSI 技术，SAS 接口是继并行 SCSI 接口之后开发出的全新接口，并且提供与 SATA 硬盘的兼容性。SAS 硬盘同 SATA 硬盘一样，都是采用串行技术以获得更高的传输速度，并通过缩短接线改善机箱环境。SATA 硬盘和 SAS 硬盘的外观如图 6-16 所示。

图 6-16　SATA 硬盘（正面和反面）和 SAS 硬盘

6.4.4　服务器的内存

服务器内存在外观上与普通 PC 机内存的差别不是很大，但是它们在技术上存在较大的差异。服务器内存通常要求具有较高的可靠性和稳定性，所以，大多数服务器内存都带有缓存器（Buffer）、寄存器（Register）和纠错码（ECC）。缓存器又叫高速缓存，能有效地提高服务器内存的读写速度，在图形工作站等需要读取大量数据的服务器上应用较多。带缓存器的服务器内存一般多具有 ECC 纠错功能，不带缓存的内存只有少数具有 ECC 纠错功能。寄存器也叫目录寄存器，像书籍的目录一样，起索引数据的作用。当内存进行读写操作时，首先会检索目录寄存器，做到有目的的寻址，从而大大提高了内存的工作效率。寄存器在中高端服务器上有较多的应用。服务器内存和普通内存的外观如图 6-17 所示。

图 6-17 服务器内存和普通内存

6.5 服务器系统主要技术

服务器与普通 PC 机的最大区别不是它的硬件配置，而是其所具有的特殊技术。服务器技术使得服务器在可扩展性、可用性、可管理性和可利用性等各方面比普通 PC 机有更好的表现。

6.5.1 基本服务器技术

基本服务器技术是绝大多数服务器普遍采用的通用技术，它包括热插拔技术、冗余磁盘阵列技术、对称多处理器技术和群集技术等。

1. 热插拔技术

热插拔（Hot Swap）是指在不关闭系统和停止服务的情况下更换或添加服务器部件，从而提高服务器的可用性。热插拔技术是服务器的一项最基本的技术，绝大多数的服务器都有部分支持该技术。通常支持热插拔技术的服务器硬件有硬盘、电源、风扇、内存、扩展板卡等，甚至有的 CPU 也支持该技术。

2. 冗余磁盘阵列技术

独立磁盘冗余阵列（Redundant Array of Independent Disks，RAID）技术是应用最广泛的服务器技术之一。RAID 有各种不同的级别，每个级别都有各自的优缺点。目前应用较多的有 RAID0、RAID1、RAID0+1 和 RAID5。

RAID0 又叫作无差错控制磁盘阵列，它具有成本低、读写性能好、存储空间利用率高的特点。在 RAID0 模式下，一大块数据被分成若干块小的数据分散存储在多个磁盘上，当需要调用这块数据时，就可以在多个磁盘上同时并行读取，从而大大提高了磁盘的整体存取性能。RAID0 是所有 RAID 级别中存取性能最高的。但是，RAID0 没有数据冗余功能，构成阵列的任意一块硬盘的损坏都会造成无法恢复的数据损失，因此其安全性是很低的，比较适用于语音和视频存储等对速度要求特别高的应用。

RAID1 又叫作镜像磁盘阵列，它具有安全性好、管理方便、技术简单的特点。在 RAID1 模式下，一块硬盘中的数据被全部自动复制到另一块硬盘中，当读取第一块硬盘中的数据失败时，系统会自动转到第二块硬盘中读取，从而不会影响用户正常数据的访问。由于 RAID1 是对所有的数据进行百分之百的备份，所以它是所有 RAID 级别中数据安全性最高的。然而，也正是因为数据被完全备份，备份的数据会占用一半的存储空间，所以 RAID1 的磁盘利用率很低，只有 50%，存储成本较高，适用于安全性要求高的重要数据的存储。

RAID0+1 也称为 RAID10，是 RAID0 和 RAID1 两种方案的综合应用。RAID0+1 至少要用 4 块硬盘才能实现。其中各占一半的磁盘被设置成 RAID0 模式，两套完整的 RAID0 再以 RAID1 的模式互相镜像。它兼顾 RAID0 和 RAID1 各自的优点，既具有与 RAID0 相近的数据读写性能，又具有 RAID1 的高安全性。但是，RAID0+1 的磁盘空间利用率同 RAID1 一样，设备投入成本较大，一般在金融、证券、档案管理领域应用较多。

RAID5 是 RAID0 和 RAID1 的一个折中方案，它兼顾数据存储性能和数据安全两方面。在 RAID5 模式下，数据不进行完全备份，而是同相应的奇偶校验信息存储在类似 RAID0 模式的磁盘上，并且数据和相应的奇偶校验信息分别存储在不同的磁盘上。当一个磁盘的数据损坏时，可以利用剩下的数据和相应的奇偶校验信息来恢复被损坏的数据。RAID5 比 RAID0 的数据存取速度稍低但是安全性高，比 RAID1 的安全性稍低但是磁盘空间利用率高，成本投入相对较低。

3．对称多处理器技术

对称多处理（Symmetrical Multi-Processor，SMP）技术是被广泛应用在中、高档服务器上的一项服务器技术。在 SMP 结构中，每一个处理器的地位都是一样的，它们共享系统资源，都能运行同一个操作系统，都能响应外部设备的请求，彼此之间相互独立又相互联系，协同工作，从而提高了服务器并行处理数据的能力。

4．群集技术

群集技术是近几年兴起的一项服务器技术。群集是一组相互独立的服务器，通过高速通信网络组成一个计算机系统，并以单一系统的模式进行管理。群集中的多台服务器共享数据存储空间，当其中一台出现故障停止服务时，其他的服务器会自动接管它的服务，从而整体提高了可靠性、容错性和抗灾难性。

6.5.2 服务器容错技术

虽然服务器硬件精良、性能优越，但是发生故障是在所难免的，很多服务器通过采用各种容错技术来提高其可靠性。当前主要的服务器容错技术有群集技术、双机热备份技术和单机容错技术。其中单机容错技术的容错级别最高，双机热备份次之，群集技术最低。

1．双机热备份技术

双机热备份技术是一种系统设计技术，通过对关键设备部件的冗余设计，保证系统硬件具有很高的可用性。它通常由两台配置完全相同的服务器系统、一个外接共享磁盘阵列柜和相应的双机热备份软件组成。在该容错方案中，两台服务器都安装有操作系统和应用程序，双机热备份系统统一集中管理数据。两台主从服务器之间相互按照一定的时间间隔发送通信信号，说明各自系统的当前运行情况。如果通信信号表明主服务器发生故障，或者在一定的时间内没有收到主服务器发出的信号，则双机热备份软件认为主机失效，并将系统资源转移到备用服务器上，由备用服务器代替主服务器的工作，以保证网络服务和应用的不间断运行。

2. 单机容错技术

单机容错技术是在一台服务器上实现容错功能。具有容错技术的容错服务器通常对系统中的CPU、内存和I/O总线等硬件进行冗余备份。在服务器出现故障时，能够自动分离故障模块，在不停止系统运行的情况下进行模块切换，并对损坏的模块进行维护。当所有的物理故障排除后，系统会自动重新同步运行，从而大大提高了系统的可用性。单机容错技术可以实现99.999%的可用性，而双击热备份只能实现99.9%的可用性。

6.5.3 服务器监控技术

为了实时掌握服务器系统运行工作状态，及时发现故障隐患并排除，通过通信网络实现远程监控，提高服务器系统的可用性，服务器监控技术应运而生。服务器监控技术就是通过服务器系统中的传感器和相应的监控软件，在不影响服务器运行的前提下，实现对服务器的运行参数和状态参数的检测和故障预警以及对服务器的控制。现在许多硬件制造厂商在其生产的硬件中嵌入了用于采集信息的传感器和智能监控芯片，从而使得监控系统可以方便地通过系统总线、I2C 总线等来采集硬件的状态信息。目前主要的服务器监控技术有总线技术、Intel服务控制技术和紧急管理端口技术。

1. 总线技术

总线（Inter-Integrated Circuit，I2C）技术是一种串行的数据总线系统，是先进的大规模数字化集成电路，通过时钟和数据总线进行双向控制。利用 I2C 硬件总线技术可以对服务器的所有部件进行集中管理，可以实时监控 CPU、内存、硬盘、网络以及系统温度等多项参数，方便了管理，增加了系统的可用性。该技术已经普遍应用在大部分的服务器主板中。

2. Intel服务控制技术

Intel服务控制（Intel Server Control，ISC）技术是Intel研发的网络监控技术，用于加强服务器的控制和管理，但是这一技术仅适用于使用 Intel 集成管理功能主板的服务器。通过使用该技术，管理人员可以通过一台客户机监控网络上所有使用 Intel 主板的服务器。一旦服务器的CPU、内存、风扇、温度、电压、系统信息甚至第三方硬件出现故障，就会将错误信息报告给管理人员。ISC 技术还支持远程启动、关闭或者重启服务器，极大地方便了管理人员的日常维护工作。

3. 紧急管理端口技术

紧急管理端口（Emergency Management Port，EMP）技术是一种远程管理技术。利用紧急管理端口，系统管理员可以通过电话线或电缆将客户端计算机直接连接到服务器上，在远程进行关闭操作系统、启动电源、关闭电源、捕捉服务器屏幕和配置服务器的 BIOS 等操作，是一种非常方便和高效的服务器维护管理技术手段。

本章小结

服务器与普通 PC 机的硬件功能模块区别不大，但是在性能方面，服务器要远远胜过普通 PC 机。而且，所有对服务器稳定性影响较大的部件都需要采用与普通 PC 机不同的技术来实现。

服务器从其外形上划分，一般有塔式、机架式和刀片式几种类型。其中，塔式服务器的外形同普通的立式 PC 机很相似，具有良好的扩展性和性价比。机架式服务器减少了空间占用量，与其他设备连接方便，但是扩展性较差。刀片式服务器要比机架式服务器器件的密度更高，所占用的空间更小，在可扩展性和可管理性方面都更胜一筹。

按应用层次分，服务器可以分为入门级服务器、工作组级服务器、部门级服务器和企业级服务器四类。入门级服务器仅具有最基础的服务器配置，在稳定性、可扩展性、数据纠错和冗余性方面较差。工作组级服务器在稳定性、可扩展性、数据纠错和冗余性等方面有所提高，能满足中小型网络用户的需求。部门级服务器具备比较完整的硬件配置和服务器技术，具有优良的稳定性、可扩展性，集成了监控和管理功能。企业级服务器具有超强的容错能力、优秀的扩展性能、故障预报警、在线诊断等功能，适用于大型网络。

服务器处理器的指令执行方式一般分为 CISC、RISC 和 VLIW 三类。在 CISC 处理器中，程序的各条指令以及每条指令中的各个操作都是按照顺序串行执行的。RISC 是对 CISC 的精简和优化，提高并行处理能力，且系统的稳定性大幅度提高。VLIW 简化了处理器结构，通过编译器协调并行工作，指令执行速度很快。

按照用途划分，服务器可以分为通用型服务器和功能性服务器。通用型服务器是兼顾多方面应用需求的、能够提供各种基本服务功能的服务器。功能型服务器是专门为某种服务特殊设计的一类服务器，对性能的要求较单一，结构也较简单。

服务器的可扩展性是指服务器的硬件可以根据实际需要而随时灵活地配置，即通常所说的"按需扩展"。服务器一般配有一定的冗余插槽和支架，方便在需要时增加硬件来提高系统性能。服务器的可用性是指服务器要具有很高的稳定性和可靠性。提高服务器的稳定性和可靠性的作法是配置冗余部件、采用内存查纠错技术和运行在线诊断系统。服务器的可管理性是指能为用户提供非常方便、快捷的网络管理，它包括硬件管理和软件管理两方面。服务器的可利用性是指服务器要具有很高的数据处理能力和处理效率，目前主要是通过采用对称多处理器技术和群集技术来实现。

服务器的 CPU 负责处理各种信息和协调各部分的工作，有 RISC 处理器、Intel 处理器和 AMD 处理器等几种类型。

服务器的主板是安装板卡和部件的面板。服务器的扩展性、冗余实现和热插拔等性能都需要主板支持。

服务器硬盘具有更快的转速、更大的缓存和输入输出带宽，支持"S.M.A.R.T"技术，支持热插拔安装方式，采用 SCSI 接口。

服务器内存具有较高的性能、可靠性和稳定性，大多数服务器内存都带有缓存器、寄存器和错误纠正代码。

基本服务器技术是绝大多数服务器普遍采用的通用技术，它包括热插拔技术、冗余磁盘阵列技术、对称多处理器技术和群集技术等。

服务器一般通过采用各种容错技术来提高其可靠性。当前主要的服务器容错技术有群集技术、双机热备份技术和单机容错技术。

服务器监控技术用于实现对服务器的运行参数和状态参数的检测和故障预警以及对服务器的控制。

习题六

1．服务器（　　）的性能直接影响到服务器整体的稳定性，所以一般需要专门设计。（多选）

A．硬盘　　B．CPU
C．主板　　D．内存

2．大部分服务器都支持（　　）技术，从而使服务器在更换部件的过程中，可以不间断服务。

A．容错　　B．群集
C．热插拔　　D．热备份

3．从外形上划分，服务器一般有（　　）类型。（多选）

A．塔式　　B．卧式
C．机架式　　D．刀片式

4．机架式服务器的主要设计目的是（　　）。

A．提高稳定性　　B．提高可扩展性
C．为了外表美观　　D．尽量减少空间

5．机架式服务器在使用时必须安装在标准机柜内。机柜高度通常以“（　　）”为单位。

A．V　　B．U
C．M　　D．B

6．“1U”相当于（　　）英寸的高度。

A．1.5　　B．1.25
C．1.75　　D．1

7．以下各项属于企业级服务器特点的有（　　）。（多选）

A．超强的容错能力　　B．优秀的扩展性能
C．故障预报警　　D．在线诊断

8．以下各服务器部件，支持热插拔的有（　　）。（多选）

A．CPU　　B．内存
C．硬盘　　D．电源

9．多数服务器硬盘采用（　　）接口。（多选）

A．SAS　　B．SCSI
C．IDE　　D．SATA

10．通过使用多主机切换系统 KVM，多台服务器可以共同使用一套（　　），从而在一定程度上降低设备投入成本。（多选）

A．鼠标 B．键盘

C．显示器 D．主机

11．按应用层次分，服务器一般有（ ）类型。（多选）

A．入门级 B．工作组级

C．部门级 D．企业级

12．部门级服务器最大的特点是集成大量的（ ）功能，具有全面的服务器管理能力。（多选）

A．纠错 B．监控

C．管理 D．备份

13．服务器处理器的指令执行方式一般有（ ）架构。（多选）

A．CISC B．SOCKET

C．RISC D．VLIW

14．按照用途划分，服务器可以分为（ ）。（多选）

A．通用型服务器 B．应用型服务器

C．功能型服务器 D．数据型服务器

15．服务器的特性有（ ）。（多选）

A．可扩展性 B．可用性

C．可管理性 D．可利用性

16．服务器的管理包括（ ）方面。（多选）

A．软件管理 B．外设管理

C．硬件管理 D．网络管理

17．服务器的可利用性主要是通过（ ）来实现的。（多选）

A．热插拔技术 B．对称多处理器技术

C．容错技术 D．群集技术

18．属于 RISC 架构的服务器 CPU 有（ ）。（多选）

A．IBM 公司的 PowerPC 系列 B．Intel 公司的 Pentium Pro 系列

C．Sun 公司的 SPARC 系列 D．HP 公司的 PA-RISC 系列

19．属于 Intel 服务器 CPU 的是（ ）。（多选）

A．Pentium Pro B．Xeon MP

C．Opteron D．Itanium

20．服务器内存一般都带有（ ），以确保其可靠性和稳定性。（多选）

A．控制器 B．缓存器

C．寄存器 D．纠错码

21．基本服务器技术包括（ ），是绝大多数服务器普遍采用的通用技术。（多选）

A．热插拔技术 B．冗余磁盘阵列技术

C．对称多处理器技术 D．群集技术

22．独立磁盘冗余阵列技术是应用最广泛的服务器技术之一，目前应用较多的有（ ）。（多选）

A．RAID0 B．RAID1

C．RAID0+1　　　　　　　　　　D．RAID5

23．关于 RAID0、RAID1 和 RAID5 技术的数据安全性，以下排列由高到低的顺序是（　）。

A．RAID0、RAID5、RAID1　　　　B．RAID5、RAID1、RAID0

C．RAID1、RAID5、RAID0　　　　D．RAID1、RAID0、RAID5

24．关于 RAID0、RAID1 和 RAID5 技术的磁盘空间利用率，以下排列由高到低的顺序是（　）。

A．RAID0、RAID5、RAID1　　　　B．RAID5、RAID1、RAID0

C．RAID1、RAID5、RAID0　　　　D．RAID1、RAID0、RAID5

25．关于 RAID0、RAID1 和 RAID5 技术的数据存取速度，以下排列由高到低的顺序是（　）。

A．RAID5、RAID1、RAID0　　　　B．RAID0、RAID5、RAID1

C．RAID1、RAID5、RAID0　　　　D．RAID1、RAID0、RAID5

26．当前主要的服务器容错技术有（　）。（多选）

A．群集技术　　　　B．双机热备份技术

C．磁盘冗余阵列技术　　　　D．单机容错技术

27．目前主要的服务器监控技术有（　）。（多选）

A．总线技术　　　　B．Intel 服务控制技术

C．紧急管理端口技术　　　　D．SMP 技术

第 7 章　常用服务配置与管理

本章以 Windows Server 2003 为操作平台，讲述常用网络服务的构建方法。

- DHCP 服务
- DNS 服务
- WWW 服务、FTP 服务
- 网络地址转换与 Internet 连接共享
- 远程访问 VPN

7.1　Windows Server 2003 概述

Windows 操作系统的主要特征体现在其易用性上，其服务器版也不例外。目前，绝大多数中低端服务器都选用 Windows Server 2003。对用户而言，只要熟悉 Windows 的一般操作，即可顺利搭建常用的网络服务，配置过程比较简单。需要指出的是，简化配置过程，往往导致工作性能降低，并带来一些安全方面的隐患。在对工作性能和安全性要求苛刻的场景中，应选用其他操作系统，如 UNIX、Linux 等。

Windows Server 2003 是在 Windows 2000 Server 的基础上开发出来的，它继承并发展了 Windows 2000 Server 的可靠性、可伸缩性和可管理性，是一个多用途服务器操作系统。可提供文件、打印、Web、邮件、流媒体等常用服务以及其他应用服务。

Windows Server 2003 家族由 4 个 32 位版本和 2 个 64 位版本组成。其中前者包括 Windows Server 2003 标准版、Windows Server 2003 企业版、Windows Server 2003 Datacenter 版和 Windows Server 2003 Web 版；后者则包括 Windows Server 2003 Enterprise Server 64-Bit Edition 和 Windows Server 2003 Datacenter Server 64-Bit Edition。

7.1.1　Windows Server 2003 Web 版

Windows Server 2003 Web 版是针对 Web 服务专门设计的，主要用于生成、运行 Web 应用程序、Web 页以及 XML Web 服务。

Windows Server 2003 Web 版提供下列较高级别的支持。

- Web 应用程序的开发和运行，其中包括已集成到操作系统的 ASP.NET 和.NET Framework。

- 双向对称多处理方式（SMP）。
- 2GB 内存。

需要指出的是，Windows Server 2003 Web 版并不在市场上销售，只能通过 Microsoft 指定的合作伙伴获得。在工程实践中，Windows Server 2003 Web 版主要用于 Web 站点托管。

7.1.2 Windows Server 2003 标准版

Windows Server 2003 标准版继承并充分发展了 Windows 2000 Server 技术，是一个安全、可靠、稳定、高效和可伸缩的操作系统，适合小型单位或部门使用。

Windows Server 2003 标准版提供下列较高级别的支持。

- 高级联网功能，如 Internet 验证服务（IAS）、网桥和 Internet 连接共享（ICS）等。
- 2 路对称多处理方式（SMP）。
- 4GB 内存。

Windows Server 2003 标准版对 Windows 2000 Server 中的许多技术（如智能卡支持、带宽限制和 PnP 等）进行了改进，新增的技术（如公共语言运行库）增强了安全性，以保证网络不受恶意或有设计缺陷的代码的侵袭。此外，对 IIS（Internet Information Service）、PKI（Public Key Infrastructure，公钥结构）和 Kerberos 的改进也使得 Windows Server 2003 的安全保证功能更加易于使用。

7.1.3 Windows Server 2003 企业版

Windows Server 2003 企业版适合于大中型单位或部门使用，通常用于运行某些应用程序（如联网、消息传递、数据库、Web 站点、文件及打印服务器等）。

Windows Server 2003 企业版包括 32 和 64 位 2 种版本，可运行于最新的硬件平台上，具有优异的灵活性和可伸缩性。

Windows Server 2003 企业版提供下列较高级别的支持。

- 4 路对称多处理方式（SMP）。
- 8 节点集群。

Windows Server 2003 企业版与 Windows Server 2003 标准版的主要区别是前者能够构建高性能服务器、能够群集服务器以提供更强的处理能力，以此确保当系统失败或者负载剧增时，系统依旧可用。

7.1.4 Windows Server 2003 Datacenter 版

Windows Server 2003 Datacenter 版适合于要求拥有最高级别的可伸缩性、可用性和可靠性的企业使用，可以为数据库、企业资源规划软件、实时事务处理及服务器合并等应用提供解决方案。

与 Windows Server 2003 企业版类似，Windows Server 2003 Datacenter 版也包括 32 位和 64 位 2 种版本，可运行于最新的硬件平台上，具有优异的灵活性和可伸缩性。

Windows Server 2003 Datacenter 版提供下列较高级别的支持。

- 32 路对称多处理方式（SMP）。
- 8 节点集群。

Windows Server 2003 Datacenter 版与 Windows Server 2003 企业版的主要区别是前者能够支持更强大的多处理方式和更大的内存。

需要指出的是，Windows Server 2003 Datacenter 版只能通过 Windows Datacenter 项目提供。用户可以从许多出售高端或 Intel 系统的供应商处获得。

7.2 DHCP 服务

在 TCP/IP 网络中，与网络的每一个连接都必须拥有唯一的 IP 地址。可以手工为连接指定 IP 地址，用这种方式为连接指定的 IP 地址称为静态 IP 地址。在网络规模比较小且网络中计算机的增减不甚频繁时，通常使用上述方式完成 IP 地址配置。当网络中计算机较多或计算机增减比较频繁时，使用手工配置 IP 地址的方式，将使网络管理的工作量迅速增加，并且将导致出错机率增大。建立 DHCP（Dynamic Host Configuration Protocol，动态主机配置协议）服务即可解决上述问题。

建立 DHCP 服务器后，网络管理员只需在该服务器上集中配置 IP 环境参数（包括 IP 地址及子网掩码、网关、DNS 服务器地址等），配置完成后，网络中的计算机即可通过 DHCP 服务器获得其环境参数。此外，当 DHCP 客户机断开与网络的连接后，所占用的 IP 地址还可被释放以便重用。此特性颇具实用价值。例如，只拥有 20 个合法的 IP 地址，而管理的机器有 50 台，则只要这 50 台机器中同时使用服务器 DHCP 服务的不超过 20 台，就不会产生 IP 地址资源不足的问题。

7.2.1 DHCP 服务概述

DHCP 工作于客户/服务器模式，其工作原理如图 7-1 所示，其中，DHCP Server 为运行 DHCP 服务的计算机，而 DHCP Client 则为支持 DHCP 并启用了自动获取 IP 地址功能的计算机。

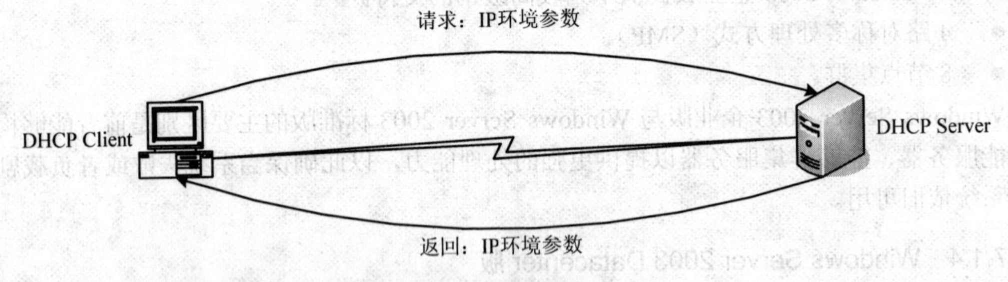

图 7-1 DHCP 服务的工作原理

7.2.1.1 DHCP 服务器向客户机分配 IP 地址的方式

DHCP 服务器向客户机分配 IP 地址的方式有两种：

- 自动分配。客户机自 DHCP 服务器获得 IP 地址后，将永远使用下去。不论该机是否在线，其 IP 地址都不会被分配给其他计算机。这种方式适用于 IP 地址比较充裕的网络。
- 动态分配。客户机向 DHCP 服务器租用 IP 地址。在这种方式下，客户机只是暂时使用所获得的 IP 地址，一旦租约过期，其 IP 地址将被 DHCP 服务器收回。若客户机仍然需要 IP 地址，则需重新向服务器发出使用 IP 地址的申请。这种方式适用于 IP 地址比较紧张的网络。

7.2.1.2 DHCP 的运行方式

DHCP 客户机每次启动时，都要与 DHCP 服务器通信以获取 IP 地址。根据通信、协商内容的不同，可分两种情况讨论，一是客户机申请新的 IP 地址；二是客户机申请更新租约，以继续使用已经获得的 IP 地址。

1. 申请新的 IP 地址

在下列情况下，客户机需要申请新的 IP 地址。

- 计算机首次以 DHCP 客户机的身份启动。
- 计算机所租用的 IP 地址已被服务器收回，并分配给其他客户机使用。
- 计算机自行释放已租得的 IP 地址，要求使用新的 IP 地址。

在申请新的 IP 地址时，服务器与客户机的通信过程如图 7-2 所示。

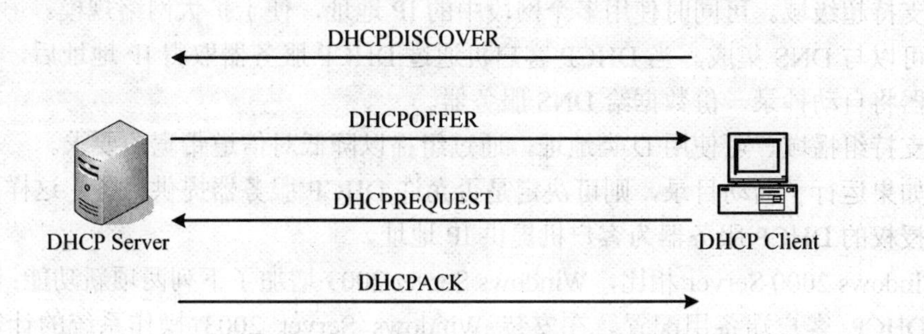

图 7-2　申请 IP 地址的过程

（1）DHCP 客户机以广播方式将 DHCPDISCOVER（DHCP 探测）信息发送到网络上，寻找 DHCP 服务器。

（2）DHCP 服务器收到 DHCPDISCOVER 信息后，将在其地址池中选择一个未出租的 IP 地址，然后构造 DHCPOFFER 信息并以广播的方式发送到网络上（在发送 DHCPOFFER 信息后，服务器将锁定其选择的 IP 地址，以免冲突）。

（3）DHCP 客户机收到服务器的 DHCPOFFER 信息后，再以广播的方式向 DHCP 服务器发送 DHCPREQUEST，申请分配 IP 地址。如果网络中存在多个 DHCP 服务器，则可能有数个服务器收到 DHCPDISCOVER 消息并回应 DHCPOFFER 信息，在这种情况下，客户机将选择使用其最先收到的 DHCPOFFER 信息。客户机之所以以广播的方式发送 DHCPREQUEST 信息，是因为除了需要通知所选择使用的服务器外，还可能需要通知其他发出 DHCPOFFER 信息但未被选择的服务器，以使它们能解锁相应的 IP 地址。

（4）DHCP 服务器收到客户机的信息后，以广播方式将 DHCPACK（DHCP 确认）信息发送给客户机，除 IP 地址外，DHCPACK 信息中还可能包括其他 TCP/IP 配置数据，如默认网关、DNS 服务器等。DHCP 客户机在收到 DHCPACK 信息后，即可自动完成 IP 环境参数设置。

2. 续租 IP 地址

在下列两种情况下，DHCP 客户机将要求续租 IP 地址。

- 已经获取 IP 地址的 DHCP 客户机在每次启动时，都将以广播方式发送

DHCPREQUEST 信息，请求继续租用原来的 IP 地址。即使 DHCP 服务器不发送确认信息，只要租期未满，DHCP 客户机仍然可使用原来的 IP 地址。

- 在租用时间超过租期的一半时，DHCP 客户机将以非广播的形式向 DHCP 服务器发出续租请求。如果续租成功，DHCP 服务器将向该客户机发送 DHCPACK 信息，予以确认；如果续租失败，DHCP 服务器将向该客户机发送 DHCPNACK 信息，说明目前本 IP 地址不能分配给该 DHCP 客户机。

需要指出的是，当 DHCP 客户机请求 DHCP 服务失败时，可自动从保留的虚拟 IP 地址（又称“自动专用 IP 地址”，其范围为 169.254.0.1～169.254.255.254，子网掩码为 255.255.255.0）中取得并设定 IP 地址。之后，每隔 5 分钟去查找 DHCP 服务器，若取得 IP 地址，则自动更新。

7.2.1.3 Windows Server 2003 DHCP 服务的特性

与 Windows NT 相比，服务器操作系统 Windows Server 2003 增加了下列新功能：

- 支持超级域。可同时使用多个网段中的 IP 地址，便于扩大网络规模。
- 可以与 DNS 集成。当 DHCP 客户机通过 DHCP 服务器取得 IP 地址后，DHCP 服务器将自动抄录一份数据给 DNS 服务器。
- 支持组播域。可使用 D 类地址，通过组播以降低对信道带宽的要求。
- 如果运行了活动目录，则可决定是否允许 DHCP 服务器提供服务，这样可避免未经授权的 DHCP 服务器为客户机提供 IP 地址。

与 Windows 2000 Server 相比，Windows Server 2003 增加了下列两项新功能：

- DHCP 客户端备用配置。在安装 Windows Server 2003 操作系统的计算机上启用“自动获得 IP 地址”后，用户还可以进一步设置备用 IP 环境参数，在请求 DHCP 服务失败后，系统将自动使用这些参数对计算机进行配置。可选的备用配置包括“自动专用 IP 地址”和“用户配置”两种，如果选用后者，则应根据实际情况提供备用的静态 IP 环境参数，这样当计算机由动态 IP 网络移入对应的静态 IP 网络时，无需再重新配置 IP 环境参数。
- DHCP 数据备份和恢复。可使用 DHCP 控制台中的“备份”和“还原”命令来备份和还原 DHCP 数据。

7.2.2 DHCP 服务器的安装

在安装 DHCP 服务器时，应确保 DHCP 服务器具有固定的 IP 地址。

（1）依次选择“开始”→“控制面板”→“添加或删除程序”，打开“添加或删除程序”对话框。

（2）单击“添加/删除 Windows 组件”，打开“Windows 组件”对话框。

（3）在“Windows 组件”列表中，选中“网络服务”，单击“详细信息”按钮，如图 7-3 所示，打开“网络服务”对话框。

（4）在“网络服务”对话框的“网络服务的子组件”列表中，选中“动态主机配置协议（DHCP)”，如图 7-4 所示，单击“确定”按钮。

（5）根据屏幕提示，指定 Windows Server 2003 安装文件的位置，并单击“继续”按钮，将所需的文件复制到硬盘上。安装完成后，即可使用 DHCP 服务。

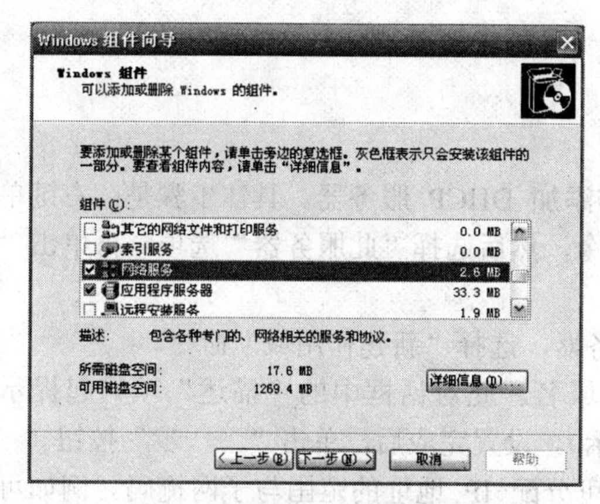

图 7-3　Windows 组件向导

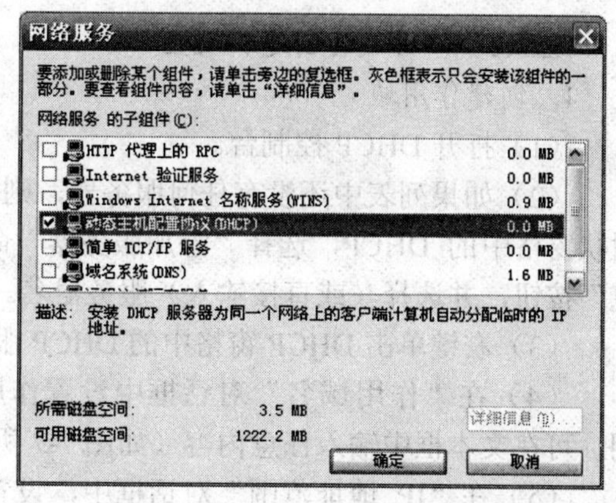

图 7-4　选中“动态主机配置协议”

7.2.3　DHCP 服务器的设置

7.2.3.1　DHCP 控制台与服务器级的基本设置

依次选择“开始”→“管理工具”→DHCP 命令，即可进入 DHCP 管理控制台。

图 7-5 是一个典型的 DHCP 控制台，观察该控制台的结构，可知 DHCP 服务器的管理层次为 DHCP→“DHCP 服务器”→“超级作用域”→“作用域”→“所管理的 IP 地址”。

在 DHCP 控制台中，可以添加网络中其他 Windows Server 2003 DHCP 服务器；可以方便地停止或启用 DHCP 服务。

在 DHCP 服务器的层次上，一个比较重要的设置是地址冲突检测次数。如果启用了地址冲突检测功能，则 DHCP 服务器在为客户机提供地址之前，将用 Ping 程序来测试可用作用域的 IP 地址，并自动检测作用域中的地址是否已经被用于网络，如果 Ping 探测到某地址已经被占用，则不会将该地址提供给客户机。

设置地址冲突检测次数的步骤是，选择 DHCP 服务器，单击右键，在弹出的快捷菜单中选择“属性”命令，打开“属性”对话框，选择“高级”选项卡，在“冲突检测次数”中输入大于 0 的数字，完成后单击“确定”按钮。需要说明的是，进行冲突检测会影响服务器的响应速度，因此当需要进行冲突检测时，一般将该数字设置为 1（如图 7-6 所示）。

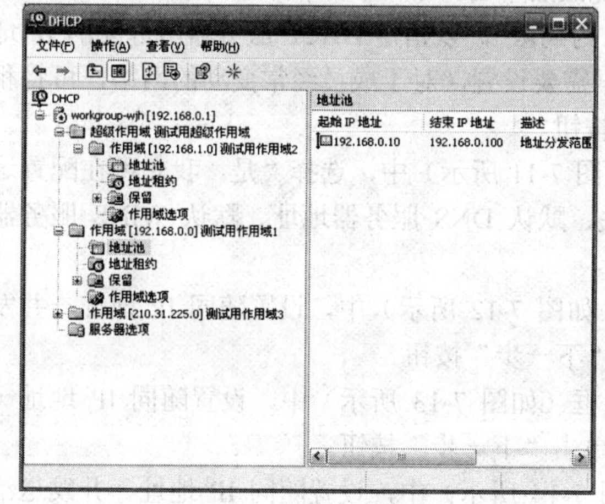

图 7-5　DHCP 控制台

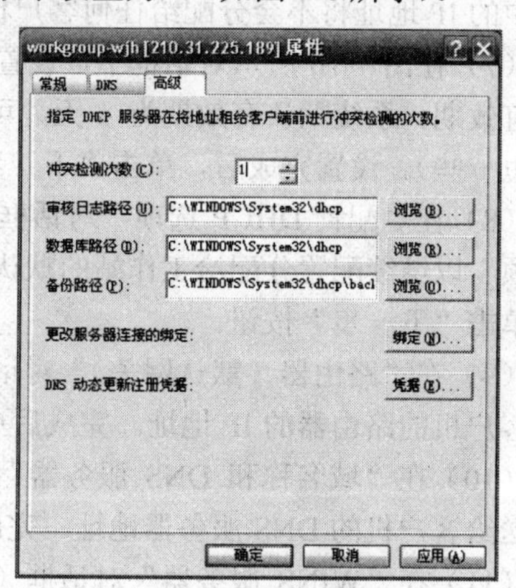

图 7-6　设置“冲突检测次数”

7.2.3.2 作用域的创建和设置

1. 创建作用域

（1）打开 DHCP 控制台。

（2）如果列表中还没有任何服务器，则需添加 DHCP 服务器。具体步骤是：右键单击树状窗格中的 DHCP，选择“添加服务器”命令，然后选择“此服务器”选项，再单击“浏览”按钮，并选择（或直接输入）服务器名。

（3）右键单击 DHCP 窗格中的 DHCP 服务器，选择“新建作用域”命令。

（4）在“作用域名”对话框中设置作用域名。此对话框中的“描述”项只起提示作用，可在文本框中输入任意内容（如图 7-7 所示）。设置完成后，单击“下一步”按钮。

（5）在“IP 地址范围”对话框中，设置可分配 IP 地址的范围与子网掩码。例如可在“起始 IP 地址”文本框内填写“192.168.0.10”，“结束 IP 地址”文本框内填写“192.168.0.100”；将网络 ID 长度设为 24 或在“子网掩码”文本框内填写“255.255.255.0”（如图 7-8 所示）。设置完成后，单击“下一步”按钮。

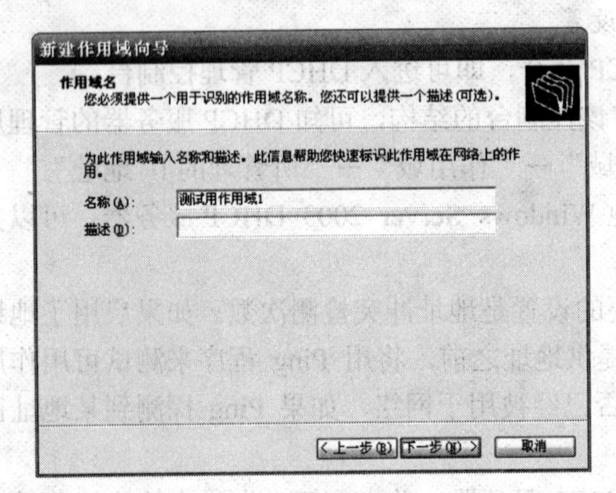

图 7-7 “作用域名”对话框

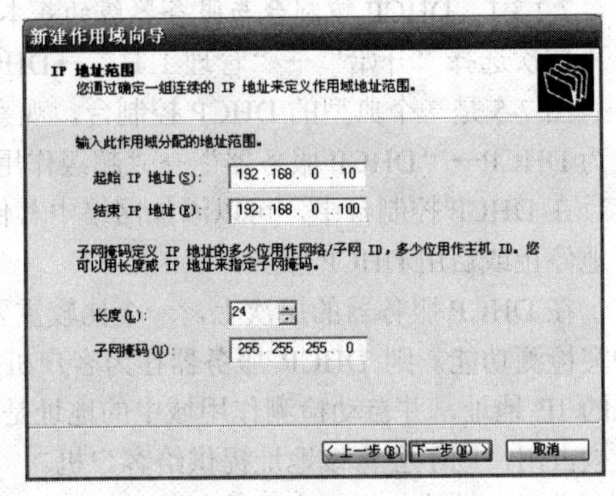

图 7-8 “IP 地址范围”对话框

（6）如果有必要，可在图 7-9 所示对话框中输入欲保留的 IP 地址或 IP 地址范围（若需排除单个 IP 地址，则只需在“起始 IP 地址”中输入地址），被添加到“排除的地址范围”列表中的 IP 地址将不会分配给任何客户机。完成后单击“下一步”按钮。

（7）在图 7-10 所示对话框中，设置“租约期限”，以指定 DHCP 服务器所分配的 IP 地址的有效期。系统默认有效期为 8 天，可根据需要设置（对于成员经常变动的网络，可将租期设短一些）。设置完成后，单击“下一步”按钮。

（8）在“配置 DHCP 选项”对话框（如图 7-11 所示）中，选择“是，我想现在配置这些选项”以继续配置分配给工作站的默认网关、默认 DNS 服务器地址、默认 WINS 服务器等。单击“下一步”按钮。

（9）在“路由器（默认网关）”对话框（如图 7-12 所示）中，设置随同 IP 地址一并发送给客户机的路由器的 IP 地址。完成后单击“下一步”按钮。

（10）在“域名称和 DNS 服务器”对话框（如图 7-13 所示）中，设置随同 IP 地址一并发送给客户机的 DNS 服务器地址。完成后单击“下一步”按钮。

（11）在“WINS 服务器”对话框（如图 7-14 所示）中，设置随同 IP 地址一并发送给客户机的 WINS 服务器地址。完成后单击“下一步”按钮。

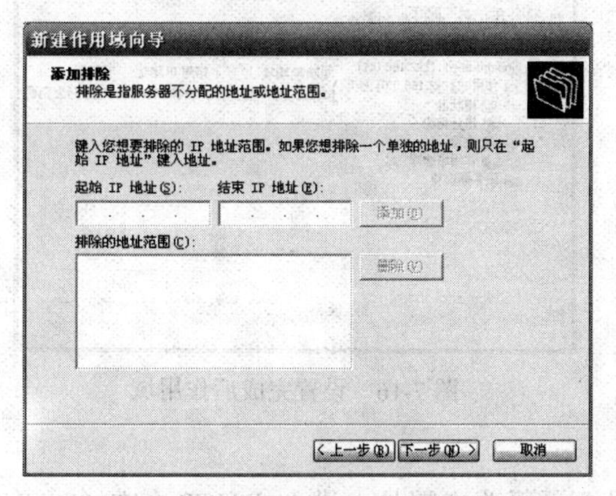

图 7-9 “添加排除”对话框

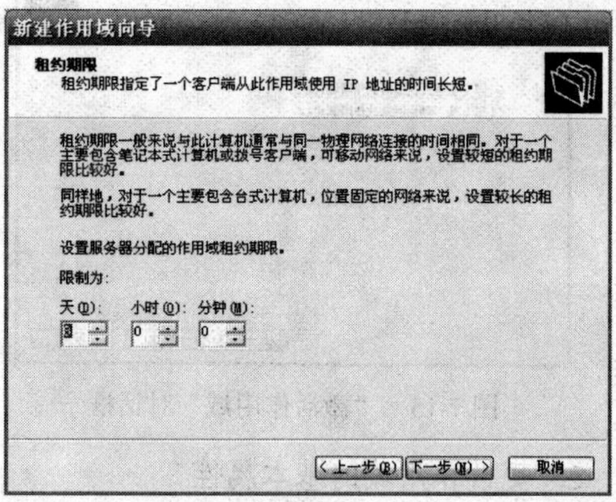

新建作用域向导

租约期限

租约期限指定了一个客户端从此作用域使用 IP 地址的时间长短。

租约期限一般来说与此计算机通常与同一物理网络连接的时间相同。对于一个主要包含笔记本式计算机或拨号客户端，可移动网络来说，设置较短的租约期限比较好。

同样地，对于一个主要包含台式计算机，位置固定的网络来说，设置较长的租约期限比较好。

设置服务器分配的作用域租约期限。

限制为:

天(D): 8 小时(O): 0 分钟(M): 0

<上一步(B) 下一步(N)> 取消

图 7-10 “租约期限”对话框

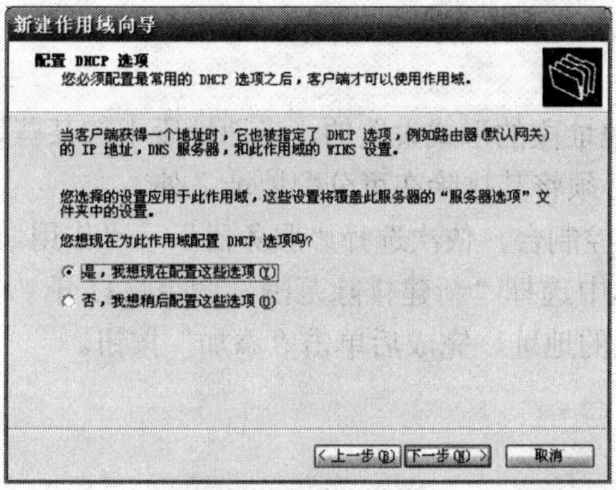

新建作用域向导

配置 DHCP 选项

您必须配置最常用的 DHCP 选项之后，客户端才可以使用作用域。

当客户端获得一个地址时，它也被指定了 DHCP 选项，例如路由器(默认网关)的 IP 地址，DNS 服务器，和此作用域的 WINS 设置。

您选择的设置应用于此作用域，这些设置将覆盖此服务器的“服务器选项”文件夹中的设置。

您想现在为此作用域配置 DHCP 选项吗?

是，我想现在配置这些选项(Y)

否，我想稍后配置这些选项(O)

<上一步(B) 下一步(N)> 取消

图 7-11 “配置 DHCP 选项”对话框

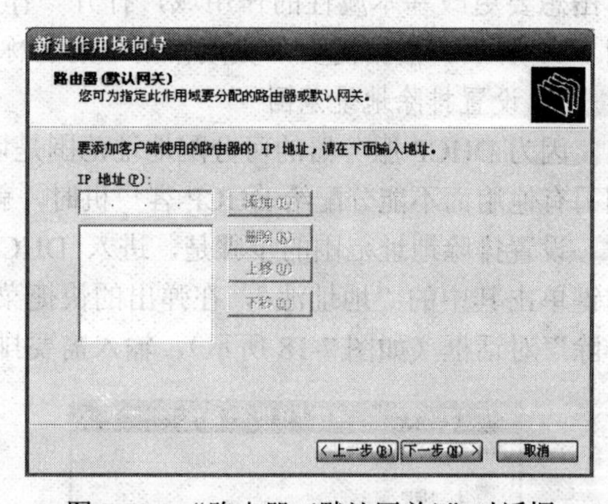

图 7-12 “路由器（默认网关）”对话框

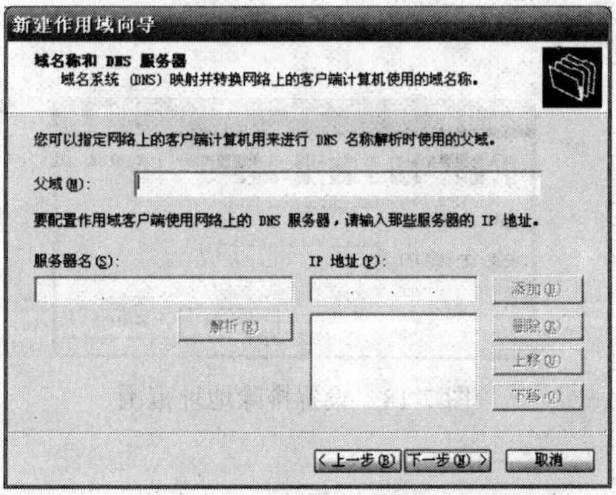

新建作用域向导

域名称和 DNS 服务器

域名系统 (DNS) 映射并转换网络上的客户端计算机使用的域名称。

您可以指定网络上的客户端计算机用来进行 DNS 名称解析时使用的父域。

父域(M):

要配置作用域客户端使用网络上的 DNS 服务器，请输入那些服务器的 IP 地址。

服务器名(S): IP 地址(P):

解析(E) 添加(D) 删除(R) 上移(U) 下移(O)

<上一步(B) 下一步(N)> 取消

图 7-13 “域名称和 DNS 服务器”对话框

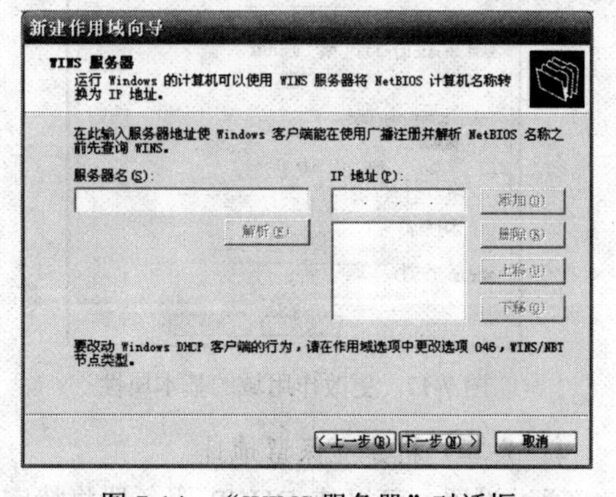

图 7-14 “WINS 服务器”对话框

（12）在“激活作用域”对话框（如图 7-15 所示）中，选择是否激活已经创建的作用域，如果选择“是，我想现在激活此作用域”，则该作用域可立即开始提供 DHCP 服务。完成后单击“下一步”按钮。在随后打开的对话框中单击“完成”按钮。

设置完成后作用域如图 7-16 所示。

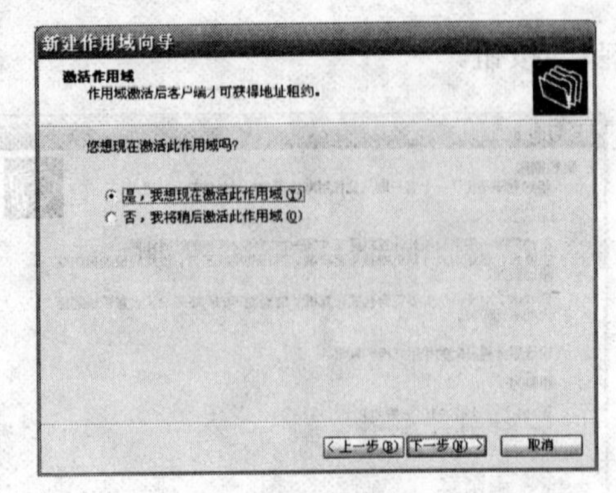

图 7-15 “激活作用域”对话框

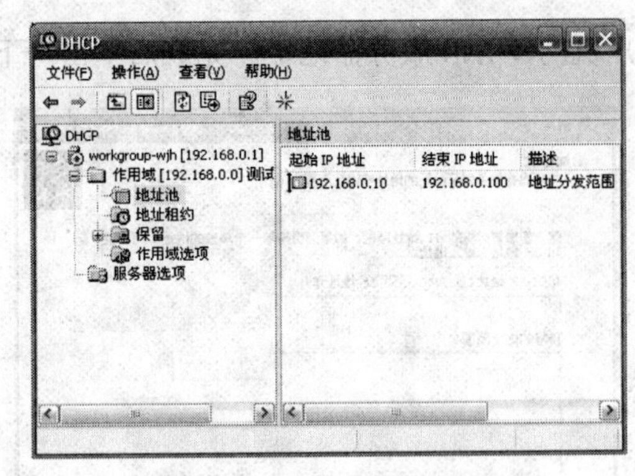

图 7-16 设置完成后作用域

2. 更改作用域的基本属性

对已存在的作用域，可随时更改其基本属性。更改步骤是，进入 DHCP 控制台，右键单击想要更改基本属性的作用域，打开“作用域属性”对话框，选择“常规”选项卡，如图 7-17 所示。根据需要，更改作用域的名称、IP 地址范围、租期等。

3. 设置排除地址范围

因为 DHCP 服务器的可分配地址范围是以地址段的形式设置的，当地址段中的某些地址因另有他用而不能分配给 DHCP 客户机时，就必须将其排除在可分配地址之外。

设置排除地址范围的步骤是，进入 DHCP 控制台，依次选择“服务器”→“作用域”，右键单击其中的“地址池”，在弹出的快捷菜单中选择“新建排除范围”命令，打开“添加排除”对话框（如图 7-18 所示），输入需要排除的地址，完成后单击“添加”按钮。

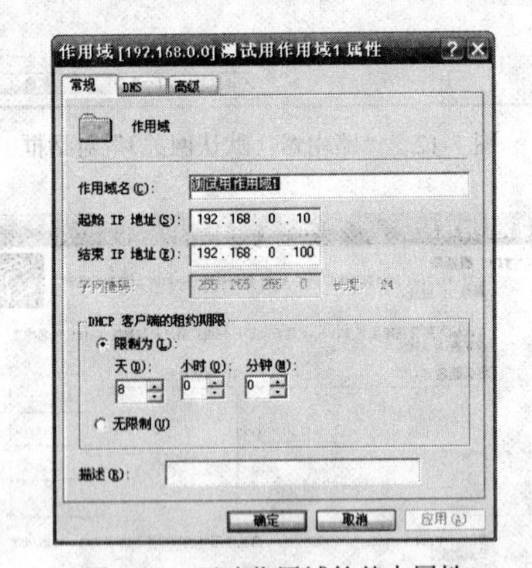

图 7-17 更改作用域的基本属性

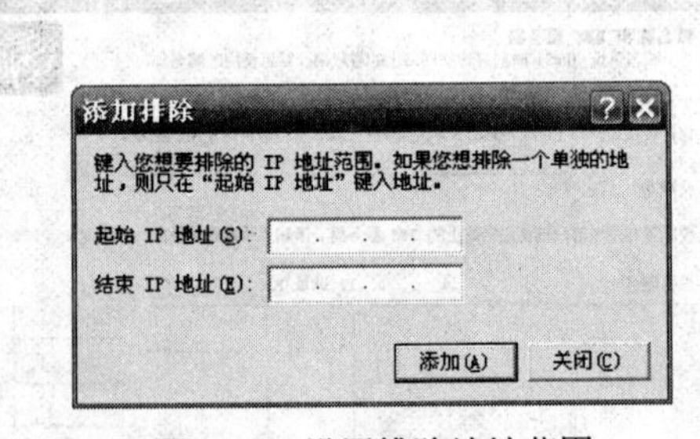

图 7-18 设置排除地址范围

4. 为客户机建立保留地址

通过设置，可以使 DHCP 服务器将特定的 IP 地址分配给特定的主机，供其专用。在一般情况下，只为某些特殊的 DHCP 客户机（如打印服务器等）建立保留地址。

为客户机建立保留地址的步骤是，进入 DHCP 控制台，依次选择“服务器”→“作用域”，右键单击其中的“保留”，在弹出的快捷菜单中选择“新建保留”，打开“新建保留”对话框（如图 7-19 所示），输入需要保留的 IP 地址、DHCP 客户机网卡的 MAC 地址等信息，完成后单击“添加”按钮。

需要指出的是，当 DHCP 客户机可访问多个 DHCP 服务器时，应确保在每一台服务器上进行同样的设置。否则，客户机可能获得与保留地址不同的 IP 地址。

5. 租约管理

进入 DHCP 控制台，依次选择“服务器”→“作用域”→“地址租约”，可以查看当前地址租约（如图 7-20 所示）。可以通过删除租约来强制终止租约，删除租约与租约过期的后果相同（下次启动时，客户机将从 DHCP 服务器获得新的 IP 环境参数）。

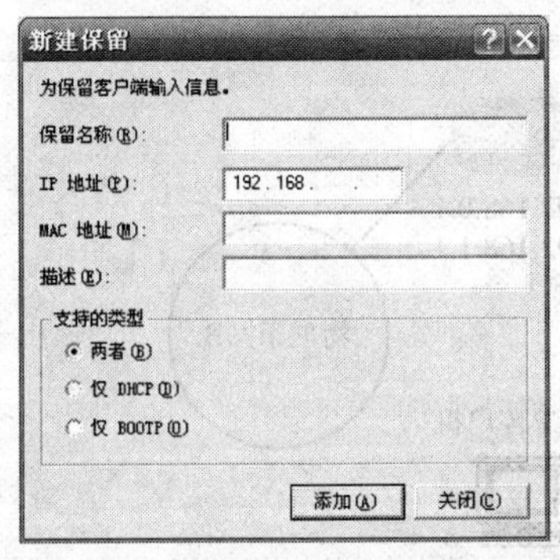

图 7-19　更改作用域的基本属性

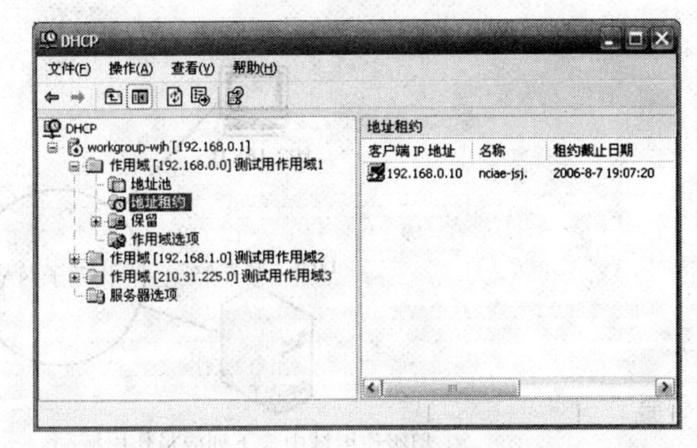

图 7-20　当前地址租约

在删除客户机租约前，应在客户机上运行 ipconfig/release 命令以强制其释放 IP 地址。否则，就有可能由于被删除地址分配给新的活动客户而导致网络中出现重复的 IP 地址。

6. 启用 BOOTP 客户机支持

BOOTP（自举协议）是在 DHCP 出现前用于主机配置的协议，用于引导无盘工作站。Windows Server 2003 DHCP 服务器能够同时响应 DHCP 和 BOOTP 请求。但由于 BOOTP 客户机的初始化过程与 DHCP 客户机不同，要使服务器能正确响应 BOOTP 请求，应显式启用 BOOTP 客户机支持功能。

启用 BOOTP 客户机支持功能的步骤是，进入 DHCP 控制台，右键单击要更改基本属性的作用域，打开“作用域属性”对话框，选择“高级”选项卡，如图 7-21 所示。根据需要，在“动态为以下客户端分配 IP 地址”中选择“仅 BOOTP”或“两者”。若有需要，还可在“BOOTP 客户端的租约期限”中更改租期。

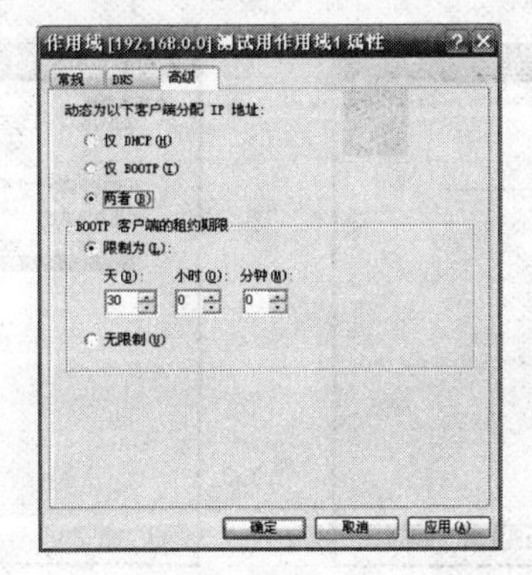

图 7-21　启用 BOOTP

7.2.3.3 超级作用域及其创建

在同一 DHCP 服务器中，可以为不同的 IP 子网分别创建作用域。但是，在默认情况下，只有 IP 地址与 DHCP 服务器 IP 地址属于同一 IP 子网的作用域才会发挥作用，其他作用域形同虚设，不会为 DHCP 客户机提供 IP 地址。为了解决这个问题，可建立超级作用域。

超级作用域可将对应于不同 IP 子网的作用域组合起来，并使其都能为 DHCP 客户机提供 IP 地址。图 7-22 示意了超级作用域的作用。

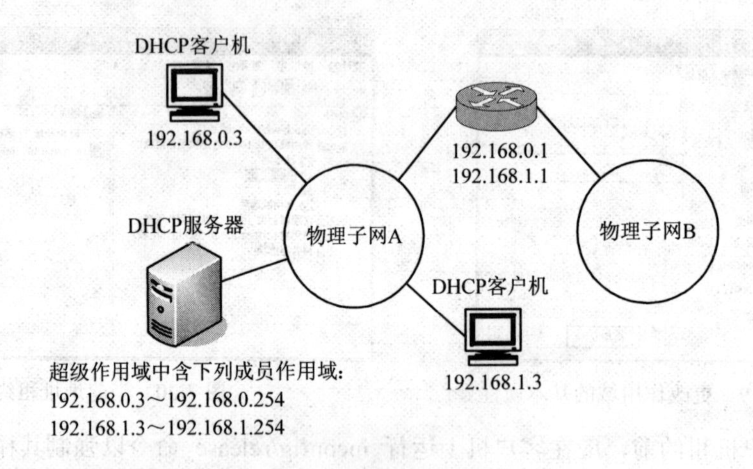

图 7-22 超级作用域的作用

建立超级作用域的步骤如下：

（1）进入 DHCP 控制台，右键单击要创建超级作用域的服务器，在弹出的快捷菜单中选择“新建超级作用域”，打开“欢迎使用新建超级作用域向导”。

（2）单击“下一步”按钮，打开“超级作用域名”对话框，输入超级作用域名称，如图 7-23 所示。

（3）单击“下一步”按钮，打开“选择作用域”对话框，选择要加入超级作用域的作用域，如图 7-24 所示。

（4）单击“下一步”按钮，打开“正在完成新建超级作用域向导”对话框，查看超级作用域中的成员，确认无误后，单击“完成”按钮。

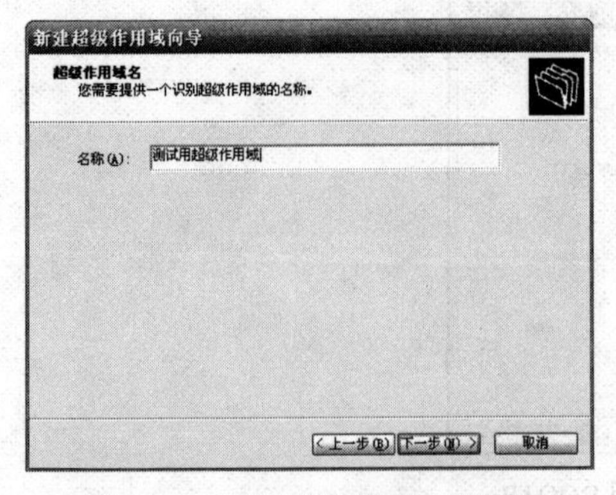

图 7-23 “超级作用域名”对话框

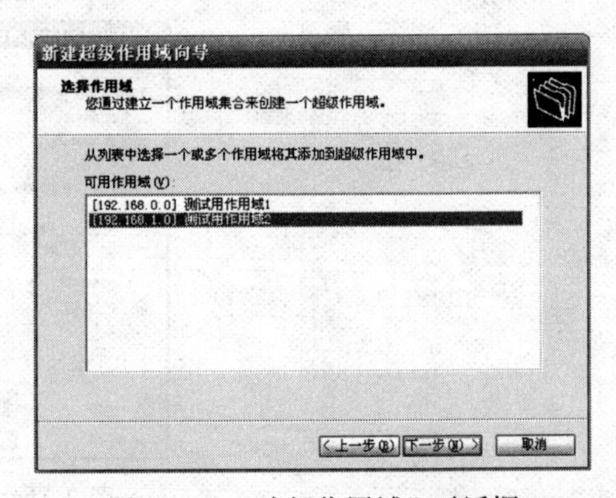

图 7-24 “选择作用域”对话框

7.2.3.4 多播作用域及其创建

多播地址范围为 224.0.0.1～239.255.255.255，这些地址只能用于多播。

多播作用域是基于 MADCAP（Multicast Address Dynamic Client Allocation Protocal，多播地址动态客户分配协议）工作的。

建立多播作用域的步骤如下：

（1）进入 DHCP 控制台，右键单击要创建多播作用域的服务器，在弹出的快捷菜单中选择“新建多播作用域”，打开“欢迎使用新建多播作用域向导”。

（2）单击“下一步”按钮，打开“多播作用域名称”对话框，输入多播作用域名称。

（3）单击“下一步”按钮，打开“IP 地址范围”对话框，输入多播作用域的地址范围，并设定多播通信的生存时间（TTL），如图 7-25 所示。

（4）单击“下一步”按钮，按屏幕提示操作即可。

7.2.4 DHCP 客户端的设置

任何运行 Windows 的计算机都可作为 DHCP 客户机运行。与 DHCP 服务器的配置相比，DHCP 客户端的配置是十分简单的，只需启用 DHCP 即可。

以 Windows XP Professional 为例，只要打开“Internet 协议（TCP/IP 属性）”对话框，选择“自动获得 IP 地址”即可，如果需要同时获得 DNS 服务器的 IP 地址，则可同时选择“自动获得 DNS 服务器地址”，如图 7-26 所示。

顺便指出，在 DHCP 客户端，可以通过运行 ipconfig 命令，查看与 IP 环境参数有关的信息，或者进行与 IP 地址有关的操作（例如更新、释放 IP 地址等）。该命令的格式、功能可参看联机帮助信息，在此不再赘述。

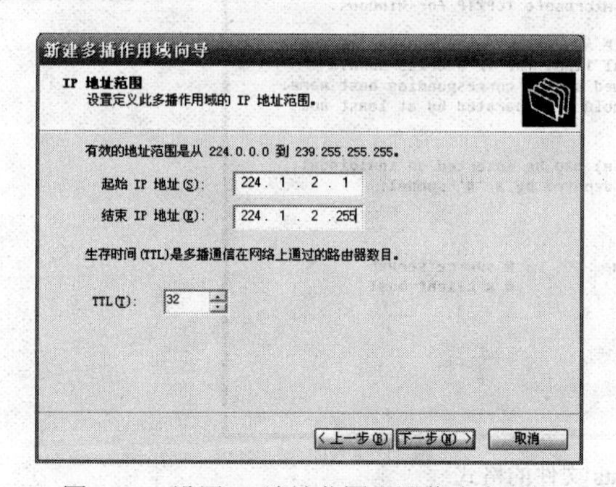

图 7-25 设置 IP 地址范围和通信生存时间

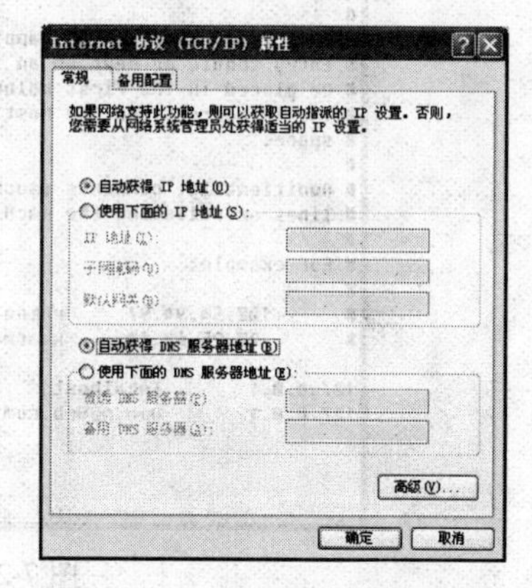

图 7-26 DHCP 客户端的设置

7.3 DNS 服务

7.3.1 域名系统概述

与 Internet 上的某台主机通信时，使用点分十进制形式的 IP 地址比使用二进制形式要简单一些，但是，当需要与多台主机进行通信时，由于数字地址不能形象、直观地描述其所代表的主机，对用户而言，记忆这些枯燥的数字是一个沉重的负担。如果能用有意义的名称为主机命名，则有助于记忆和识别。于是，“名称—IP 地址”的转换机制应运而生。

例如：Internet 或 Intranet 上的某一主机，其 IP 地址为 192.168.0.1，可将其命名为“www.myweb.com”。借助“名称—IP 地址”转换机制，用户只要输入主机名称，计算机会迅速将其转换成机器能识别的二进制 IP 地址。

在 ARPANET 时代，整个网络仅有数百台计算机，当时使用了一个叫 Hosts 的文件，其中记录了所有的主机名字与 IP 地址的对应关系。Hosts 文件是一个纯文本文件（如图 7-27 所示），可用文本编辑器处理。

只要在 Hosts 文件中建立了 IP 地址与主机名的对应关系，则与该主机通信时，可直接使用该主机的名称。

从图 7-27 中可以看到，localhost 和www.myweb.com所对应的 IP 地址都是 127.0.0.1，所以在浏览器的地址栏输入 localhost、www.myweb.com和 127.0.0.1 是等价的。但有一点要说明的是，不同的操作系统用于存放 Hosts 文件的目录是不同的。例如：在 Windows Server 2003、Windows 2000 Server、Windows NT 中 Hosts 文件存放的目录为%System%\System32\Drivers\Etc（%System%表示操作系统的安装目录）；而在 Windows 98 中，文件名为 Hosts.sam，存放的目录是“C:\Windows”，不过要使该功能生效还必须将 Hosts.sam 改名成 Hosts。

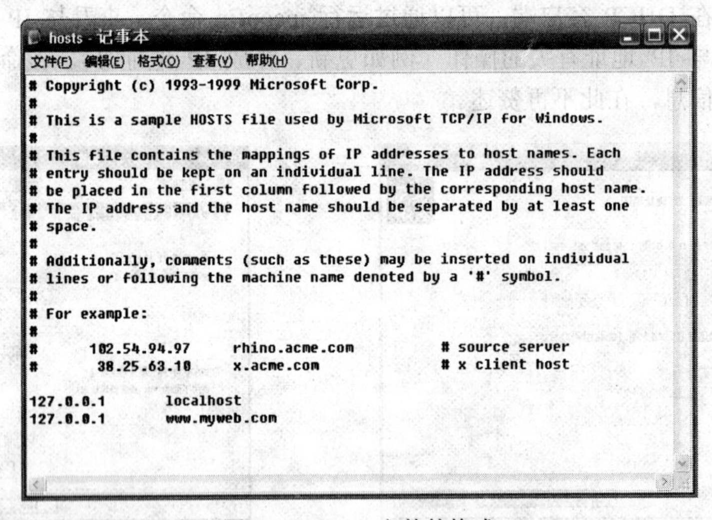


```
# Copyright (c) 1993-1999 Microsoft Corp.
#
# This is a sample HOSTS file used by Microsoft TCP/IP for Windows.
#
# This file contains the mappings of IP addresses to host names. Each
# entry should be kept on an individual line. The IP address should
# be placed in the first column followed by the corresponding host name.
# The IP address and the host name should be separated by at least one
# space.
#
# Additionally, comments (such as these) may be inserted on individual
# lines or following the machine name denoted by a '#' symbol.
#
# For example:
#
#      102.54.94.97     rhino.acme.com          # source server
#       38.25.63.10     x.acme.com              # x client host

127.0.0.1       localhost
127.0.0.1       www.myweb.com
```

图 7-27　Hosts 文件的格式

Hosts 文件方式只适用于小型网络。因为，在大型网络中使用 Hosts 文件时，必须将所有主机的 IP 地址及其对应的主机名都输入到 Hosts 文件中，并且还要求每一台上网的主机都拥有这样一个 Hosts 文件，这无疑是十分麻烦的。另外，更为棘手的是文件更新问题，当主机与 IP 地址的对应关系发生变化时，每台主机的 Hosts 文件也都必须随之更改，才能保持对应关系的一致性。

为解决上述问题，另一种解决方案——DNS（Domain Name System，域名系统）被设计出来并得到了广泛的应用。

DNS 是一种基于分布式数据库、采用客户/服务器模式完成主机名称与 IP 地址之间的转换的系统，通过建立 DNS 数据库，记录主机名称与 IP 地址的对应关系。DNS 驻留在服务器端（通常，DNS 服务器在专设的结点上运行，运行 DNS 服务器程序的计算机称为域名服务器），为客户端的主机提供 IP 地址解析服务，如图 7-28 所示。

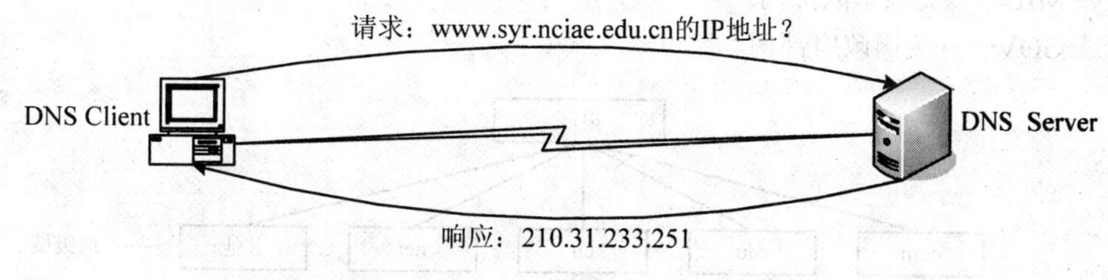

图 7-28　DNS 服务器工作机制示意图

DNS 用于 Internet 或 Intranet，借助 DNS，可用域名定位计算机和服务。

所以，在 Intranet 中，如果需要使用域名，则应安装一个 DNS 服务器，并在此服务器中存储域名和 IP 地址的对应关系（即映射表）。这通常需要建立一种 A 记录，A 是 Address 的简写，意为“主机记录”或“主机地址记录”，是所有 DNS 记录中最常见的一种。

域名系统由下列 4 部分组成。

- DNS 域名称空间。指定用于组织名称的层次结构。
- 资源记录。将名称映射到特定类型的资源（如 IP 地址等），以供注册或解析名称之用。
- DNS 服务器。存储资源记录和响应名称查询请求。
- DNS 客户机。向 DNS 服务器提交查询请求，并接收查询结果。

7.3.2　DNS 域名的结构

众所周知，全球邮政系统和电信系统都是借助层次化结构来定位目标的。例如，一个电话号码是 086-0316-2083150，在这个电话号码中包含了若干层次：086 表示中国，区号 0316 表示一个城市，2083150 则表示该市某一个电话分局的某一个电话号码。

DNS 域名也具有类似的结构，例如一个形如“www.nciae.edu.cn”的域名，从左到右依次代表主机名称、单位名称、教育系统、中国。需要特别指出的是，域名只是逻辑上的概念，不一定反映计算机所在的物理位置。

Internet 的 DNS 域名结构如同一棵倒挂的树，它的根位于最顶部，在根的下面是一些主域，每个主域又被进一步划分为不同的子域。由于 InterNIC 负责在世界范围内分配 IP 地址，顺理成章，它也就管理着整个域结构，整个 Internet 的域名服务都是用 DNS 来实现的。

图 7-29 是 Internet 的 DNS 域名结构示意图。最高层次是顶级域（又名主域），其下面是子域，子域下面可以是主机，也可以再分子域，直到最后是主机。通过域名（如 www.microsoft.com）即可在整个 Internet 中定位特定的主机。

顶级域名常见的有两类：

（1）国家级顶级域名。例如：CN 表示中国，UK 表示英国，AU 表示澳大利亚。

（2）通用的顶级域名。例如：

- COM——商业机构。
- EDU——美国教育机构。
- NET——网络管理机构。
- ORG——社会团体。
- MIL——美国军队部门。
- GOV——美国政府部门。

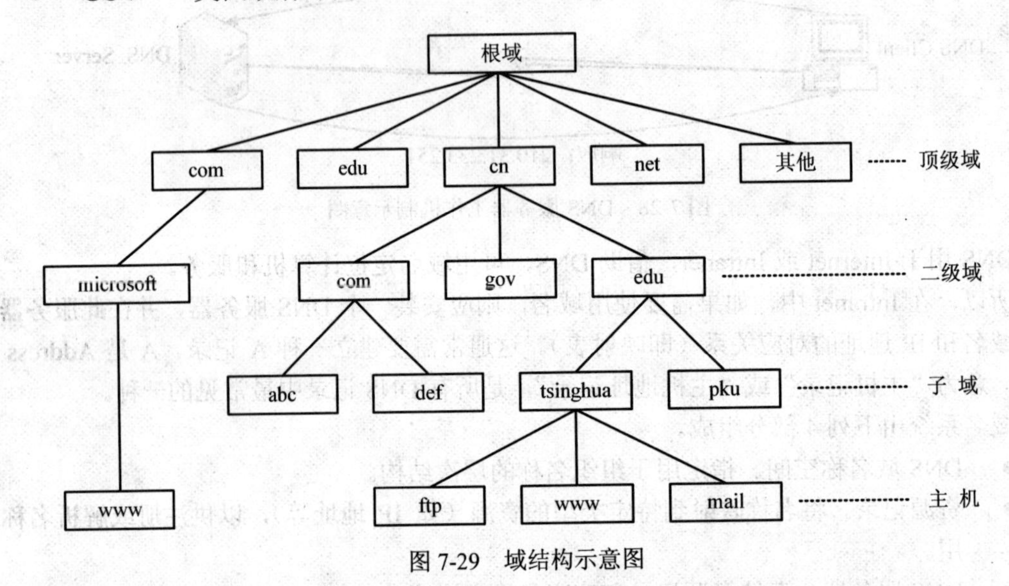

图 7-29 域结构示意图

由于 Internet 上用户急剧增加，现在又增加了七个通用的顶级域名，即：

- FIRM——表示公司企业。
- SHOP——表示销售公司和企业。
- WEB——表示突出万维网活动的单位。
- ARTS——表示突出文化、娱乐活动的单位。
- REC——表示突出消遣、娱乐活动的单位。
- INFO——表示提供信息服务的单位。
- NOW——表示个人。

在国家顶级域名下注册的二级域名均由该国家自行确定。中国将二级域名划分为“类别域名”和“行政区域名”两大类。其中，类别域名 7 个，分别是：

- AC——表示科研机构。
- COM——表示工、商、金融等企业。
- EDU——表示教育机构。
- GOV——表示政府部门。
- NET——表示互联网络、接入网络的信息中心和运行中心。
- ORG——表示各种非赢利性组织。
- MIL——表示国防机构。

行政区域名共 34 个，适用于我国的省、自治区、直辖市和特别行政区。例如：bj 为北京市，sh 为上海市。

一般而言，在 Internet 中，每个网络都有自己的域名。这个域名是通过向 InterNIC 申请获得的。拥有合法域名后，即可用于网络内特定的主机或服务。对于主机名或别名，则可以自行确定。

当然，如果只是建立 Intranet，并不与 Internet 相连，就不必申请域名，可以按照自己的需要自由构造域名体系。

7.3.3 DNS 名称解析过程和形式

DNS 是基于 C/S 模式的系统。DNS 服务器负责数据的维护和管理，并将查询结果提交 DNS 客户机。具体的名称解析过程如下：

（1）客户机将名称解析请求提交 DNS 服务器。

（2）DNS 服务器收到解析请求后，在本地相关数据库中进行检索，如果检索成功，则返回相应的 IP 地址。

（3）如果在本地数据库中检索失败，就在 DNS 服务器的本地缓存中查找。

（4）如果在 DNS 服务器的本地缓存中检索失败，就向为该服务器设定的其他 DNS 服务器提交查询请求。

无论 DNS 客户机向 DNS 服务器查询，还是 DNS 服务器向其他 DNS 服务器查询，其查询方式有下面 3 种。

- 递归查询。不论解析是否成功，DNS 服务器都将结果提交给 DNS 客户机。DNS 服务器永远不会将其他 DNS 服务器的地址发送给 DNS 客户机（在必要的情况下，DNS 服务器将自行向其他 DNS 服务器提交查询请求，如图 7-30 所示）。当然，如果在客户端进行过适当的设置，DNS 客户机可以自行将解析请求直接提交给其他的 DNS 服务器。DNS 客户机向 DNS 服务器的查询一般为递归查询。

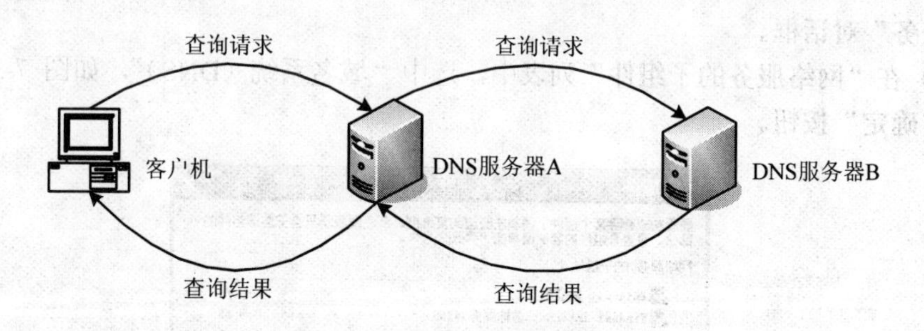

图 7-30 递归查询示意图

- 迭代查询。如果在 DNS 服务器本地进行的查询失败，则将另一 DNS 服务器的地址返回给客户机，然后 DNS 将查询请求提交给这一新的 DNS 服务器，如图 7-31 所示。DNS 服务器向另一 DNS 服务器的查询一般为迭代查询。
- 反向查询。上述两种查询执行的操作都是查询与域名对应的 IP 地址，就查询方向而言，属于正向查询。而反向查询执行的操作则是查询与 IP 地址对应的域名，如图 7-32 所示。

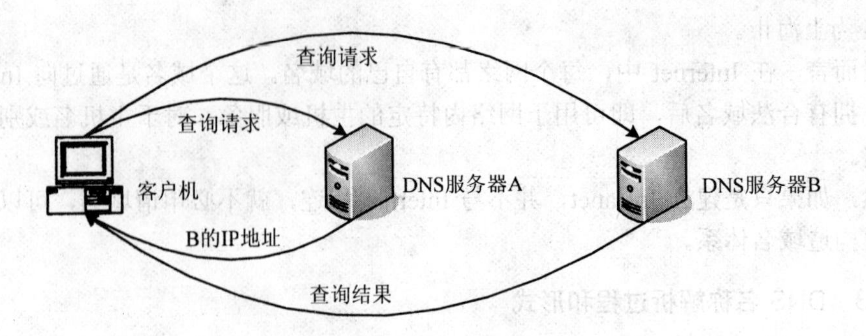

图 7-31　迭代查询示意图

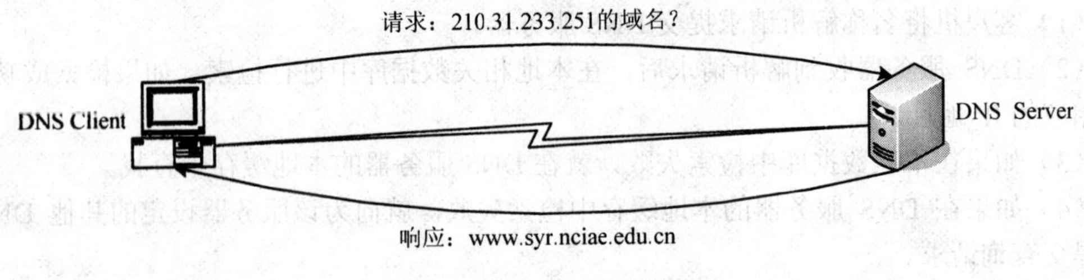

图 7-32　反向查询示意图

7.3.4 DNS 服务器的安装

（1）依次选择“开始”→“控制面板”→“添加或删除程序”，打开“添加或删除程序”对话框。

（2）单击“添加/删除 Windows 组件”，打开“Windows 组件”对话框。

（3）在“Windows 组件”列表中，选中“网络服务”，单击“详细信息”按钮，打开“网络服务”对话框。

（4）在“网络服务的子组件”列表中，选中“域名系统（DNS）”，如图 7-33 所示，然后单击“确定”按钮。

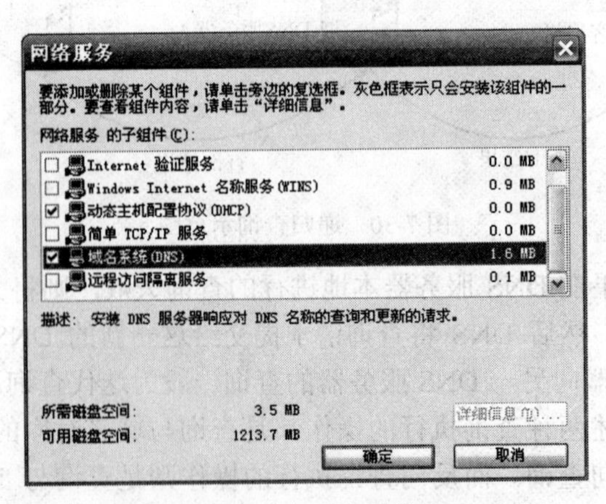

图 7-33　选中“域名系统（DNS）”

（5）安装程序开始配置组件。之后，按屏幕提示操作即可。

7.3.5 DNS 服务器的设置

依次选择“开始”→“管理工具”→DNS，打开DNS控制台，如图7-34所示。

由图7-34可见，DNS是典型的树状结构。在DNS控制台中可管理多个DNS服务器，而每一DNS服务器都可以管理多个区域，每个区域都可以管理域或子域，而域或子域又可管理主机，其管理层次基本上是服务器→区域→域→子域→主机。

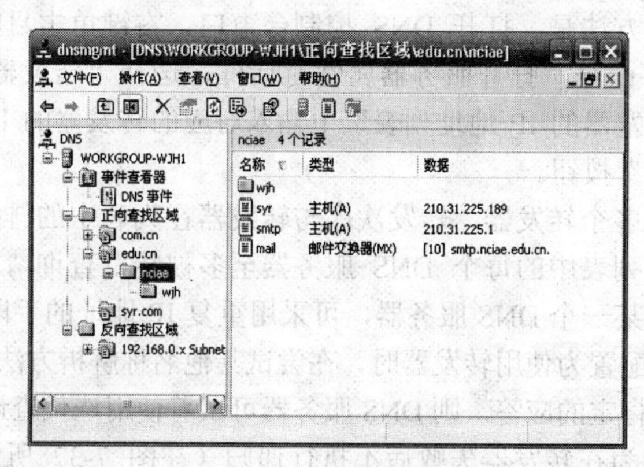

图7-34 DNS控制台

需要指出的是，DNS服务器是以区域而不是域为管理单位的。一个域可以分为许多区域，一个区域也可由多个服务器管理。引进区域的概念主要是为了便于管理，在具体应用中，可以把区域视为域。

7.3.5.1 DNS服务器级管理

1. 添加DNS服务器

安装DNS服务器后，系统会自动将本机添加到DNS控制台的服务器列表中。用户可将网络中其他DNS服务器添加到服务器列表中，具体方法是，打开DNS控制台窗口，右键单击DNS控制台左侧窗格中的根节点DNS，在弹出的快捷菜单中选择“连接到DNS服务器”命令，打开如图7-35所示对话框。选择“下列计算机”，并在文本框中输入需要加入控制台的DNS服务器的计算机名称或IP地址，然后单击“确定”按钮。

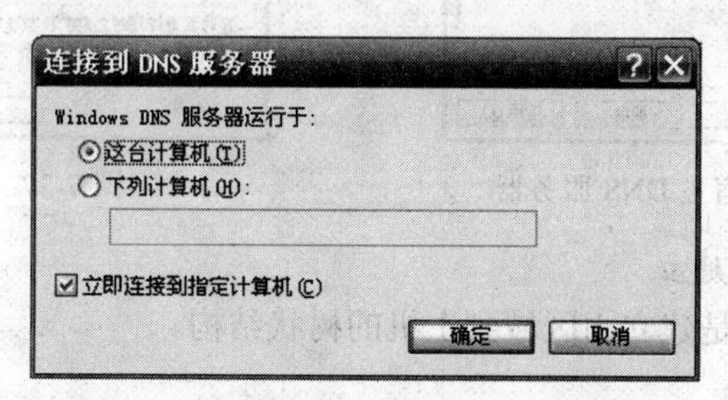

图7-35 “连接到DNS服务器”对话框

2. 配置多宿主DNS服务器

拥有多个IP地址的服务器称为多宿主服务器。在默认情况下，DNS服务器侦听所在计算机的所有IP地址，接受发送到DNS服务端口的域名解析请求。用户可以指定服务器只侦听特定的IP地址。具体方法是，打开DNS控制台窗口，右键单击目的服务器，在弹出的快捷菜单中选择“属性”命令，打开“服务器属性”对话框，选择“接口”选项卡，如图 7-36 所示。选择“只在下列 IP 地址”单选按钮，并在文本框中输入用于侦听 DNS 服务请求的 IP 地址，完成后单击“添加”按钮，将地址加入侦听地址列表，最后单击“确定”按钮。

3. 配置转发器

当 DNS 服务器不能满足客户机的查询要求时，可要求其转发器帮助查询或者将转发器的 IP 地址提交给客户机。

配置转发器的具体方法是，打开 DNS 控制台窗口，右键单击目的服务器，在弹出的快捷菜单中选择“属性”命令，打开服务器属性对话框，选择“转发器”选项卡，如图 7-37 所示。在“所选域的转发器的 IP 地址列表”中输入对应的转发器的 IP 地址，单击“添加”按钮，最后单击“确定”按钮。

一般而言，应指定多个转发器，转发次序与转发器在列表中的排列次序一致。对一次需转发的查询请求而言，列表中的每个 DNS 服务器至多被转发查询请求一次，如果希望将一个查询请求多次转发至某一个 DNS 服务器，可采用重复 IP 地址的手段。

当 DNS 服务器被配置为使用转发器时，在尝试其他名称解析方法之前仅使用转发器。如果转发器列表未能提供肯定的应答，则 DNS 服务器可试着使用迭代查询和递归解析查询。

服务器还可以配置为在转发器失败后不执行递归（在图 7-37 所示对话框中选择“不对这个域使用递归”复选框）。在这种配置情况下，服务器不会尝试进行任何更深入的递归查询以解析名称。如果这个服务器不能从任何一个转发器获得成功的查询响应，则终止查询。

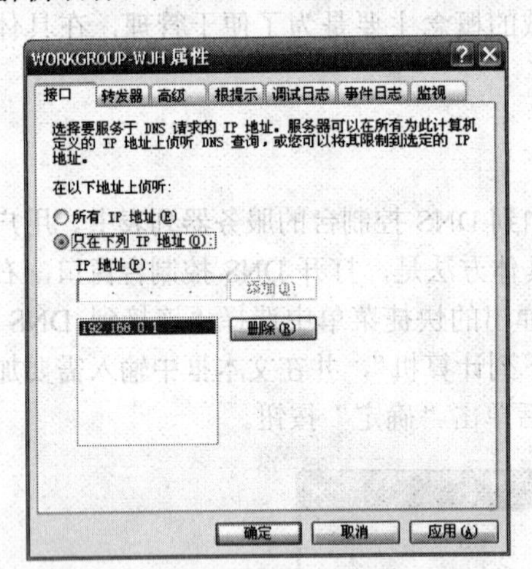

图 7-36 配置多宿主 DNS 服务器

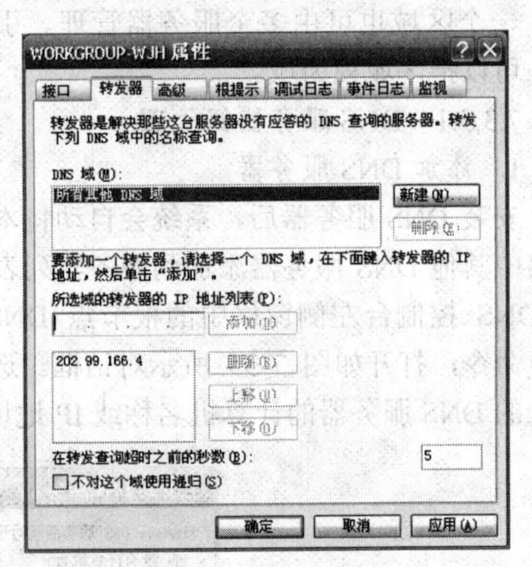

图 7-37 配置转发器

7.3.5.2 资源记录的建立

建立 DNS 资源主要是建立由区域到主机的树状结构。

1. 建立主机

下面将以建立域名“www.wjh.nciae.edu.cn”与 IP 地址“210.31.225.189”的对应关系为例，说明配置 DNS 服务器的主要步骤。

（1）依次选择“开始”→“管理工具”→DNS，打开 DNS 控制台窗口。

（2）依次选择 DNS→服务器名→“正向查找区域”，右键单击“正向查找区域”，选择“新建区域”命令，打开“欢迎使用新建区域向导”对话框，如图 7-38 所示。

（3）单击“下一步”按钮，在打开的“区域类型”对话框中选择“主要区域”，如图7-39所示。

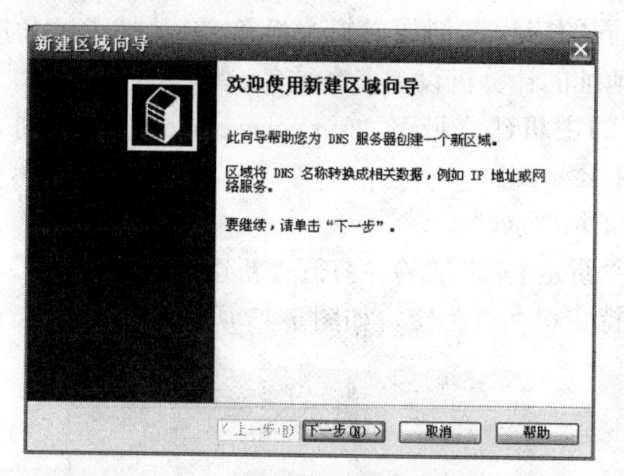

图 7-38　“欢迎使用新建区域向导”对话框

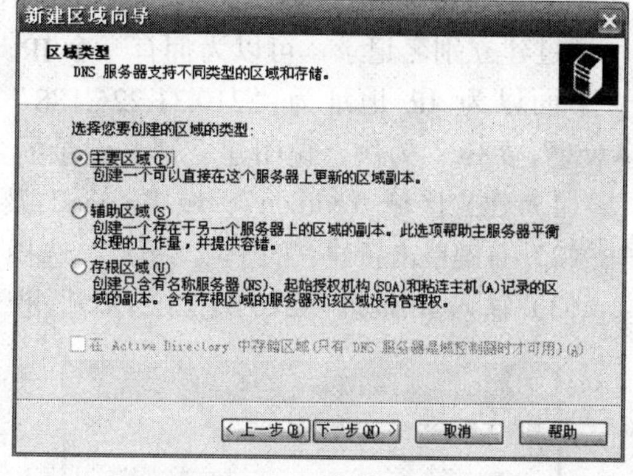

图 7-39　选择区域类型

（4）单击“下一步”按钮，在打开的“区域名称”对话框中输入“edu.cn”，如图 7-40所示。

（5）单击“下一步”按钮，在“区域文件”对话框中选择“创建新文件，文件名为”，使用默认文件名，如图 7-41 所示。

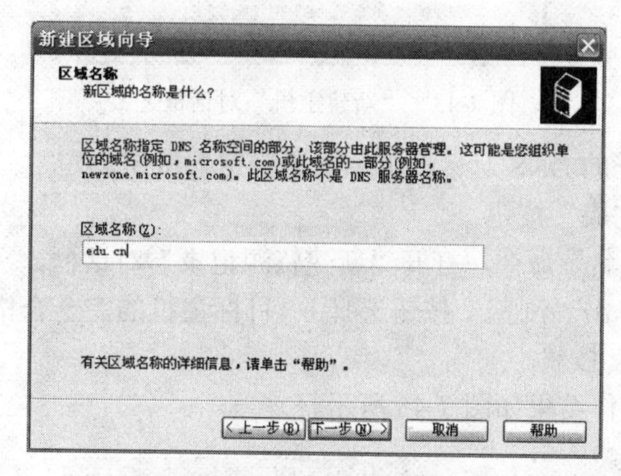

图 7-40　新建区域名称

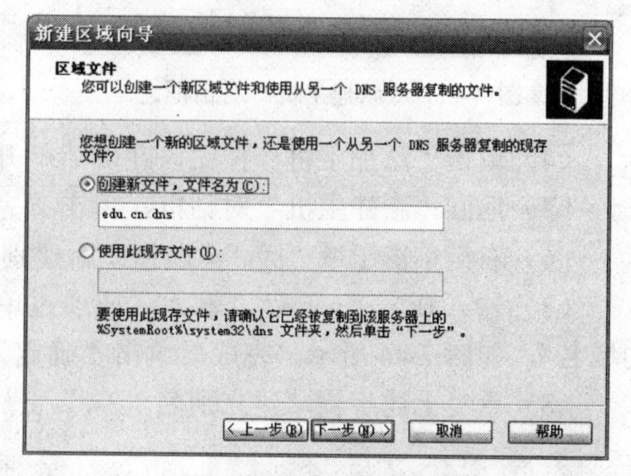

图 7-41　指定区域文件名

（6）单击“下一步”按钮，打开“动态更新”对话框，选择默认的“不允许动态更新”；单击“下一步”按钮，在打开的“正在完成新建区域向导”对话框中单击“完成”按钮。

（7）右键单击新建立的区域“edu.cn”，选择“新建域”命令，在打开的“新建 DNS 域”对话框中输入域名称“nciae”，单击“确定”按钮。

（8）右键单击新建立的域“nciae”，选择“新建域”命令，在打开的“新建 DNS 域”对话框中输入子域名称“wjh”，单击“确定”按钮。

（9）右键单击新建立的子域“wjh”，选择“新建主机”命令，在打开的“新建主机”对话框中输入主机名称“www”和 IP 地址“210.31.225.189”，如图 7-42 所示。

（10）单击“添加主机”按钮，在打开的 DNS 对话框中单击“确定”按钮。

（11）返回“新建主机”对话框，单击“完成”按钮。

2. 建立别名记录

别名记录通常用于标识主机，以用于不同的应用（例如虚拟主机等）。从技术的角度看，通过建立别名记录，可以为拥有一个 IP 地址的计算机设置多个域名。

下面以为 IP 地址为“210.31.225.188”的主机建立域名“syr.nciae.edu.cn”以及别名“www”、“3w”为例，说明建立别名记录的主要步骤。

（1）建立区域“edu.cn”、域“nciae”及子域“syr”。

（2）右键单击新建立的子域“syr”，选择“新建主机”命令，打开“新建主机”对话框。

（3）输入 IP 地址“210.31.225.188”，保持主机名称为空，如图 7-43 所示。

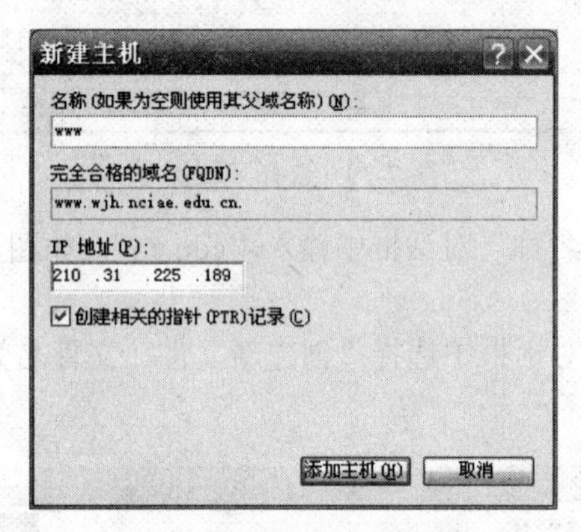

图 7-42 “新建主机”对话框之一

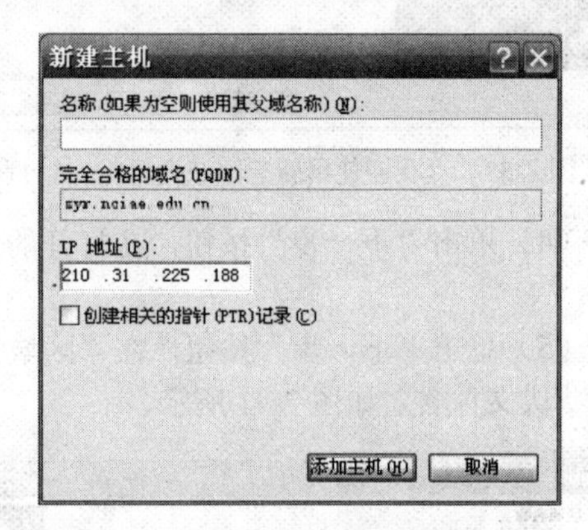

图 7-43 “新建主机”对话框之二

（4）单击“添加主机”按钮，在随后打开的 DNS 对话框中单击“确定”按钮。

（5）返回“新建主机”对话框，单击“完成”按钮。

（6）右键单击子域“syr”，选择“新建别名”命令，打开“新建资源记录”对话框。

（7）输入别名“www”，输入（或通过单击“浏览”按钮选择）“目标主机的完全合格的域名”，如图 7-44 所示。完成后单击“确定”按钮。

（8）重复上述步骤，建立别名“3w”。操作结果如图 7-45 所示。

图 7-44 “新建资源记录”对话框

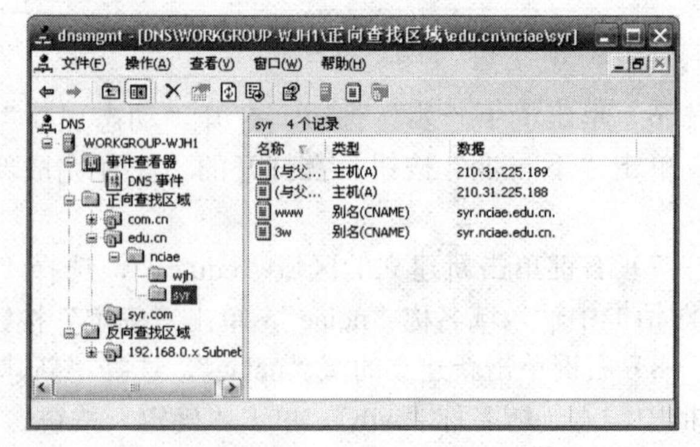

图 7-45 别名记录

3. 建立邮件交换器记录

邮件交换器记录用于电子邮件服务。发送服务器上的电子邮件应用程序通过 DNS 客户，根据收件人邮件地址中的域名，向 DNS 服务器查询邮件交换器记录，以定位邮件服务器。例如，在邮件交换器记录中，将邮件交换器记录所负责的域名设为“nciae.edu.cn”，邮件服务器的域名设为“mail.nciae.edu.cn”，则发往“用户名@nciae.edu.cn”的邮件将由服务器“mail.nciae.edu.cn”接收。

下面以建立上述邮件交换器记录为例，说明建立邮件交换器记录的步骤：

（1）建立区域“nciae.edu.cn”，在该区域上建立主机 mail。

（2）右键单击区域“nciae.edu.cn”，选择“新建邮件交换器”命令，打开新建邮件交换器对话框，如图 7-46 所示。

（3）保持“主机或子域”为空，输入（或通过单击“浏览”按钮选择）“邮件服务器的完全合格的域名”，完成后单击“确定”按钮。操作结果如图 7-47 所示。

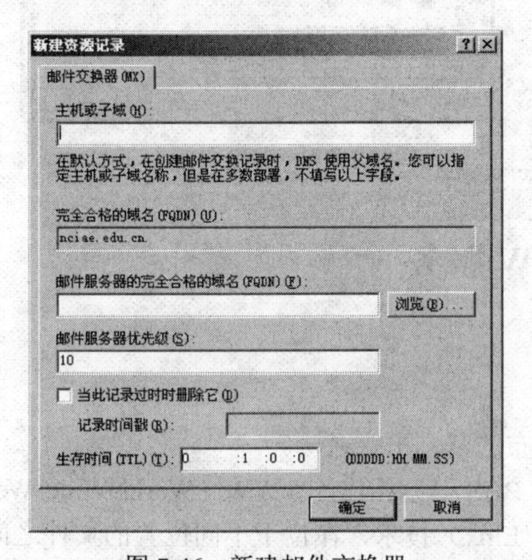

图 7-46　新建邮件交换器

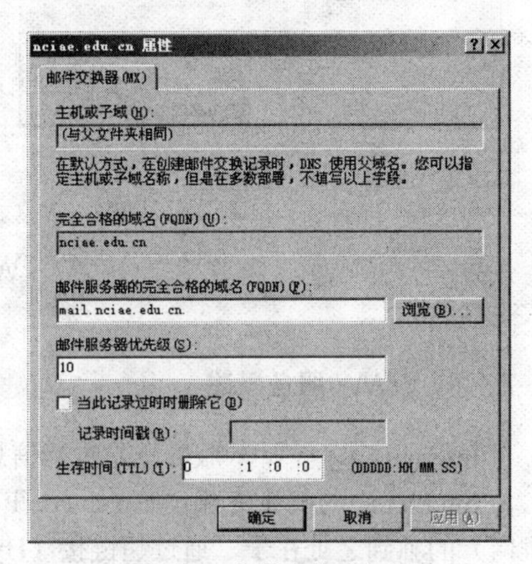

图 7-47　邮件交换器记录

7.3.6　DNS 客户端的设置

任何运行 Windows 的计算机都可作为 DNS 客户机运行。与 DNS 服务器的配置相比，DNS 客户端的配置比较简单。

以 Windows XP Professional 为例，打开“Internet 协议（TCP/IP 属性）”对话框，进行 IP 参数设置，如图 7-48 所示。在该对话框中，可分别设定首选服务器和备用服务器的 IP 地址。

如果需要更多的 DNS 服务器，则可单击图 7-48 中的“高级”按钮，打开“高级 TCP/IP 设置”对话框，选择 DNS 选项卡，如图 7-49 所示。在“DNS 服务器地址（按使用顺序排列）”列表中添加、编辑或删除 DNS 服务器地址。

当设置了多个 DNS 服务器时，排在列表前面的 DNS 服务器将被优先使用，当前面的 DNS 服务器不可用时，系统才尝试使用排在后面的服务器。因此，应尽量将功能强大、工作稳定的服务器安排在服务器列表的前面。

如果在图 7-48 所示的对话框中选择了“自动获得 DNS 服务器地址”，则 DNS 服务器地址将由 DHCP 服务器自动配置。

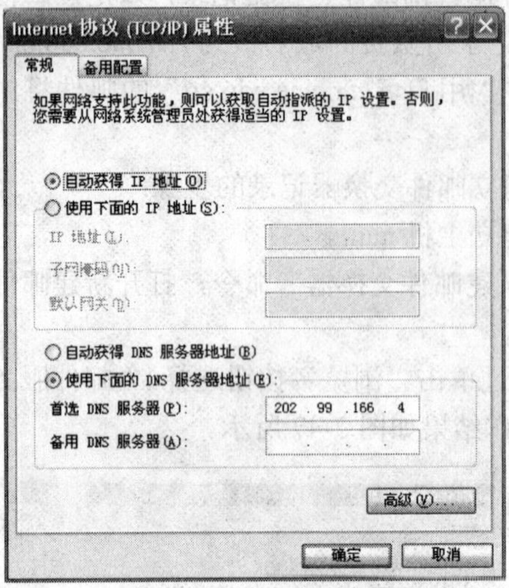

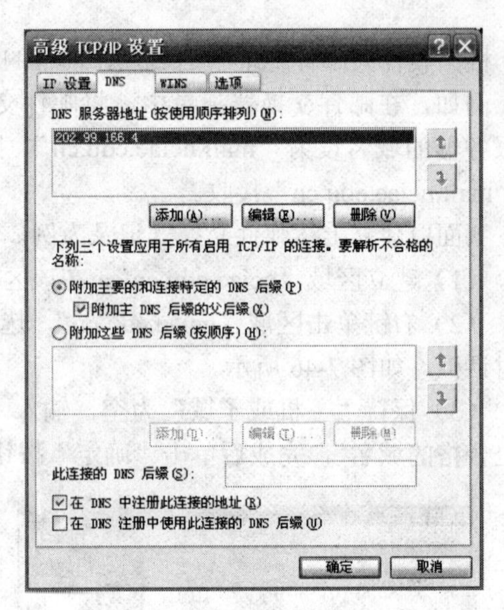

图 7-48　DNS 设置之一

图 7-49　DNS 设置之二

7.4　WWW 服务

7.4.1　WWW 服务概述

在 Internet 中，WWW 服务器是进行信息发布的基本平台之一。

与 Internet 中的其他资源（如 Telnet、FTP、BBS 等）相比，WWW（World Wide Web，万维网）的独到之处在于，通过超链接（Hyper Link）技术，在位于不同位置的文件之间建立了链接，从而可以为用户提供一种交叉式（而非线性式）的访问方式。借助于这种更符合思维习惯的访问方式，人们可以十分便捷地访问各种资源（如文本信息、多媒体信息等）。

1. HTML

HTML（Hyper Text Markup Language）是一种标记语言，用于声明信息（如文本、图像等）的结构、格式，标识超链接等。

在文本中嵌入适当的 HTML 标记后所得到的文件称为 HTML 文档。HTML 文档是 WWW 的核心内容之一。

一个 HTML 文档包含两部分信息，其一是文本内容，其二即为标记。标记又分单独出现的标记和成对出现的标记两种。大多数标记是成对出现的，由首标记和尾标记组成。首标记的格式为<被标记元素名称>，尾标记的格式为</被标记元素名称>。例如<TITLE>和</TITLE>标记用于界定标题元素的范围，即位于<TITLE>和</TITLE>之间的部分是该 HTML 文档的标题。单独出现的标记，其格式为<被标记元素名称>，如
标记代表在标记所在位置插入一个换行符。

HTML 文档是标准的文本文件，其文件扩展名为 htm 或 html。

2. 网站

可以将网站看作文件的集合。对一个网站而言，其拥有的所有文件都被存储在一棵（广义的）目录树上。在上述目录结构中，位于最上层的目录称为主目录。例如，在图 7-50 中，目录“000TSG”下的所有文件和子目录即可构成一个主目录路径为“F:\ 000TSG”的网站。

图 7-50　WWW 站点构成情况

3. 浏览器端脚本

为了改善人机交互界面，在浏览器端，有时要求网页利用本地代码响应用户的某些操作。此外，对于需要与服务器端程序交互的应用而言，验证用户输入数据有效性的环节通常也由本地代码完成，以免因传输无效数据而浪费信道带宽。

通常，这些在浏览器端运行的代码可用浏览器端脚本语言编写。

浏览器端脚本语言是对 HTML 的一个重要补充。在对用户与网页交互操作的支持方面，HTML 有其先天不足，脚本语言的出现弥补了这一缺陷，可使网页更具交互性并可提供一定的计算能力。

就语法规范和语句格式而言，浏览器端脚本语言的语法与一般的编程语言并没有什么区别，只是为了保证安全，浏览器端脚本语言不提供可能给浏览器方带来重大损失的编程资源。

目前比较流行的脚本语言有网景公司（Netscape）的 JavaScript 和微软公司（Microsoft）的 VBScript。

JavaScript 是基于浏览器、基于对象的编程语言，可用于开发浏览器端应用程序。由于 JavaScript 是第一个在 Web 页中使用的脚本语言，因而它曾经是最流行的脚本语言。

VBScript 是 Microsoft 公司在 Visual Basic 编程语言的基础上设计的，由于 VB 在业界广为流行，且与 Microsoft 公司的其他产品有着密切的联系，所以，VBScript 的用户群正日益扩大。

就目前流行的两种浏览器而言，Netscape 仅支持 JavaScript，而 IE 同时支持 JavaScript 和 VBScript。因此，如果需要建立一个公用网站，不能确定用户浏览器的类型，应选择 JavaScript 作为浏览器端脚本语言。此外，在处理自定义对象时，JavaScript 比 VBScript 能提供更多的属性和方法。

4. 交互式网页

无论是 HTML、CSS 还是浏览器端脚本，都不包含可在服务器端运行的代码。对某些应用而言，这是一个致命的缺陷。

例如，对于需要查询服务器端数据库的需求而言，当用户的查询关键字被送达服务器端之后，服务器方必须有相关的查询处理程序，以接收查询关键字并查询数据库，然后将查询结果转换成 HTML 文档回传给浏览器。

又如，当需要在浏览器端显示服务器系统日期时，服务器端就必须存在能够取得系统当前日期、并将结果转换成 HTML 文档的程序。

包含在服务器端运行的代码，能够与浏览器端用户进行某些交互的网页称为动态网页。

用于开发动态网页的技术主要包括 CGI（Common Gateway Interface）、ISAPI（Internet Server Application Programming Interface）和 ASP（Active Server Page，服务器端动态网页）以及 ASP.NET 等。

5. WWW 服务器

为了使网站客户能正常浏览网站内容，除了将网站实体存储在网络中之外，还必须安装 WWW 服务器（如 IIS 中的 WWW 服务器）。

WWW 服务器的作用是接收来自客户端的访问请求，返回适当的 HTML 文档（如图 7-51 所示）。

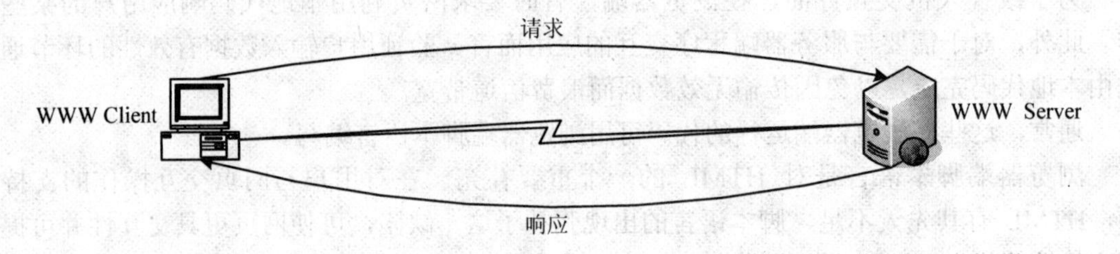

图 7-51　WWW 客户端与服务器的关系示意图

7.4.2　WWW 服务器软件的选择依据

WWW 服务器软件有许多种，在选择 WWW 服务器软件时，应重点考虑下列因素：

- 站点规模和用途。基于 Internet、访客众多的大型站点，应具备强大的多线程处理能力；基于 Intranet 的企业站点一般对安全性有较高的要求；小型站点一般在处理资源拮据的服务器上运行，此时应选择轻量级的 WWW 服务器软件。
- 操作系统。UNIX 和 Windows 是目前的主流操作系统。由于 UNIX 版本众多且彼此的兼容性不好，若选择基于 UNIX 的软件，则需要考虑该软件是否支持所采用操作系统的版本。
- 商业软件和免费软件。一般商业 WWW 服务器软件的安装、管理比较方便，能提供可靠、稳定和安全的服务，可随时获得技术支持，维护成本较低；免费软件则相反。需要指出的是，某些免费软件也可提供十分强大的功能，在某些方面的表现甚至优于商业软件，但是在对用户的友好性方面很难与商业软件相比。

对于使用 Windows 平台的用户而言，最好选择微软的 IIS（Internet Information

Service）。IIS 直接集成于操作系统中，具有易于安装、配置和维护的特点，能最大限度地体现 Windows 平台的优秀性能。

7.4.3 WWW 服务器的安装步骤

（1）打开“添加或删除程序”对话框。

（2）单击“添加/删除 Windows 组件”，打开“Windows 组件向导”对话框。

（3）在“Windows 组件向导”对话框的“组件”列表中，选中“应用程序服务器”，如图 7-52 所示。

（4）单击“详细信息”按钮，在打开的“应用程序服务器”对话框中选择“Internet 信息服务（IIS）”，如图 7-53 所示，单击“详细信息”按钮，打开“Internet 信息服务（IIS）”对话框。

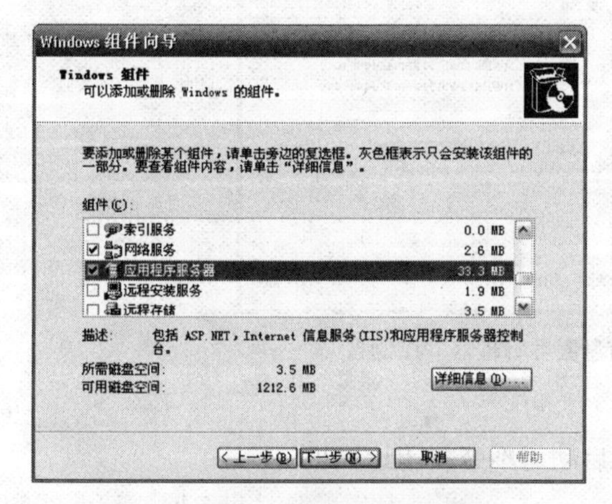

图 7-52 选中“应用程序服务器”

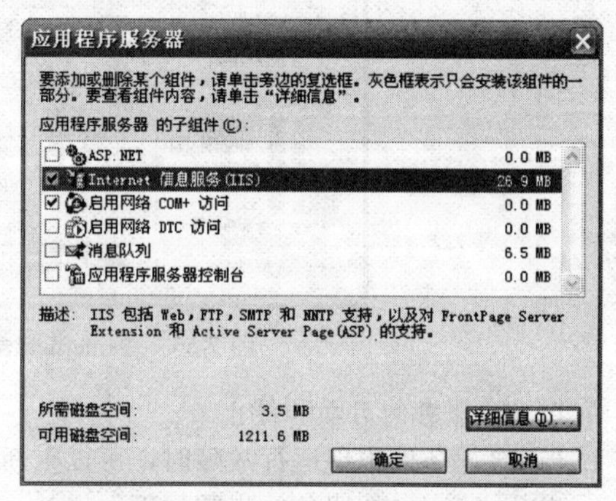

图 7-53 选中“Internet 信息服务（IIS）”

（5）在“Internet 信息服务（IIS）”对话框的“Internet 信息服务（IIS）的子组件”列表中，选中“万维网服务”，如图 7-54 所示，单击“确定”按钮。

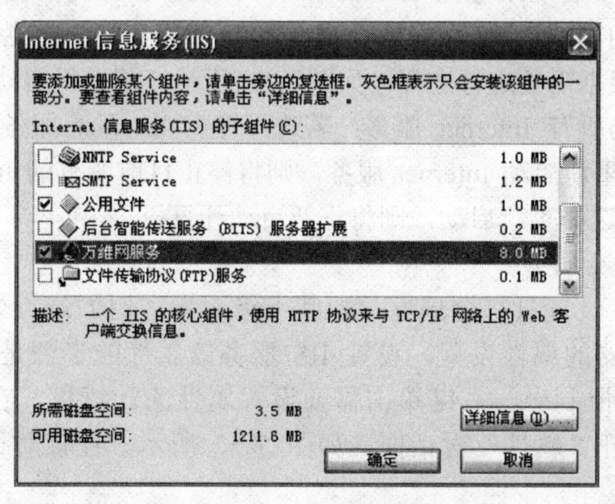

图 7-54 选中“万维网服务”

（6）在图 7-53 所示的“应用程序服务器”对话框中单击“确定”按钮，在图 7-52 所示的“Windows 组件向导”对话框中，单击“下一步”按钮。

（7）之后，按屏幕提示操作即可。

7.4.4 IIS 服务器级的管理

IIS6.0 是微软最新版本的 Web 服务器，集成于 Windows Server 2003，是一个综合服务器，可提供的服务包括 WWW、FTP、SMTP 和 NNTP 等，与 IIS5.0 相比，IIS6.0 新增的特性有：配置数据以 XML 文件形式存储，引入了工作进程隔离模式，支持.NET 与其整合，支持更多的身份验证方式等。图 7-55 为“Internet 信息服务（IIS）管理器”控制台，由该图可知，Internet 信息服务的管理层次依次为“Internet 信息服务”→“计算机”→“站点或服务”。

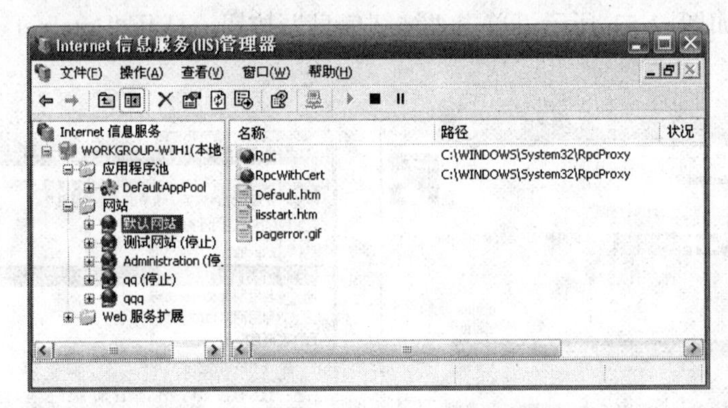

图 7-55 “Internet 信息服务管理器”控制台

1. IIS 服务的启动和停止

当 IIS 服务器出现运行故障时，可以重新启动而不必关闭计算机。

启动或停止 IIS 服务的步骤如下：

（1）依次选择“开始”→“管理工具”→“Internet 信息服务（IIS）管理器”，打开“Internet 信息服务（IIS）管理器”控制台。

（2）右键单击需要启动或停止 IIS 服务的计算机，在弹出的快捷菜单中依次选择“所有任务”→“重新启动 IIS”命令，打开“停止/启动/重新启动”对话框，在“你想让 IIS 做什么？”列表框中，根据需要进行选择，如图 7-56 所示。若选择启动 Internet 服务，则将启动正常开机时所启动的所有 Internet 服务；若选择停止 Internet 服务，则将停止目前所有的 Internet 服务；若选择重新启动 Internet 服务，则将停止目前所有的 Internet 服务，然后重新启动 Internet 服务；若选择重新启动，则将重新启动计算机。

2. IIS 服务器的属性设置

IIS 服务器的属性设置具有全局性，即其下级元素（例如站点）在未特别设置的情形下，将继承 IIS 服务器的属性设置。设置 IIS 服务器属性的步骤是，打开“Internet 信息服务（IIS）管理器”控制台，右键单击需要设置属性的计算机，在弹出的快捷菜单中选择“属性”命令，打开“属性”对话框，如图 7-57 所示。在该对话框中，可设置的主要项目如下：

- 允许直接编辑配置数据库。选中该项目时，能够启用“运行时编辑”功能，可以在 IIS 运行时更改配置数据库属性值。

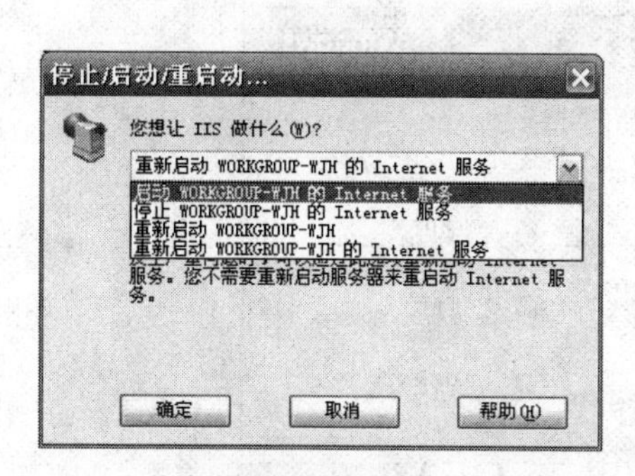

图 7-56 “停止/启动/重启动”对话框

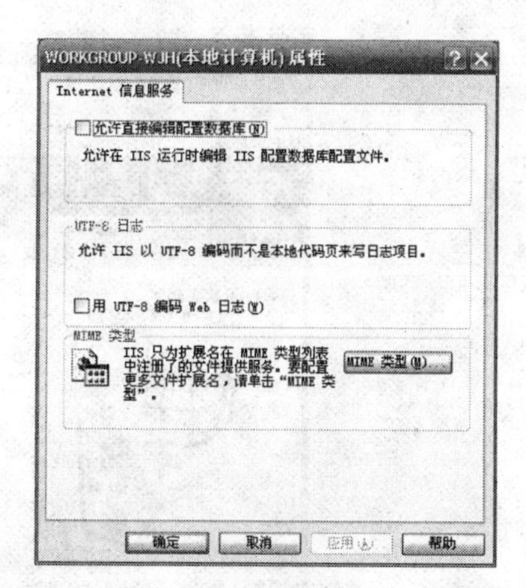

图 7-57 IIS 服务器的属性对话框

- UTF-8 日志。选中该项目时，IIS6.0 服务器上的网站均以 UTF-8 格式记录日志，否则以本地字符集格式记录日志。
- MIME 类型。MIME 为多用途 Internet 邮件扩展，用来设置 IIS 服务客户端的各种文件类型的映射，IIS 仅为扩展名在 MIME 类型列表中注册过的文件提供服务。单击“MIME 类型”按钮，可以根据需要添加、删除和修改 MIME 映射。

7.4.5 IIS 服务器的远程管理

IIS 服务器的远程管理功能可以使管理者在异地管理 IIS 服务器，而且能够满足用一台计算机集中管理网络中的 IIS 服务器的要求。IIS 服务器的远程管理方式有 3 种，下面分别介绍。

1. 利用本地 IIS 管理器管理远程 IIS 服务器

可以直接利用 IIS 管理器建立该服务器的远程连接并进行管理。具体步骤是，打开“Internet 信息服务（IIS）管理器”控制台，在左侧窗格中右键单击根节点“Internet 信息服务”，在弹出的快捷菜单中选择“连接”命令，在打开的“连接到计算机”对话框中输入计算机名称（在同一个子网）、域名或 IP 地址。然后单击“确定”按钮。

2. 使用终端服务管理远程 IIS 服务器

采用终端服务时，远程客户机上无需安装 IIS 管理器，但是被管理的 IIS 服务器必须安装并启动终端服务。远程客户机一旦连接到运行 IIS 的服务器，就可以像登录到本地一样使用 IIS 管理器。

3. 利用远程管理工具管理 IIS 服务器

利用远程管理工具管理 IIS 服务器站点，实际上是在安装了浏览器的计算机上通过浏览器管理 IIS 服务器站点。实现此功能的前提须在被管理的 IIS 服务器上安装远程管理（HTML）工具，即 IIS 万维网服务的一个组件，安装成功后，IIS 管理器的“网站”文件夹下将生成名为“administrator”的站点，默认 TCP 端口号为 8099，SSL 端口号为 8098。需要指出的是，在默认设置下，要正常访问该站点，应在浏览器的 URL 栏中输入“https://远程服务器:8098”，然后依据提示输入管理员账号和密码，最终在浏览器中可看到 Internet 服务器管理界面，如图 7-58 所示。

图 7-58 基于浏览器的 Internet 服务器管理界面

7.4.6 WWW 站点的建立与配置

7.4.6.1 新建 WWW 站点

新建 WWW 站点的步骤如下：

（1）打开“Internet 信息服务（IIS）管理器”控制台，右键单击“网站”，依次选择“新建”→“网站”，如图 7-59 所示，启动“网站创建向导”，单击“下一步”按钮。

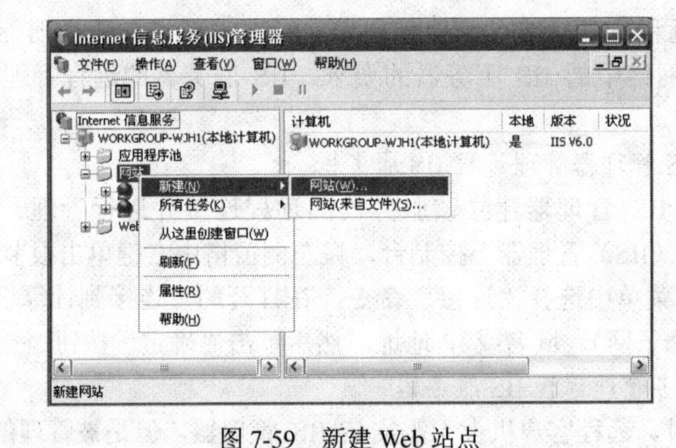

图 7-59 新建 Web 站点

（2）在后续对话框中，依次完成下列操作：输入站点描述（本例中为“测试网站”），选择 IP 地址（本例中为“210.31.225.189”）；输入或选择站点主目录（本例中为“F:000TSG”）；保持“网站访问权限”为默认值。

（3）在“已成功完成网站创建向导”对话框中单击“完成”按钮。

上述操作的结果如图 7-60 所示。

7.4.6.2 WWW 站点的设置

在利用向导建立 Web 站点的过程中，只能设置站点的少数几个属性，若需进一步设置站点属性（包括修改站点建立过程中设置的属性），可在“Internet 信息服务”控制台左侧窗格中右键单击目的站点，在弹出的快捷菜单中选择“属性”命令，打开属性对话框，根据需要进行设置。

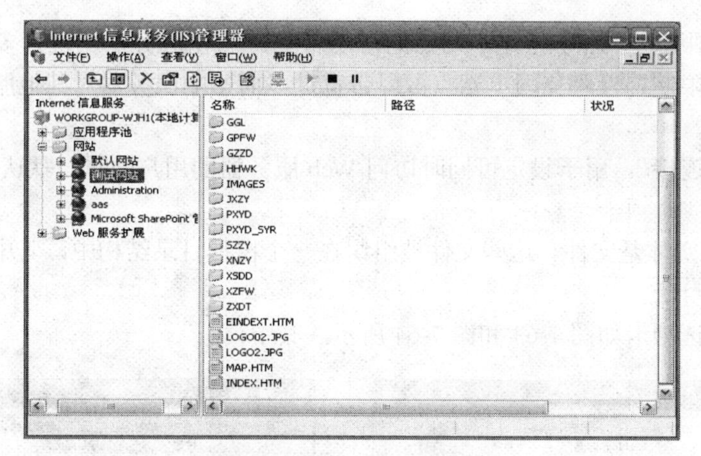

图 7-60　建立的 Web 站点

WWW 站点属性众多，在此仅择要介绍。

1. “网站”选项卡

“网站”选项卡如图 7-61 所示。其中：

- “TCP 端口”。用于设定该站点所使用的 TCP 端口号。
- “连接”区域。“连接超时”用于设定服务器关闭未活动客户连接的时间（以秒为单位），如果客户在指定的时长内未与服务器进行交互，则与该客户的连接将被断开；“保持 HTTP 连接”用于允许客户端与服务器保持连接不被中断，以免因每次请求服务都需重新建立连接而浪费时间。禁用该功能，将导致服务器性能下降。
- “启用日志记录”。选择该项，可将站点活动情况保存在日志文件中。记录在日志文件中的数据可用于分析网站的访问量、浏览客户端 IP 地址等。日志文件中所记录的内容、内容的形式、记录周期等可由站点管理员自行选择。

2. “性能”选项卡

“性能”选项卡如图 7-62 所示。其中：

图 7-61　“网站”选项卡

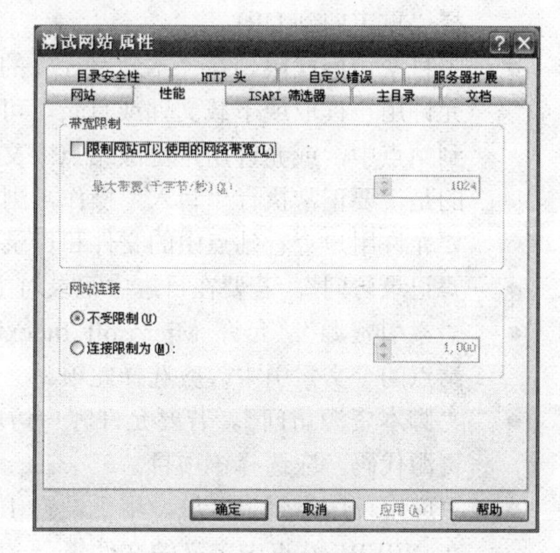

图 7-62　“性能”选项卡

- “带宽限制”。用于指定本站点的可用带宽。当在服务器上运行多个服务时，应启用带宽限制，以避免因本站点占用带宽过多而影响服务器对其他服务请求的响应速度。
- “网站连接”。用于设定可同时访问 Web 服务器的用户数量，默认为不受限制。

3. “主目录”选项卡

Web 站点的实体是文件。这些文件被组织在一个树形目录结构中，其中位于最上层的目录就是站点的主目录。

“主目录”选项卡如图 7-63 和图 7-64 所示。其中：

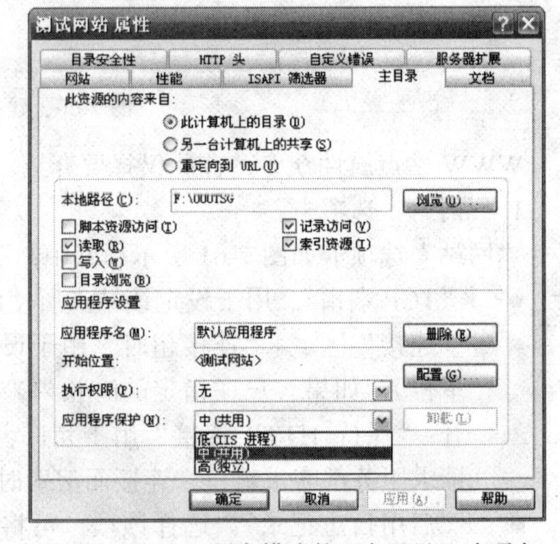

图 7-63 工作进程隔离模式的“主目录”选项卡　　图 7-64 IIS5.0 隔离模式的“主目录”选项卡

- “此资源的内容来自”。用于设定站点主目录所在的位置。如果主目录位于本机，则应选择“此计算机上的目录”；如果主目录位于远程计算机，则应选择“另一台计算机上的共享”；如果只是希望将访问本站点的客户重定向到其他站点，则应选择“重定向到 URL”。
- 主目录访问权限。在“本地路径”的下面，列有可供选择的主目录访问权限。若要允许用户读取或下载文件或目录，可选中“读取”复选框；若要允许用户上传文件到站点中，或允许用户更改站点中文件的内容，可选中“写入”复选框（需要指出的是，要正常执行“写入”操作，浏览器必须支持 HTTP1.1 标准的 PUT 功能）；若要允许用户查看站点中的文件和目录列表，可选中“目录浏览”复选框。
- “记录访问”。若要在日志中记录对主目录的访问，应选择此项。
- “索引资源”。允许 Microsoft Indexing Service（索引服务）将该目录包含在 Web 站点的全文索引中，应选择此项。
- “脚本资源访问”。若要允许客户访问已经设置了“读取”或“写入”权限的脚本资源代码，应选择该项目。
- “应用程序设置”区域。用于设置 IIS 应用程序的属性。所谓 IIS 应用程序，是指在 WWW 站点中定义的文件集合，在默认情况下，位于站点主目录中的所有物理目录和文件即构成一个 IIS 应用程序；若有需要，可以将站点中的任一目录或虚拟目录定义为一个 IIS 应用程序。在该区域中，“执行权限”列表框用于设定执行权限，共有 3 个选项，其中“无”表示只允许访问静态页面，如 HTML 文档或图像文件等，“纯脚本”表示允许运行服务器端脚本代码，而“脚本和可执行文件”表示可访问或执行任何类型的文件。IIS6.0 在对 Web 应用程序的支持上有很大改进，可以为基于 Web 的应用程序配置服务器，其中可以配置“工作进程隔离模式”和“IIS5.0 隔离模式”两种隔离模式。

➢ 工作进程隔离模式是 IIS6.0 的默认模式，在该模式下，IIS 管理器的本地计算机列表中会出现“应用程序池”（应用程序池是将一个或多个应用程序链接到一个或多个工作进程集合的配置）的文件夹，“应用程序池”列表框用于选择应用程序可指派的应用程序池，默认为 DefaultAppPool，如图 7-63 所示。
➢ IIS5.0 隔离模式主要是为了向下兼容的需要而采用的隔离模式，在网站属性的“服务”选项卡中，选中“以 IIS5.0 隔离模式运行 WWW 服务”后，站点的“主目录”选项卡如图 7-64 所示。其中，“应用程序保护”用于选择应用程序的保护方式，其中：“低（IIS 进程）”表示本应用程序将与 Web 服务在同一进程中运行，“中（共用）”表示本应用程序将与其他应用程序在独立的共用进程中运行，“高（独立）”表示本应用程序将与其他应用程序在不同的独立进程中运行。

4. “文档”选项卡

“文档”选项卡如图 7-65 所示。其中：

- “启用默认内容文档”。当客户指定的 URL 中不包含文件名时，如果选择了“启用默认内容文档”，则 WWW 服务器将认为客户需要访问默认文档。通过该区域的对话框以及相关按钮，可以增删默认文档或改变文档的优先级。
- “启用文档页脚”。该功能用于在站点的每个页面的下方附加页脚。页脚的具体内容由“启用文档页脚”区域文本框中的文件给出。需要指出的是，页脚文件不是一个完整的 HTML 文档，其中只可包含页脚内容和用于格式化内容的标记。

5. “HTTP 头”选项卡

“HTTP 头”选项卡如图 7-66 所示。其中：

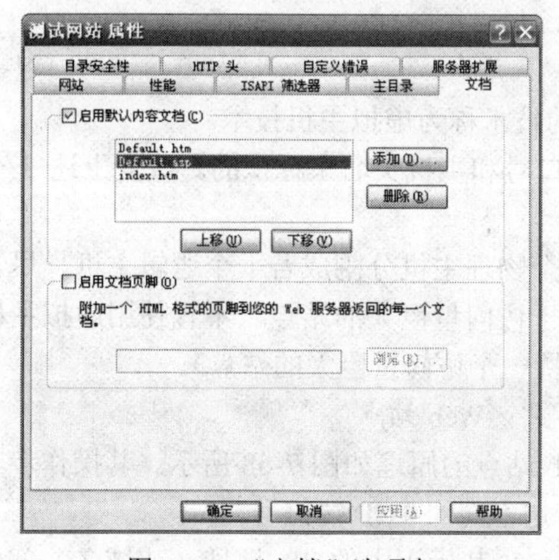

图 7-65 “文档”选项卡

图 7-66 “HTTP 头”选项卡

- “启动内容过期”区域。选择“启动内容过期”后，WWW 服务器将通知浏览器站点资源的过期时间。若选择“立即过期”，则意味着网页一经下载就立即过期，浏览器每次浏览网页时都应该从服务器上下载；若选择“此时间段后过期”或“过期时间”，则可以指定网页的相对或绝对过期时刻。
- “内容分级”。如果站点中包含有儿童不宜的材料，则可以通过指定内容分级向浏览器传达相关信息，以便在浏览器端设置过滤规则。WWW 服务器使用 RSAC（娱乐软件咨询理事会）开发的系统进行分级。在客户端，如果需要过滤某些材料，还应开启浏览器的分级审查功能。

6. “目录安全性”选项卡

“目录安全性”选项卡如图 7-67 所示。其中“IP 地址和域名限制”区域用于允许或拒绝特定计算机、计算机组或域访问站点中的资源。

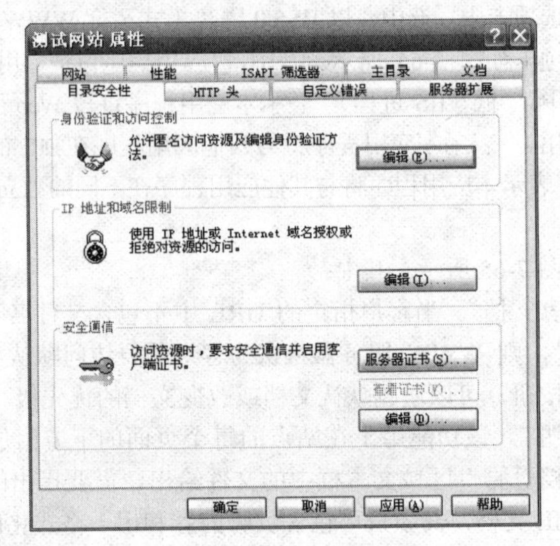

图 7-67 “目录安全性”选项卡

7.4.7 利用 IIS 建立虚拟主机

7.4.7.1 虚拟主机技术

在一个 WWW 服务器上建立多个 Web 站点的技术称为虚拟主机技术。

在 IIS 中，Web 站点是用 IP 地址、TCP 端口号和主机头名来标识的。改变上述 3 个参数中的任何一个，都可以得到新的站点标识。

需要说明的是，采用虚拟主机技术，可将一个物理主机分割成若干个逻辑主机，尽管可节省投资，但是只适用于访问量较小的站点。对于访问量巨大的站点，不宜使用虚拟主机技术（事实上，有时甚至需要建立服务器集群来支持一个访问量巨大的站点）。

7.4.7.2 使用同一 IP 地址、不同端口号架设多个 Web 站点

使用同一 IP 地址、不同端口号架设多个 Web 站点的原理如图 7-68 所示。其操作步骤与架设普通 Web 站点类似，只是需要为每个站点指定不同的 TCP 端口号。

需要指出的是，利用这种方式建立的多个站点，其标识中的 IP 地址（或域名）部分完

全相同，区别只在于 TCP 端口号，因此严格地讲，这并不是真正意义上的虚拟主机技术。此外，在客户端，当需要访问这些站点时，需要在 URL 中指定 TCP 端口。无疑，这是很不方便的。

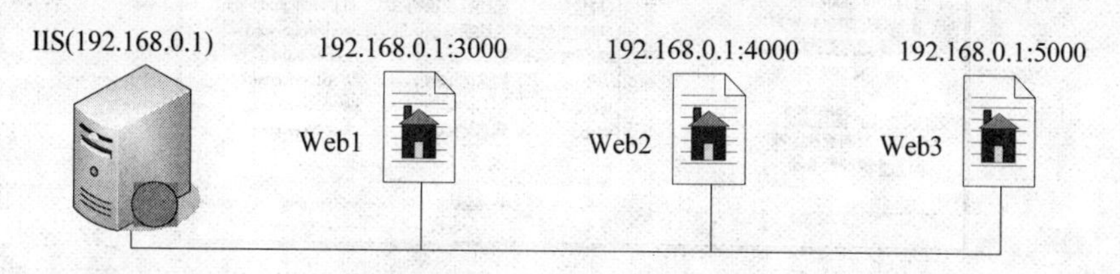

图 7-68 使用同一 IP 地址、不同端口号架设多个 Web 站点

7.4.7.3 使用不同 IP 地址架设多个 Web 站点

使用不同 IP 地址架设多个 Web 站点的原理如图 7-69 所示。

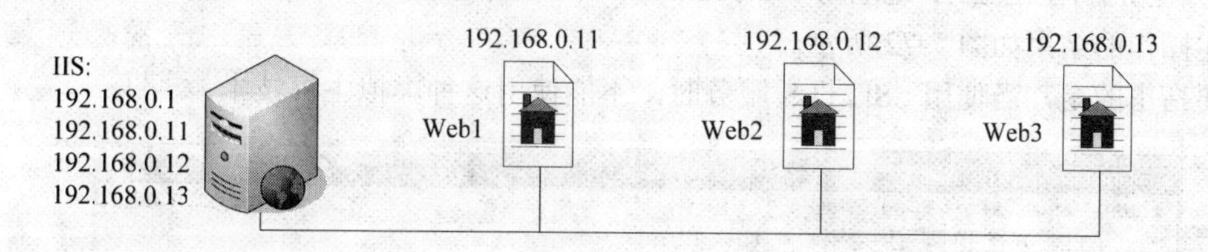

图 7-69 使用不同 IP 地址架设多个 Web 站点

这是比较传统的解决方案。其操作步骤也十分简单，只需为 WWW 服务器设置多个 IP 地址（服务器可安装多块网卡，也可只安装一块网卡），按一般 Web 站点的建立步骤分别建立与不同 IP 地址对应的站点即可。

7.4.7.4 使用同一 IP 地址、不同主机头架设多个 Web 站点

使用同一 IP 地址、不同主机头架设多个 Web 站点的原理如图 7-70 所示。

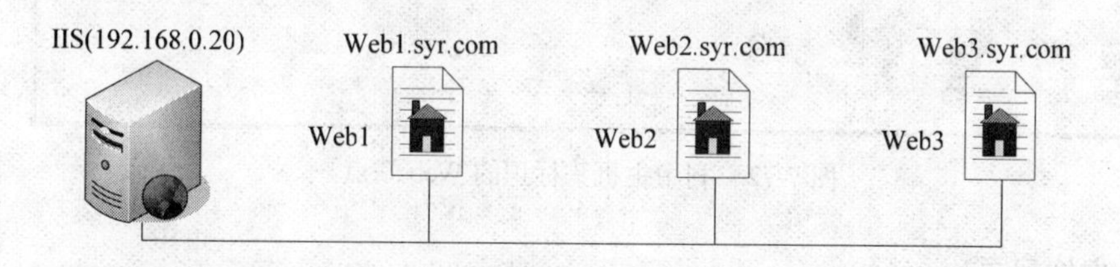

图 7-70 使用同一 IP 地址、不同主机头架设多个 Web 站点

这是首选的虚拟主机技术。采用这种技术实现的多个虚拟主机拥有相同的 IP 地址，这样可有效地节约 IP 地址资源。在客户端看来，每个站点拥有不同的域名，因此可以通过域名进行访问。因为同一 IP 地址对应了多个站点，因此这些站点将不能通过 IP 地址访问。

下面将以建立站点 Web1.syr.com、Web2.syr.com 和 Web3.syr.com 为例，说明使用同一 IP 地址、不同主机头架设多个 Web 站点的主要步骤。

（1）在 DNS 服务器中，建立与 IP 地址 192.168.0.20 对应的别名记录 Web1.syr.com、Web2.syr.com 和 Web3.syr.com，如图 7-71 所示。

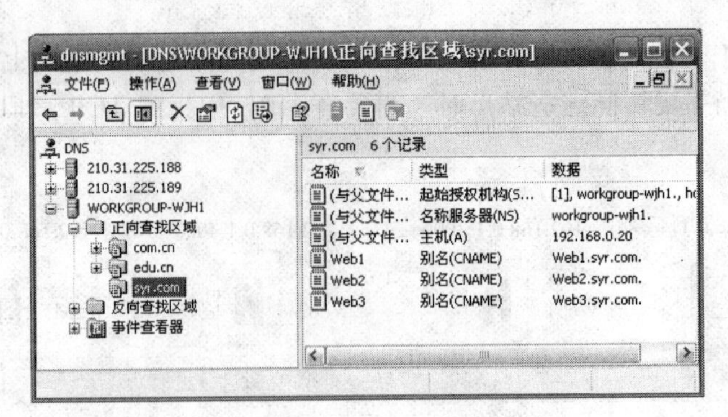

图 7-71　别名记录

（2）在 IIS 中，建立 IP 地址为 192.168.0.20、站点主机头为 Web1.syr.com 的 Web 站点。

（3）在 IIS 中，建立 IP 地址为 192.168.0.20、站点主机头为 Web2.syr.com 的 Web 站点。

（4）在 IIS 中，建立 IP 地址为 192.168.0.20、站点主机头为 Web3.syr.com 的 Web 站点。

上述操作的结果如图 7-72 所示。

需要指出的是，当使用 SSL/TLS 服务时，不能使用这种虚拟主机技术。

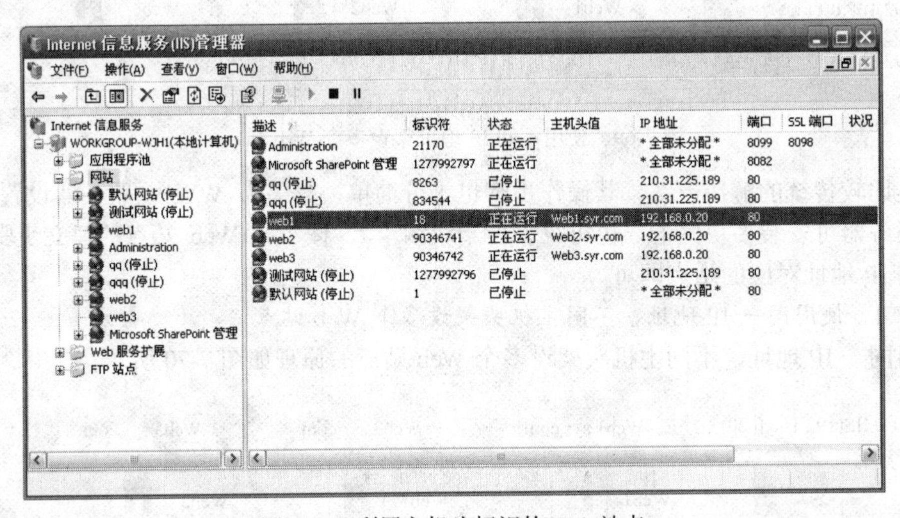

图 7-72　利用主机头标识的 Web 站点

7.4.8　虚拟目录

对理解站点结构而言，虚拟目录是一个十分重要的概念。

对“210.31.225.189/news”之类的地址而言，其中的“news”可以是“主目录”的子目录（姑且称之为“实际目录”），也可以位于其他位置。如果“news”所含内容位于其他位置，则称“news”为“虚拟目录”。虚拟目录实际上起指针的作用，用于将分布在不同存储位置的目录及其内容加入网站。

例如，要在“默认网站”下建立虚拟目录，可选择“默认网站”并右击之，在弹出的快捷菜单中选择“新建”→“虚拟目录”命令，在“虚拟目录创建向导”对话框中单击“下一步”按钮，打开“虚拟目录别名”对话框，在“别名”文本框中输入虚拟目录名（如“news”），如图 7-73 所示，然后单击“下一步”按钮，选择该虚拟目录的实际位置即可。

一个包含虚拟目录的 Web 站点如图 7-74 所示。其中“news”即为虚拟目录。

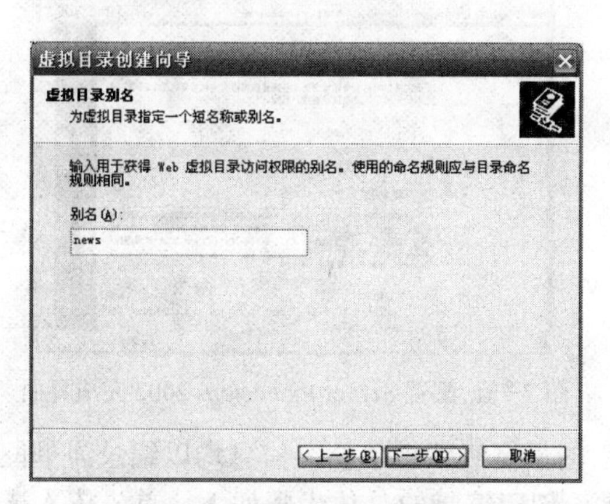

图 7-73　指定虚拟目录别名

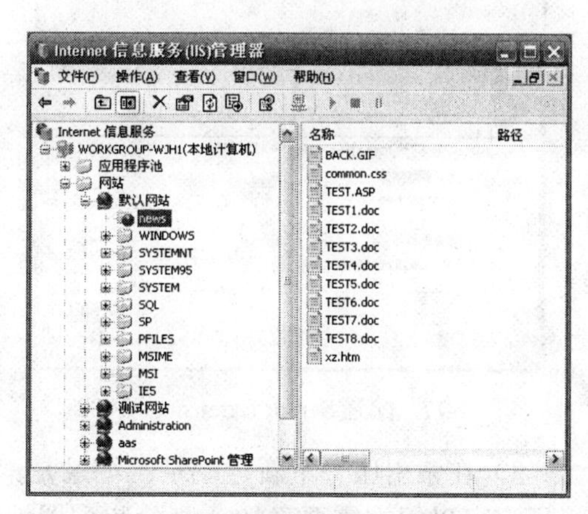

图 7-74　包含虚拟目录的 Web 站点

7.4.9　使用索引服务建立站点搜索引擎

可以通过 Windows Server 2003 的索引服务为 WWW 站点建立全文搜索引擎。其主要步骤如下：

（1）确认“索引服务”和 FrontPage 2002 Server Extensions 已经安装在 WWW Server 2003 中。“索引服务”需要在“Windows 组件”中添加，如图 7-75 所示；FrontPage 2002 Server Extensions 需要在“Windows 组件”中的“应用程序服务器”内的“Internet 信息服务（IIS）”中添加，如图 7-76 所示。

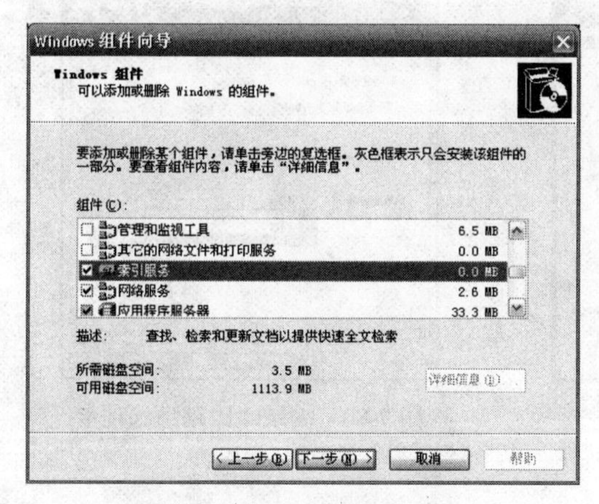

图 7-75　添加“索引服务”

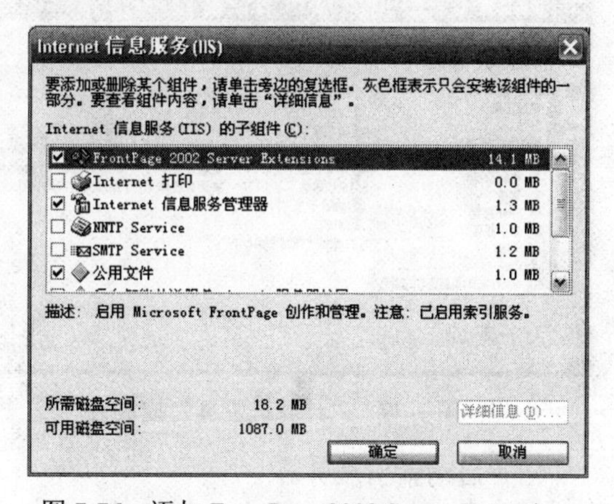

图 7-76　添加 FrontPage 2002 Server Extensions

（2）选择需要建立搜索引擎的 WWW 站点，为其配置 Server Extensions 2002。首先打开 IIS 管理器控制台，右键单击需要建立搜索引擎的 WWW 站点，依次选择“所有任务”→“配置 Server Extensions 2002”，在图 7-77 所示 FrontPage Server Extensions 2002 安装界面单击“提交”按钮，配置完毕后出现如图 7-78 所示的“服务器管理”页面，则说明已经为站点配置了 Server Extensions 2002。

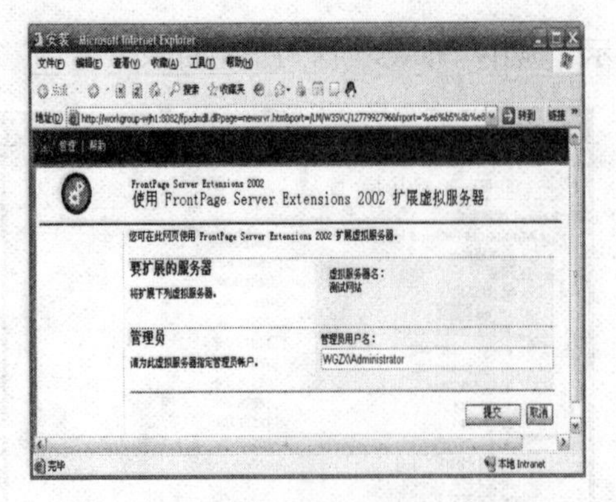

图 7-77 配置 Server Extensions 2002

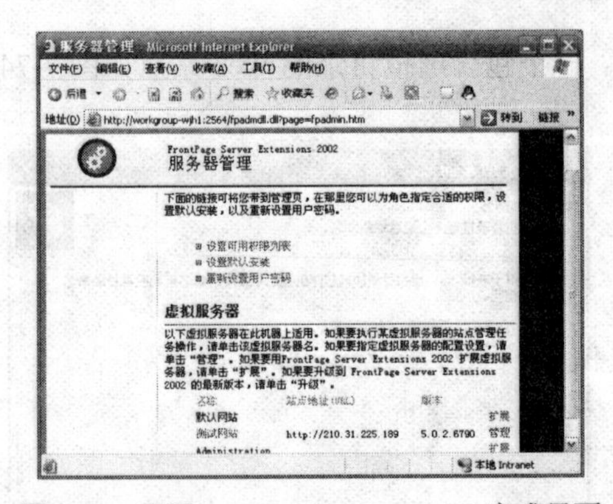

图 7-78 配置 Server Extensions 2002 完成界面

（3）在索引服务下新建编录。编录是索引的最高级管理单位，信息均以编录为单位存储，用户可以根据需要添加、删除和配置编录。创建编录的具体步骤如下：首先依次选择“开始”→“管理工具”→“计算机管理”，打开“计算机管理”控制台，展开“服务和应用程序”管理项目，如图 7-79 所示；然后右键单击“索引服务”子项目，依次选择“新建”→“编录”，打开“添加编录”对话框，输入编录的名称及存放该编录的位置，然后单击“确定”按钮。需要注意的是，不能在要索引的 Web 站点中存放编录，因为有可能导致索引的死循环；最好选择 NTFS 格式的驱动器存放编录，因为占用空间少而且安全。

（4）在索引服务下配置编录。右键单击编录，打开属性对话框，选择“跟踪”选项卡，在“WWW 服务器”列表框选择需要索引的网站，使索引服务可跟踪此站点（如图 7-80 所示）。

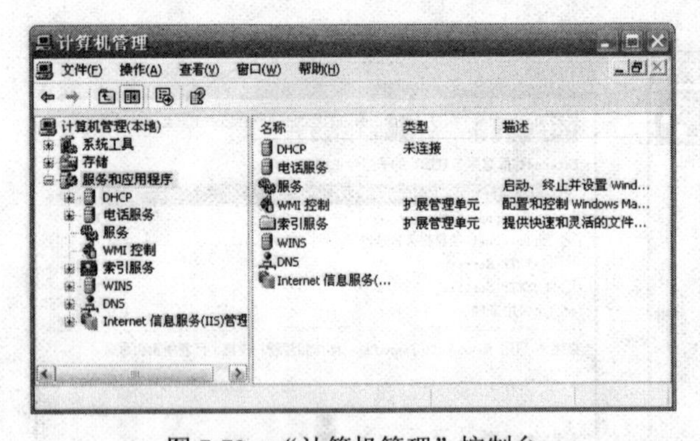

图 7-79 “计算机管理”控制台

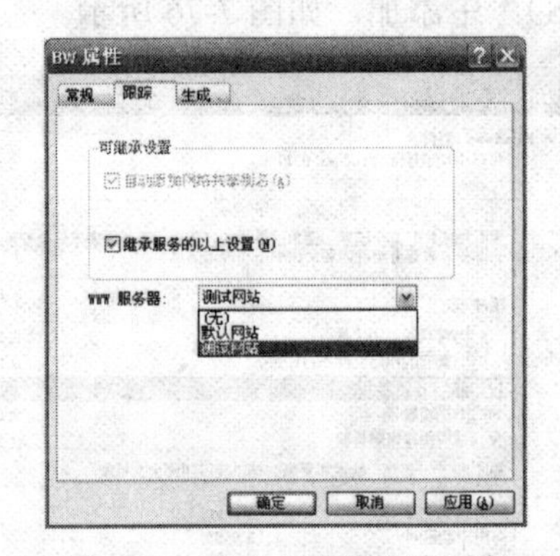

图 7-80 编录“跟踪”选项卡

（5）启动索引服务。

（6）单击配置好的编录下的“查询编录”，确认可在本地顺利进行查询。图 7-81 示意了标准查询的查询结果。

（7）在 Windows Server 2003 上启动 FrontPage，建立一个包含“搜索表单”的页面，保存在目的站点的主目录下。

（8）在 WWW 客户端，打开浏览器，访问在上一步建立的页面，即可对站点进行全文检索。图 7-82 为搜索结果示意图。

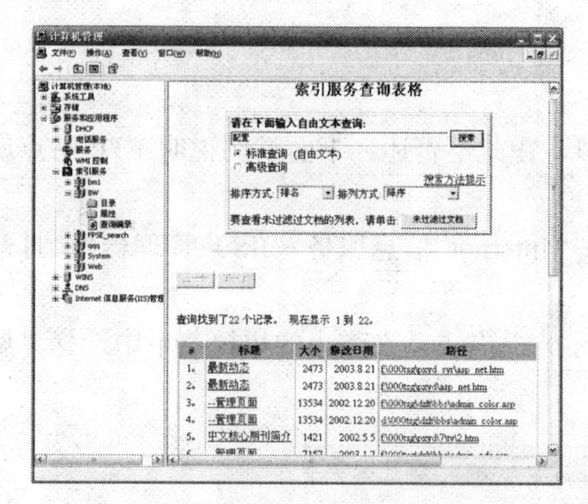

图 7-81 “查询编录”的查询结果

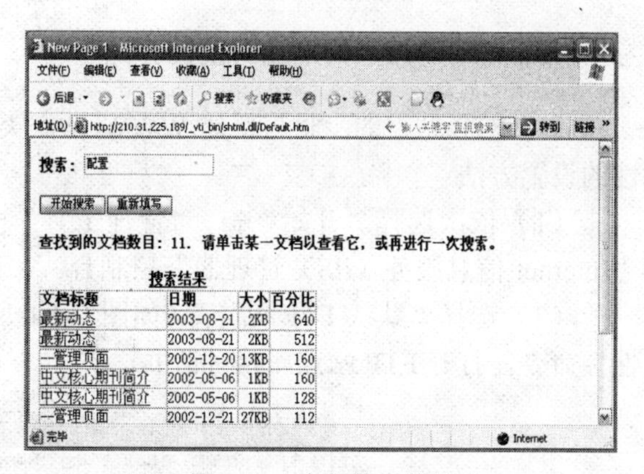

图 7-82 全文检索结果

7.5 FTP 服务

FTP 服务器主要提供在 Intranet 或 Internet 上传输文件的功能。通过安装 Windows Server 2003 的 IIS，便可建立常用的 FTP 服务器。

7.5.1 FTP 服务器的安装

（1）打开“添加或删除程序”对话框。

（2）单击“添加/删除 Windows 组件”，打开“Windows 组件向导”对话框。

（3）在“Windows 组件向导”对话框的“组件”列表中，选中“应用程序服务器”，如图 7-52 所示。

（4）在打开的“应用程序服务器”对话框中选择“Internet 信息服务（IIS)”，如图 7-53 所示，单击“详细信息”按钮，打开“Internet 信息服务（IIS)”对话框。

（5）在“Internet 信息服务（IIS)”对话框的“Internet 信息服务（IIS）的子组件”列表中，选中“文件传输协议（FTP）服务”，如图 7-83 所示，单击“确定”按钮。

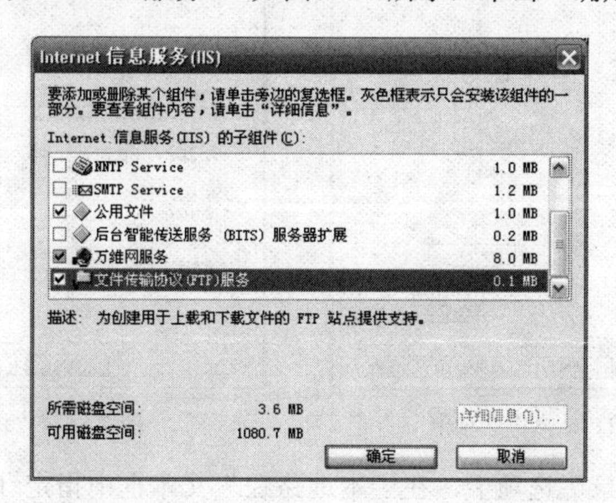

图 7-83 选中“文件传输协议（FTP）服务”

（6）之后，按屏幕提示操作即可。

7.5.2 FTP 站点的建立与设置

新建 FTP 站点的步骤与新建 WWW 站点类似，在此不赘述。下面举例说明 FTP 站点属性的设置方法。

（1）依次选择“开始”→“管理工具”→“Internet 信息服务（IIS）管理器”，打开“Internet 信息服务（IIS）管理器”控制台。

（2）选择“默认 FTP 站点”（如图 7-84 所示）并右击，在弹出的快捷菜单中选择“属性”命令，打开 FTP 站点属性对话框。

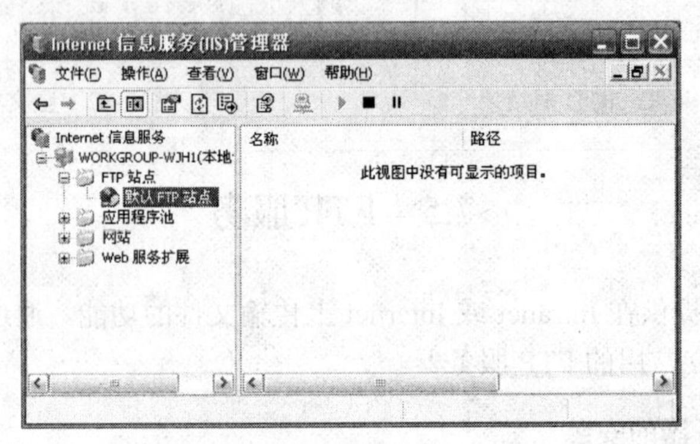

图 7-84 包含 FTP 站点的控制台

（3）选择“FTP 站点”选项卡，在“IP 地址”栏选择“210.31.225.189”；“TCP 端口”维持默认的“21”不变，如图 7-85 所示。

（4）选择“消息”选项卡，在“FTP 站点消息”框内分别输入用户登录本站点成功后显示的欢迎信息和离开本站点时的告别消息，如图 7-86 所示。

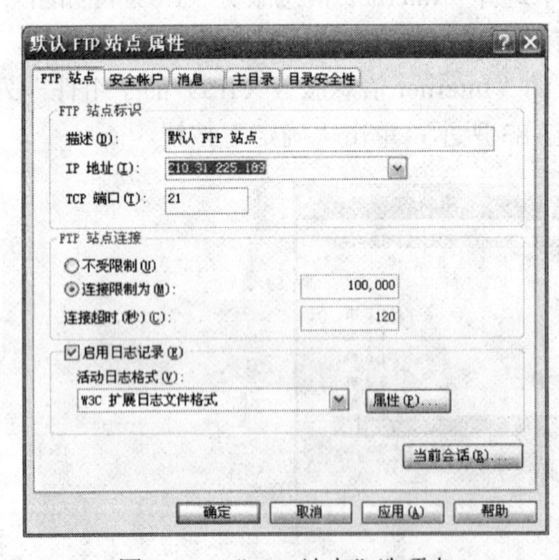

图 7-85 “FTP 站点”选项卡

图 7-86 “消息”选项卡

（5）选择“主目录”选项卡，在“本地路径”文本框中指定 FTP 资源的位置，如图 7-87 所示。

（6）选择“安全账户”选项卡，在该选项卡中，选择是否允许匿名用户（Anonymous）登录，并根据实际情况设置其他可管理此 FTP 站点的用户，如图 7-88 所示。

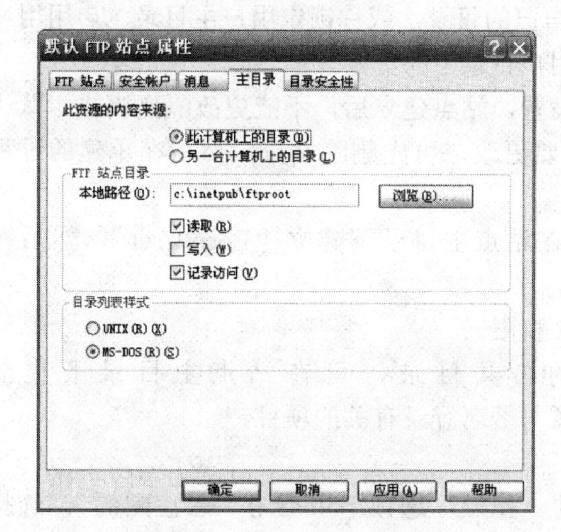

图 7-87 “主目录”选项卡

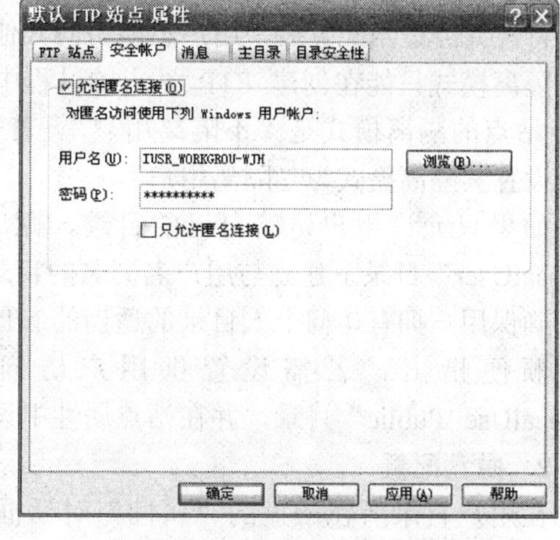

图 7-88 “安全账户”选项卡

（7）选择“目录安全性”选项卡，在此选项卡中，设置被允许或被拒绝登录本 FTP 站点的计算机的 IP 地址。

（8）如需要，也可为“默认 FTP 站点”建立虚拟目录，其具体操作方法与在 Web 站点中建立虚拟目录的方法相同，在此不再赘述。

（9）测试 FTP 服务器。若站点允许匿名登录，则可通过在地址栏中输入“ftp://210.31.225.189”的方法，用浏览器直接访问 FTP 站点（如图 7-89 所示）；如果站点不允许匿名登录，则利用上述方法访问 FTP 站点时，还需要输入用户名和密码。此外，也可以通过直接在浏览器地址栏中输入“ftp://用户名:密码@ftp.whpu.com”的方法来访问 FTP 站点。顺便指出，在命令提示符下，也可登录 FTP 站点（如图 7-90 所示）。

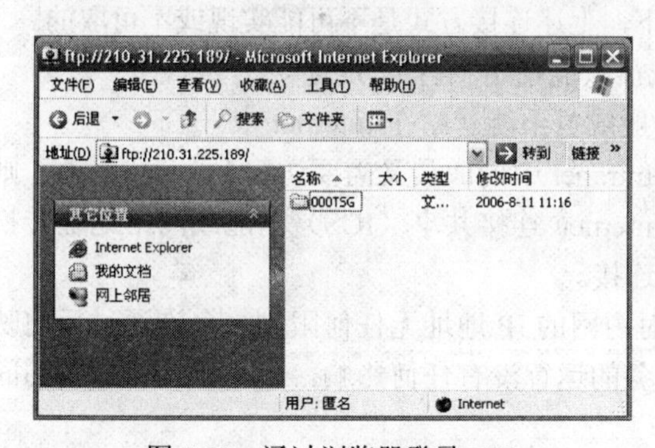

图 7-89 通过浏览器登录 FTP

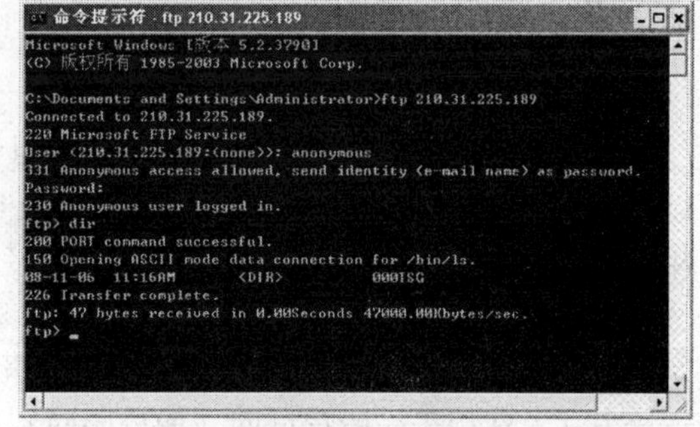

图 7-90 在命令提示符下登录 FTP

7.5.3 FTP 用户隔离与管理

对 FTP 空间管理者而言，其最重要的工作无疑是为客户分配可独立读写、大小适当的空间。在 Windows Server 2003 中，这一工作可借助系统本身的用户隔离和磁盘管理功能来完成。

1. FTP 用户隔离

FTP 用户隔离功能用于限制用户只能访问自己的目录，或称锁定用户主目录。启用用户隔离特性并经适当配置后，用户不能访问其他用户目录中的资源。

隔离模式只能在创建 FTP 站点的过程中设置，站点建立后，不能更改隔离模式。默认 FTP 站点的隔离模式是“不隔离用户”。若需要更改，可先删除站点，然后在重建的过程中，设置其隔离模式为“隔离用户”。

如果只允许用户访问自己的目录，则应在站点主目录下建立“LocalUser”，然后在“LocalUser”目录下建立与用户名同名的目录。

确保用户拥有访问个人目录的适当的 NTFS 权限。

顺便指出，若需设置供用户访问的公共目录，可在站点主目录下建立“LocalUser\Public”目录，并在站点属性中设置与匿名登录有关的项目。

2. 磁盘配额

在用户目录所在磁盘的“属性”对话框的“配额”选项卡中启用“磁盘配额”，选择“拒绝将磁盘空间给超过配额限制的用户”，单击“配额项”，配置用户可用空间的大小（例如只允许用户“suyr”使用该磁盘的 10M 空间）。

完成上述步骤后，在 FTP 客户机上，以“ftp://用户名:密码@域名或 IP 地址”登录 FTP 站点，即可进入用户独享的 FTP 目录并进行读写，同时系统将自动限制其可用磁盘容量。

7.6 网络地址转换与 Internet 连接共享

7.6.1 Intranet 与 Internet 的连接概述

借助路由器，将成员拥有合法的公有 IP 地址的 Intranet 接入 Internet 后，Intranet 将成为 Internet 的一个组成部分。但是在下列两种情况下，上述连接方式是不可能实现或不可取的。

- IP 地址不够使用，Intranet 中的一般成员只能使用私有 IP 地址。
- 出于安全方面的考虑，Intranet 中的一般成员不能暴露在 Internet 中。

如果不能将 Intranet 直接接入 Internet，但 Intranet 中的成员又需要访问 Internet 资源，则可以考虑利用 Windows Server 2003 提供的 Internet 连接共享（ICS）功能或网络地址转换（NAT）服务，实现 Intranet 与 Internet 的间接连接。

Windows Server 2003 提供的 NAT 服务，对内网的 IP 地址无任何限制，允许通过反向映射对外公开内网中的某些服务，对 DHCP 等服务的运行没有任何影响，是一种比较理想的间接连接方式，适用于一般局域网（如校园网）。

Windows Server 2003 提供的 ICS 功能，要求内网成员必须使用私有子网 192.168.0.0 中的 IP 地址，且在 Internet 中不能访问内网中的任何资源，此外，当启用 Internet 连接共享功能后，还将导致 Windows Server 2003 的 DHCP 等服务不能正常运行。虽然有上述缺点，但因为设置简单，因此在网吧、家庭、学生寝室以及小型办公环境中，得到了一定程度的应用。

目前，一般局域网是通过专线接入 Internet 的，其连接方式如图 7-91 所示。而网吧、家庭等微型局域网则往往通过 ADSL Modem 接入 Internet，其连接方式如图 7-92 所示。

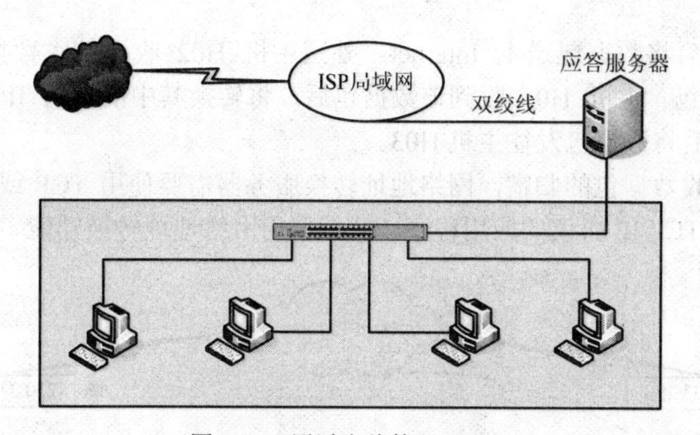

图 7-91　通过专线接入 Internet

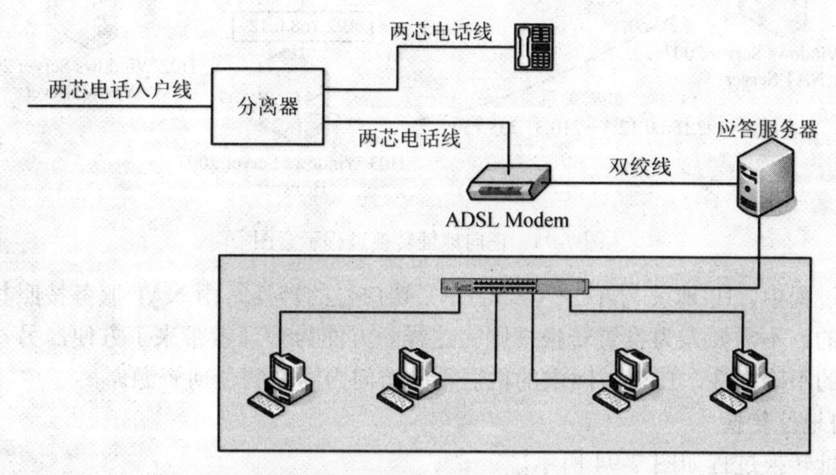

图 7-92　通过 ADSL Modem 接入 Internet

在上述两种方式下，应答服务器中都需要安装两块网卡，其中一块与外网相连，其连接参数由 ISP 提供（在本节所举的实例中，均假设 ISP 提供的 IP 地址为 210.31.233.130，子网掩码为 255.255.255.0，网关为 210.31.233.254，DNS 为 210.31.224.1），为叙述方便起见，将该网卡称为外网卡。另一块网卡与内网相连，称为内网卡。

7.6.2　利用地址转换服务连入 Internet

7.6.2.1　NAT 的工作机制

NAT 的工作机制的核心是地址转换。网络地址转换是可以双向进行的。能够实现内部网络与外部网络之间的双向通信。当内部网络用户需要访问外部网络时，网络地址转换系统可将私有地址映射为合法的 IP 地址；当外部网络用户需要访问内部网络时，地址转换系统可根据外部数据包中的相关信息，向相关内网主机提出访问请求。

1. 正向地址转换

正向地址转换过程如图 7-93 所示。

当主机 H03 需要访问外网主机 H02 中的资源时，其请求数据包首先被发往安装了 NAT 服务的主机 H01，NAT 服务将所接收数据包中的源 IP 地址（192.168.0.12）转换为合法公有 IP 地址（210.31.233.130），源 TCP（或 UDP）端口号转换为 H01 中的一个可用 TCP（或

UDP）端口号，之后将数据包送上 Internet。外网主机 H02 收到请求数据包后，将向主机 H01 发送响应数据包。主机 H01 收到该数据包后，将转换其中的目的 IP 地址与 TCP（或 UDP）端口号，之后将数据包发往主机 H03。

为了确定所接收数据包的归宿，网络地址转换服务器需要使用 TCP 或 UDP 端口号，这意味着，只有使用 TCP/IP 协议的应用程序，才能使用网络地址转换功能。

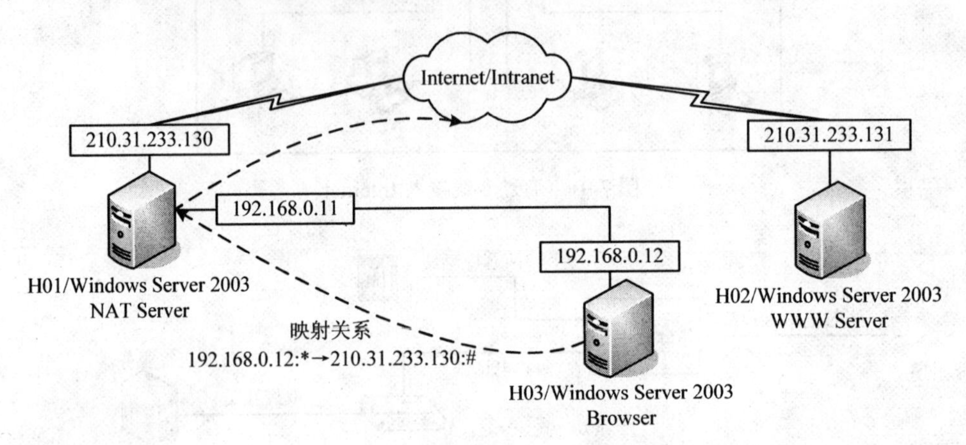

图 7-93 正向地址转换过程示意图

在上述过程中，IP 地址与 TCP（或 UDP）端口号的转换是由 NAT 服务按照其内置的处理逻辑进行的，不需要人为设置转换规则。这样一方面为管理者带来了方便，另一方面也因为映射关系的不确定性，使得外网中的机器不能访问内网中的任何资源。

2. 反向地址转换

反向地址转换过程如图 7-94 所示。

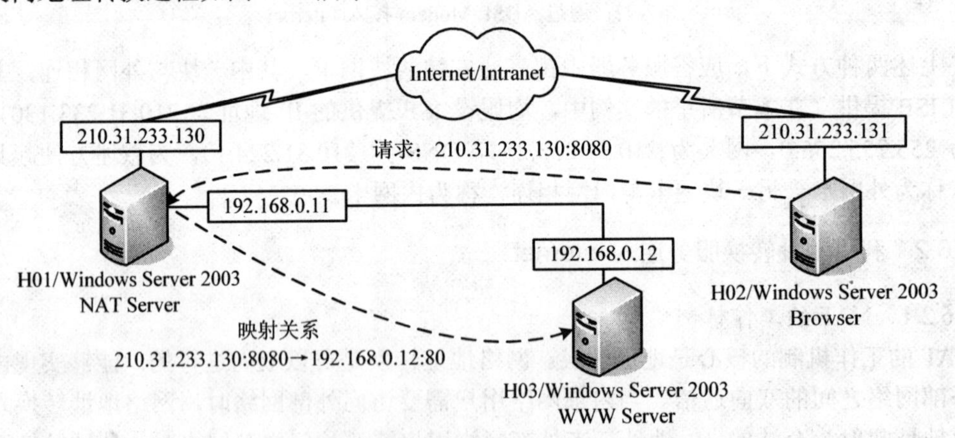

图 7-94 反向地址转换过程示意图

为使外网中的机器能访问内网中的资源，需要为 NAT 明确指定反向地址映射关系。例如在图 7-94 中，为 NAT 指定了反向映射关系（210.31.233.130:8080→192.168.0.12:80），则外网主机（例如 H02）对资源 210.31.233.130:8080 的请求将首先被发往主机 H01，然后主机 H01 中的 NAT 服务就会将此请求转换为对 192.168.0.12:80 的请求并将请求发往主机 H03 以获取服务，主机 H03 的响应数据包又由 NAT 转交主机 H02，这样就完成了一次通信。

显然，对于内网中的其他资源，如果不进行上述映射，外网用户将不能进行访问。因此，网络地址转换还具有防火墙的作用。

7.6.2.2　NAT 服务的设置

图 7-95 为一设置 NAT 服务的硬件环境。下面以该环境为例，介绍将主机 H03 连入 Internet 的步骤。

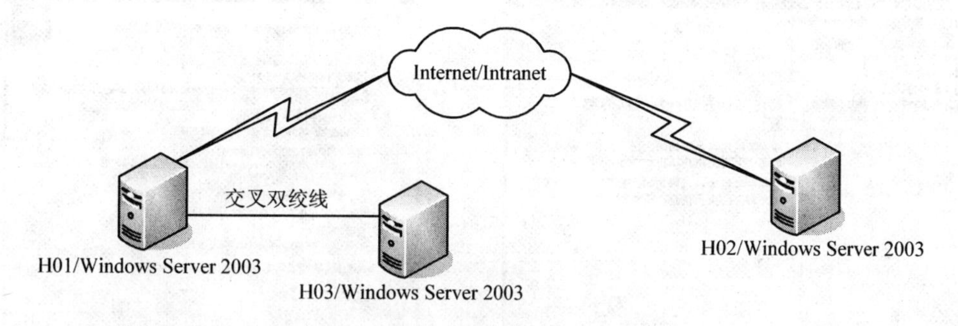

图 7-95　NAT 服务设置实验环境

1．利用 NAT 将内网用户接入 Internet

（1）在 NAT 服务器上，设置外网卡的参数，如表 7-1 所示。

表 7-1　外网卡参数设置

参数名称	设置值	说明
IP 地址	210.31.233.130	由 ISP 提供（必须设置）
子网掩码	255.255.255.0	由 ISP 提供（必须设置）
默认网关	210.31.233.254	由 ISP 提供（必须设置）
DNS	210.31.224.1 210.31.235.129	由 ISP 提供（如果不设置，则本地机不支持域名）

（2）在 NAT 服务器上，设置内网卡参数，如表 7-2 所示。

表 7-2　NAT Server 内网卡参数设置

参数名称	设置值	说明
IP 地址	192.168.0.11	如果使用的地址与外网地址有重叠，则外网中相应的地址将不能被访问
子网掩码	255.255.255.0	

（3）在 NAT 服务器上，依次选择“开始”→“管理工具”→“路由和远程访问”，打开“路由和远程访问”窗口，如图 7-96 所示。在控制台左侧窗格中右键单击 NAT 服务器，在弹出的快捷菜单中选择“配置并启用路由和远程访问”命令，启动“路由和远程访问服务器安装向导”，单击“下一步”按钮，打开“配置”对话框，如图 7-97 所示。

（4）在“配置”对话框中，选择“网络地址转换（NAT）”，单击“下一步”按钮，在打开的“NAT Internet 连接”对话框中，选择“使用此公共接口连接 Internet”，在对应列表中选择与外网的连接，如图 7-98 所示。

（5）单击“下一步”按钮，在随后出现的如图 7-99 所示的对话框中单击“完成”按钮。

（6）确认 NAT 服务器能够顺利接入 Internet。

（7）在内网主机 H03 上，按表 7-3 设置网卡参数。

（8）在内网主机 H03 上开启浏览器，确认可以访问外网资源。

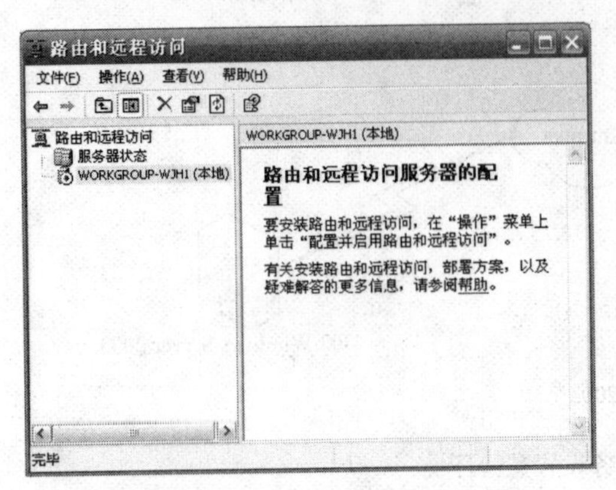

图 7-96 “路由和远程访问”控制台

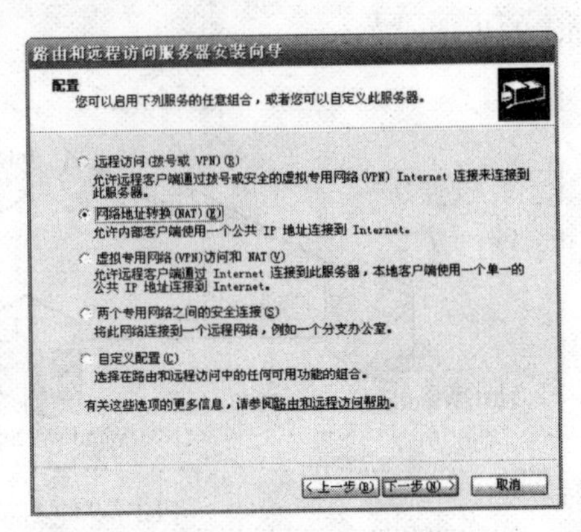

图 7-97 “配置”对话框

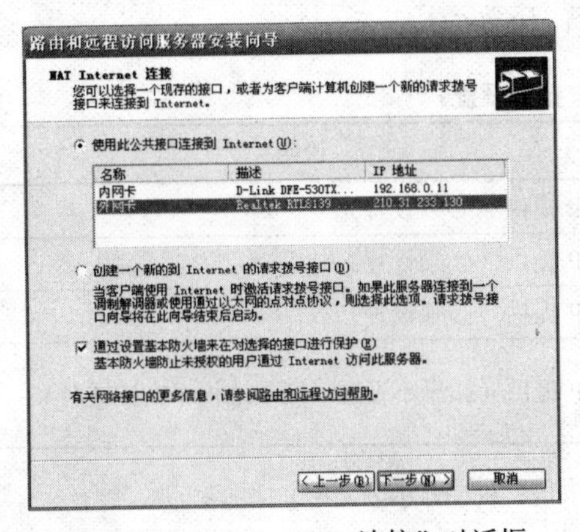

图 7-98 “NAT Internet 连接”对话框

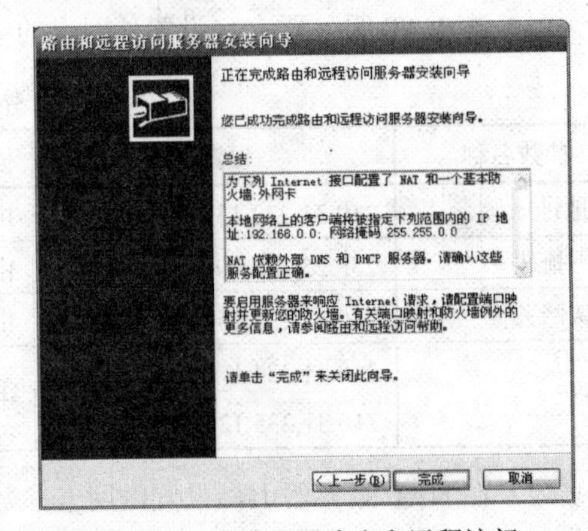

图 7-99 成功配置路由和远程访问

表 7-3 内网主机参数设置（1）

参数名称	设置值	说明
IP 地址	192.168.0.12	用于访问 NAT 服务器
子网掩码	255.255.255.0	
默认网关	192.168.0.11	用于通过 NAT 服务器访问外网
DNS	210.31.224.1 210.31.235.129	由 ISP 提供

2. 让外网用户访问内网中的特定资源

（1）在“路由和远程访问”窗口左侧窗格中依次选择“服务器”→“IP 路由选择”→“NAT/基本防火墙”，如图 7-100 所示。

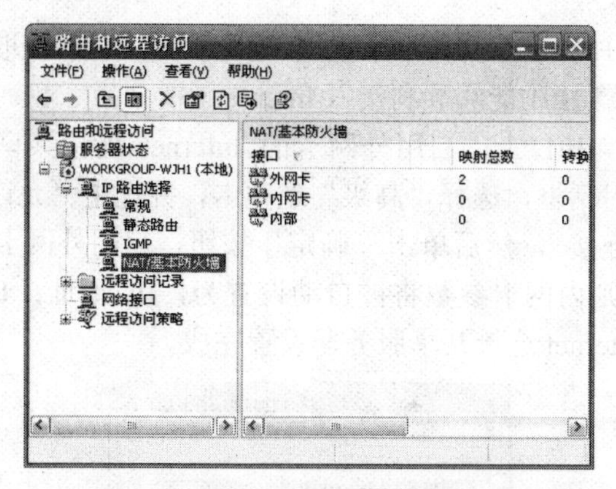

图 7-100 选择“NAT/基本防火墙”

（2）在图 7-100 所示窗口右侧窗格中右键单击与外网的连接，在弹出的快捷菜单中选择“属性”命令，打开“属性”对话框，选择“服务和端口”选项卡，如图 7-101 所示。

（3）在图 7-101 中单击“添加”按钮，打开“添加服务”对话框，完成如图 7-102 所示的“合法地址：端口号→私有地址：端口号”的映射关系，依次单击“确定”按钮。在完成上述设置后，外网主机（如 H02）即可通过“210.31.233.130:8080”访问位于内网“192.168.0.12:80”处的资源。此处的“服务描述”项只起提示作用，可在文本框中输入任意内容。

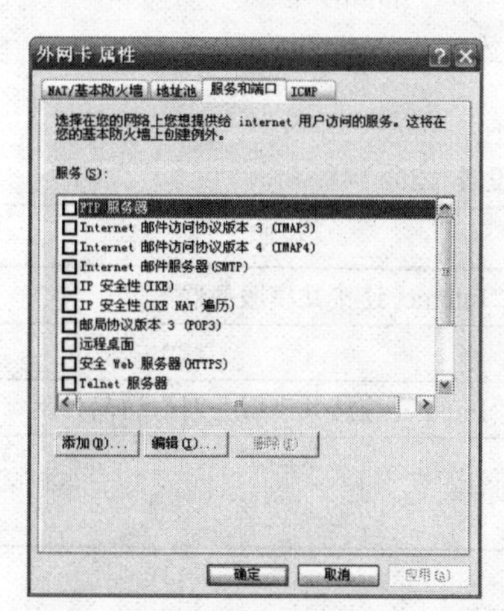

图 7-101 “服务和端口”选项卡

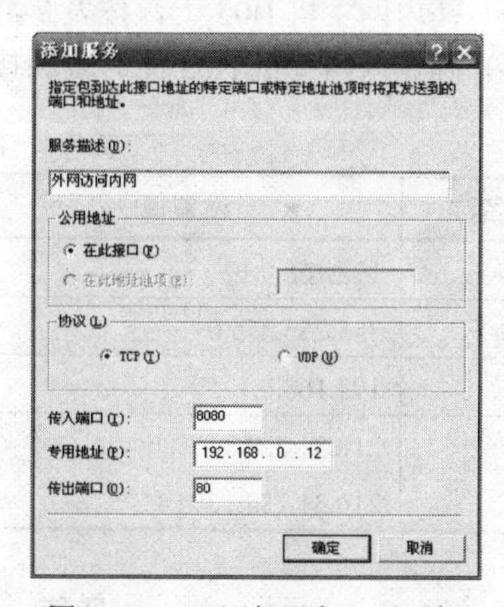

图 7-102 “添加服务”对话框

7.6.3 利用 Internet 连接共享功能连入 Internet

Internet 连接共享可视为网络地址转换的简装版。较新版本的 Windows 操作系统（如 Windows 9x/NT/ME/2000/XP、Windows 2000 Server 及 Windows Server 2003）都内置了该功能，使用方法也类似。

下面以 Windows Server 2003 为例，说明如何利用 Internet 连接共享功能将图 7-95 中的内网主机 H03 接入 Internet。

（1）在应答服务器 H01 上，设置外网卡的参数，如表 7-1 所示。

（2）在应答服务器 H01 上，将内网卡的 IP 地址设为“自动获取”，DNS 设为空。

（3）确认应答服务器 H01 能够顺利接入 Internet。

（4）在应答服务器 H01 上，启用外网卡的 Internet 连接共享功能。打开应答服务器 H01 的“外网卡属性”对话框，选择“高级”选项卡，并选中“允许其他网络用户通过此计算机的 Internet 连接来连接”，然后单击“确定”按钮，启用外网卡的 Internet 连接共享功能，如图 7-103 所示。则内网卡参数将被自动设置为，IP 地址：192.168.0.1，子网掩码：255.255.255.0。至此，Internet 连接共享服务器设置完成。

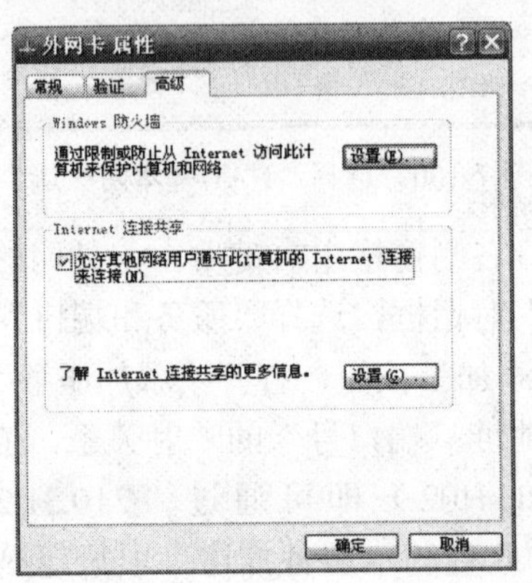

图 7-103 启用外网卡的 Internet 连接共享功能

（5）在内网主机 H03 上，按表 7-4 设置网卡参数。

（6）确认内网主机 H03 能够顺利接入 Internet。

表 7-4 内网主机参数设置（2）

参数名称	设置值	说明
IP 地址	192.168.0.12	用于访问“Internet 连接共享服务器”
子网掩码	255.255.255.0	
默认网关	192.168.0.1	用于通过“Internet 连接共享服务器”访问外网
DNS	210.31.224.1 210.31.235.129	由 ISP 提供

7.7 远程访问 VPN

7.7.1 远程访问 VPN 的工作机制

VPN（Virtual Private Network，虚拟专用网）是通过共享 IP 网中的“隧道”而建立的专用网络。

通过 VPN 可在远程网络之间、专用网络与远程用户之间建立安全的、点对点的连接。例如可通过 VPN 技术将同属一个公司、分别位于北京和上海的两个专用网络通过 IP 网络连接起来；也可使漫游到美国的用户通过 IP 网络与北京的专用网络相连，成为专用网络的成员。本节只讨论后一情况，即远程用户通过 IP 网络与专用网络相连的情况。

需要强调指出的是，这里所谈到的远程用户访问专用网络，特指远程用户通过 IP 网络成为专用网络的成员，而不是指远程用户以 Internet 主机的身份远程访问专用网络资源。

典型的远程访问 VPN 的工作机制如图 7-104 所示。

VPN 是基于 C/S 模式工作的。

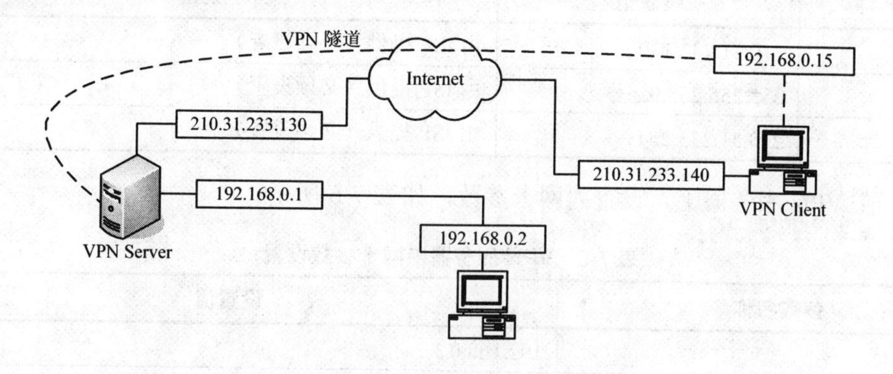

图 7-104　远程访问 VPN 工作机制示意图

在图 7-104 中，位于异地的 VPN 客户首先通过所在地的 ISP 接入 Internet，之后向 VPN 服务器发出连接申请以登录到专用网络。而 VPN 服务器在收到客户通过 Internet 发来的登录请求后，将首先确认用户身份，如果用户身份通过了验证，则服务器将与客户协商使用哪些隧道和加密协议，并根据协商的结果建立 VPN 连接——安全的、加密过的隧道。连接一旦完成，客户就成为专用网中的一员，与专用网的本地成员毫无区别。这意味着，远程用户将拥有一个专用网中的合法 IP 地址。因此，在图 7-104 中，VPN 客户拥有两个 IP 地址，一个用于与 Internet 相连，另一个则用于与专用网相连。

7.7.2　利用路由和远程访问服务实现远程访问 VPN

利用 Windows Server 2003 的路由和远程访问服务，可以建立 VPN 服务，而 Windows XP Professional 已经内置了 VPN 客户功能。图 7-105 为一个设置访问 VPN 服务的硬件环境。下面以该环境为例，介绍将主机 H00 连入专用网的步骤。

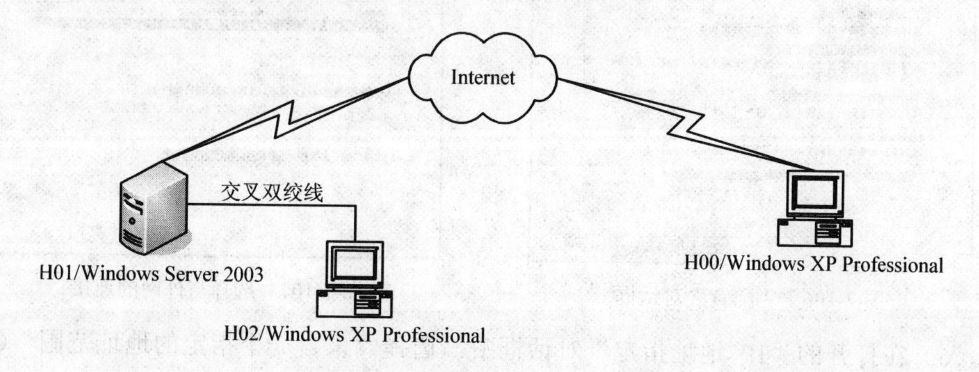

图 7-105　远程访问 VPN 实验环境

在图 7-105 中，VPN 服务器 H01 中装有两块网卡，其中一块与外网相连，其连接参数由 ISP 提供，为叙述方便起见，将该网卡称为外网卡。另一块网卡与内网相连，称为内网卡。

1. VPN 服务器的设置

（1）在 VPN 服务器上，设置外网卡的参数，如表 7-5 所示。

表 7-5 VPN 服务器外网卡参数设置

参数名称	设置值	说明
IP 地址	210.31.233.130	由 ISP 提供（必须设置）
子网掩码	255.255.255.0	由 ISP 提供（必须设置）
默认网关	210.31.233.254	由 ISP 提供（必须设置）

（2）在 VPN 服务器上，设置内网卡参数，如表 7-6 所示。

表 7-6 VPN 服务器内网卡参数设置

参数名称	设置值
IP 地址	192.168.0.1
子网掩码	255.255.255.0

（3）在 VPN 服务器上，依次选择“开始”→“管理工具”→“路由和远程访问”，打开“路由和远程访问”窗口，在左侧窗格中右键单击服务器，在弹出的快捷菜单中选择“配置并启用路由和远程访问”命令，启动“路由和远程访问服务器安装向导”，单击“下一步”按钮，打开“配置”对话框。

（4）在“配置”对话框中，选择“虚拟专用网络（VPN）访问和 NAT”，如图 7-106 所示。

（5）单击“下一步”按钮，在打开的“VPN 连接”对话框的“网络接口” 列表中选择与外网的连接，如图 7-107 所示，完成后单击“下一步”按钮。

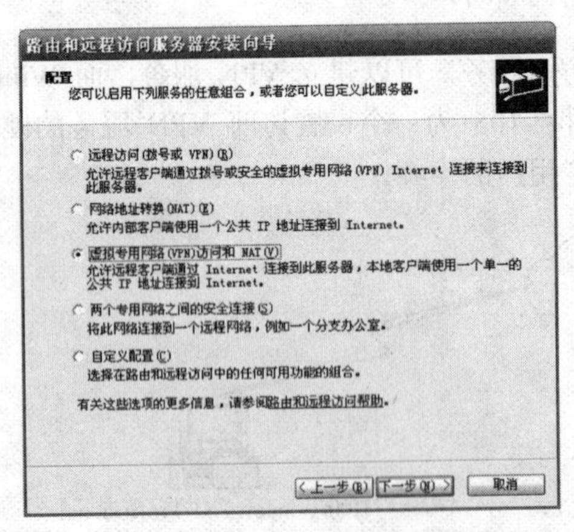

图 7-106 “配置”对话框

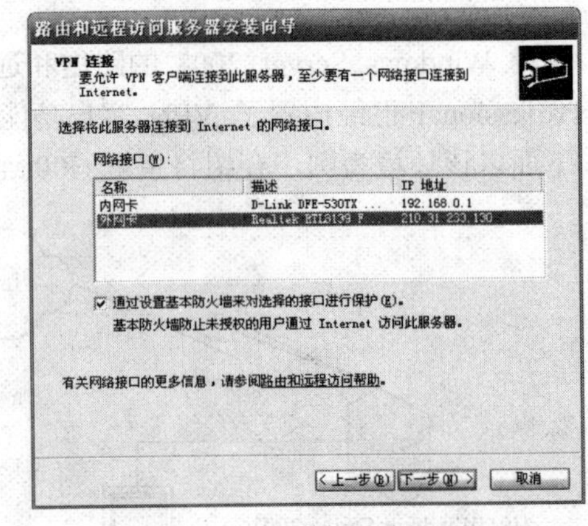

图 7-107 选择与外网的连接

（6）在打开的“IP 地址指定”对话框中，选择“来自一个指定的地址范围”（如图 7-108 所示），单击“下一步”按钮。

（7）在打开的“地址范围指定”对话框中，为远程客户分配范围在 192.168.0.10～192.168.0.20 之间的 IP 地址，如图 7-109 所示。完成后单击“下一步”按钮。

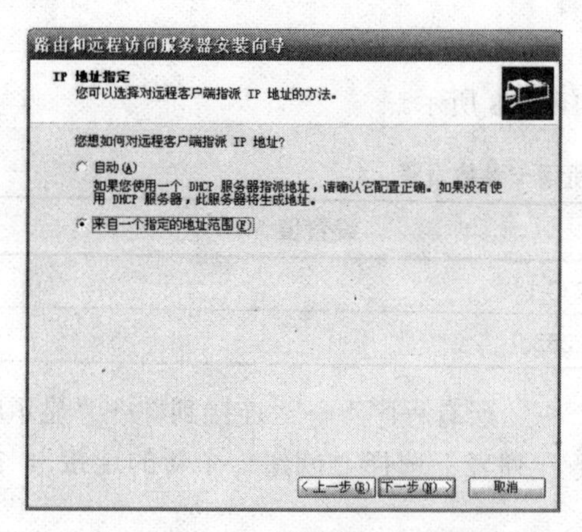

图 7-108 “IP 地址指定”对话框

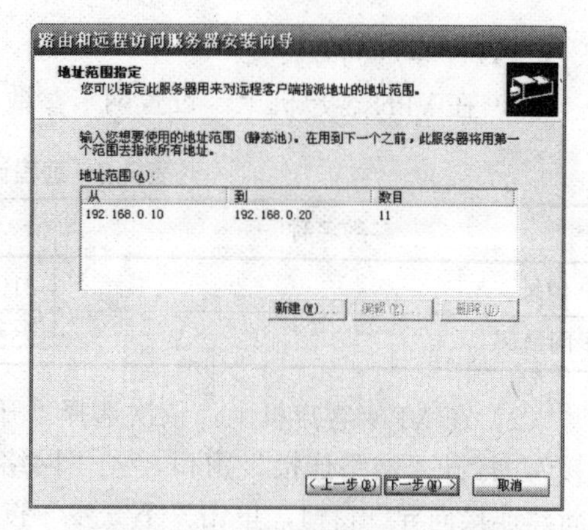

图 7-109 “地址范围指定”对话框

（8）在打开的“管理多个远程服务器”对话框中选择“否，使用路由和远程访问来对连接请求进行身份验证”。

（9）在随后出现的对话框中单击“完成”按钮。

（10）在 VPN 服务器上授予远程访问权限。打开“路由和远程访问”窗口，单击 VPN 服务器的“远程访问策略”项目，在右侧窗格中双击“到 Microsoft 路由选择和远程访问服务器的连接”，打开如图 7-110 所示的对话框，选中“授予远程访问权限”，单击“确定”按钮。

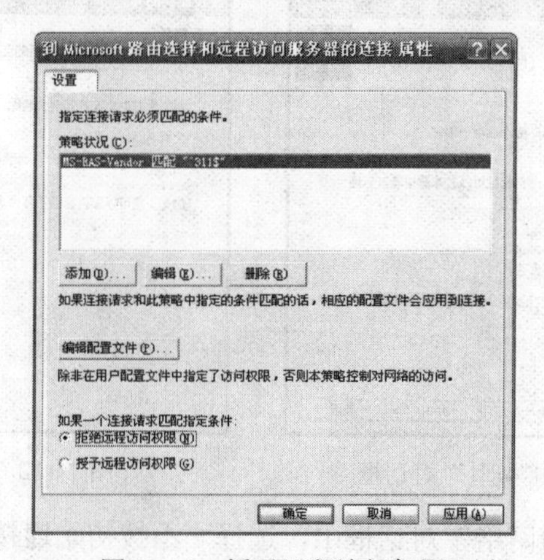

图 7-110 授予远程访问权限

2. VPN 本地计算机的设置

（1）为位于本地的计算机 H02 配置 IP 参数，如表 7-7 所示。

（2）确认本地的计算机能够与 VPN 服务器连通。

表 7-7 本地计算机网卡参数设置

参数名称	设置值
IP 地址	192.168.0.2
子网掩码	255.255.255.0

3. VPN 客户机的设置

（1）在 VPN 客户机上，设置网卡参数，如表 7-8 所示。

表 7-8 远程计算机网卡参数设置

参数名称	设置值
IP 地址	210.31.233.140
子网掩码	255.255.255.0

（2）在 VPN 客户机上，依次选择“开始”→“所有程序”→“连接到”→“显示所有连接”，打开“网络连接”窗口，在“网络任务”列表下选择“创建一个新的连接”，打开“新建连接向导”窗口，单击“下一步”按钮。

（3）在“网络连接类型”对话框中选择“连接到我的工作场所的网络”（如图 7-111 所示），单击“下一步”按钮。

（4）在打开的“网络连接”对话框中，选中“虚拟专用网络连接”，单击“下一步”按钮。

（5）在打开的“连接名”对话框中，输入连接的名称（如图 7-112 所示），单击“下一步”按钮。

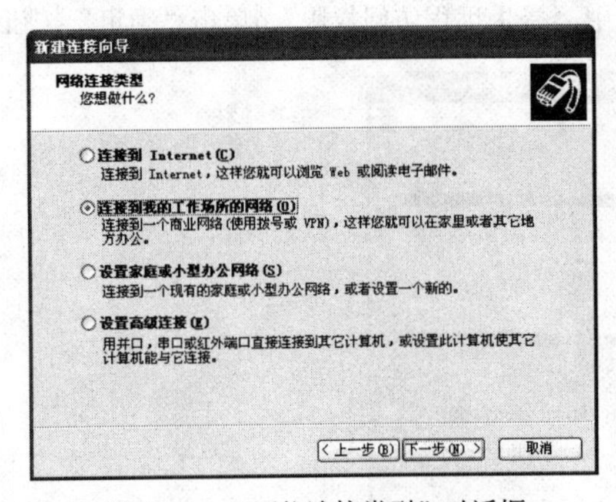

图 7-111 “网络连接类型”对话框

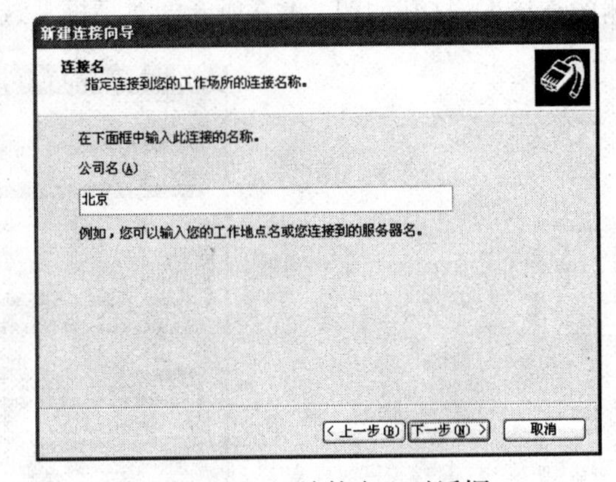

图 7-112 “连接名”对话框

（6）在打开的“公用网络”对话框中，选择“不拨初始连接”，单击“下一步”按钮。

（7）在打开的“VPN 服务器选择”对话框中，输入 VPN 服务器的域名或 IP 地址（如图 7-113 所示），单击“下一步”按钮。

（8）在“正在完成新建连接向导”对话框中，选中“在我的桌面上添加一个到此连接的快捷方式”（如图 7-114 所示），单击“完成”按钮。

（9）在打开的连接对话框中，输入用户名和密码，如图 7-115 所示，单击“连接”按钮，将远程计算机连入专用网络。正常连接后，在任务栏将出现连接完成提示信息。

4. 在远程计算机上访问虚拟专用网中的资源

（1）在位于本地的计算机 H02 上建立共享资源。

（2）在 VPN 客户机上，以“\\192.168.0.2”的方式访问虚拟专用网中的资源。

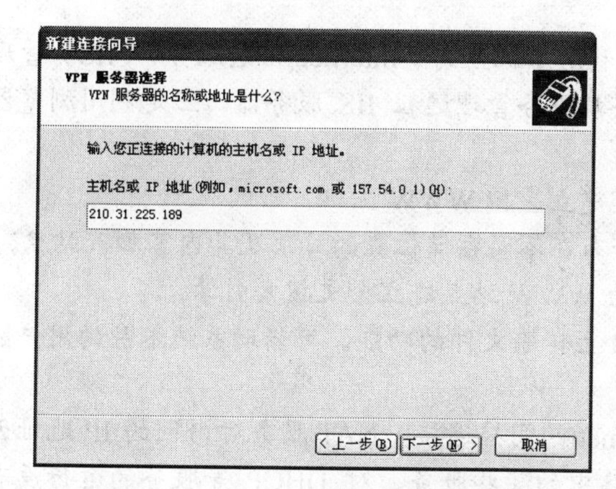

图 7-113 “VPN 服务选择”对话框

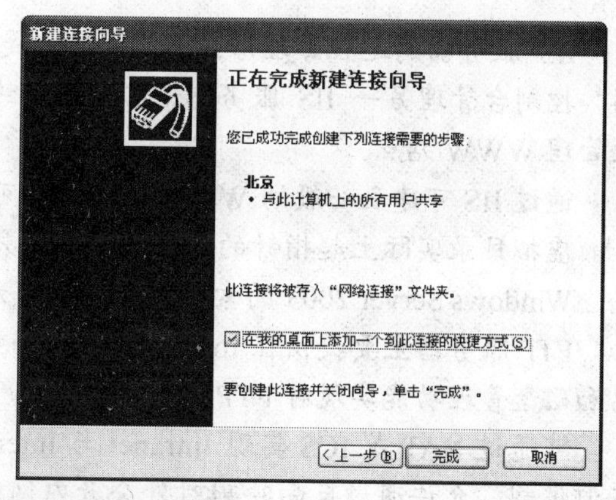

图 7-114 “正在完成新建连接向导”对话框

图 7-115 输入用户名和密码

绝大多数中低端服务器都选用 Windows Server 2003。Windows Server 2003 家族的 32 位版本包括 Windows Server 2003 标准版、Windows Server 2003 企业版、Windows Server 2003 Datacenter 版和 Windows Server 2003 Web 版。

DHCP 服务可向客户提供 IP 环境参数，以充分利用 IP 地址资源并减少操作差错。通过将 IP 地址与网卡的 MAC 地址绑定，可使主机获得固定不变的 IP 地址；通过建立超级作用域，可将对应于不同 IP 子网的作用域组合起来，并使其都能为 DHCP 客户机提供 IP 地址。DHCP 服务器的管理层次为 DHCP→DHCP 服务器→超级作用域→作用域→所管理的 IP 地址。

DNS 服务主要向客户提供域名解析服务。DNS 服务器以区域为管理单位，其管理层次基本上是服务器→区域→域→子域→主机。当 DNS 服务器不能满足客户机的查询要求时，可要求其转发器帮助查询或者将转发器的 IP 地址提交给客户机。可为主机建立别名记录，以用于不同的应用（例如虚拟主机等）。

WWW 服务器的作用是，接收来自客户机的访问请求，返回适当的 HTML 文档。

IIS 服务器的远程管理形式有三种，一是利用本机上的“Internet 信息服务（IIS）管理器”控制台管理另一 IIS 服务器，二是使用终端服务管理远程 IIS 服务器，三是利用浏览器来管理 WWW 站点。

通过 IIS 可建立一般的 WWW 主机，也可建立虚拟 WWW 主机。

虚拟目录实际上起指针的作用，用于将分布在不同存储位置的目录及其内容加入站点。

Windows Server 2003 的索引服务可用于为 WWW 站点建立全文搜索引擎。

FTP 服务器主要提供在 Intranet 或 Internet 上传输文件的功能。可借助系统本身的用户隔离和磁盘管理功能实现对 FTP 客户的管理。

可通过 NAT 或 ICS 实现 Intranet 与 Internet 的间接连接。NAT 服务对内网的 IP 地址无任何限制、允许通过反向映射对外公开内网络中的某些服务、对 DHCP 等服务的运行没有任何影响，是一种比较理想的间接连接方式，适用于一般局域网；ICS 要求内网成员只能使用私有子网 192.168.0.0 中的 IP 地址，且在 Internet 中不能访问内网中的任何资源。此外，当启用 Internet 连接共享功能后，还将导致 Windows Server 2003 的 DHCP 等服务不能正常运行。

通过 VPN 服务器可在远程网络之间、专用网络与远程用户之间建立安全的、点对点的连接。

一、填空题

1．DHCP 服务器向客户机分配 IP 地址的两种方式为________和________。

2．手工为连接指定的 IP 地址称为________地址；而由 DHCP 服务器向客户机分配的 IP 地址称为________地址。

3．可以通过________命令查看 DHCP 客户机获得的 IP 地址。

4．无论 DNS 客户机向 DNS 服务器查询，还是 DNS 服务器向其他 DNS 服务器查询，可能的查询方式有 3 种，即________、________和________。

5．域名系统由________、________、________和________4 部分组成。

6．WWW 服务是通过超链接技术，在位于不同位置的文件之间建立链接，从而可以为用户提供一种________的访问方式，方便用户查询不同的信息资源。

7．Web 站点的实体是文件，这些文件被组织在一个树形目录结构中，其中位于最上层的目录就是站点的根目录，根目录可以是________，只起一个指针作用。

8．IIS 服务器的远程管理形式有 3 种，即________、________和________。

9．IIS6.0 在对 Web 应用程序的支持上有很大改进，可以为基于 Web 的应用程序配置服务器，其中可以配置________和________两种隔离模式。

10．在通过 Windows Server 2003 的索引服务为 WWW 站点建立全文搜索引擎时，WWW Server 中必须安装________和 FrontPage 2002 Server Extensions。

11．________是索引的最高级管理单位，信息均以其为单位存储，用户可以根据需要对其进行添加、删除和配置。

12．如果不能将 Intranet 直接接入 Internet，则可以考虑利用 Windows Server 2003 提供的________或________，实现 Intranet 与 Internet 的间接连接。

二、选择题

1．DHCP 客户端获得的 IP 地址是由 DHCP 服务器的（　　）提供的。

A．地址池　　B．作用域

C．超级作用域　　D．保留地址

2．DNS 服务器是以（　　）为单位进行管理的。

A．主机　　B．区域　　C．域　　D．子域

3．WWW 服务中，服务器端默认的 TCP 端口号为（　　）。

A．20　　B．8080　　C．80　　D．21

4．FTP 服务中，服务器端默认的 TCP 端口号为（　　）。

A．20　　B．8080　　C．80　　D．21

5．如果没有特殊声明，匿名 FTP 服务登录账号为（　　）。

A．anonymous　　B．administrator

C．user　　D．guest

6．下列说法正确的是（　　）。

A．一台主机只能拥有一个 MAC 地址

B．一个 MAC 地址只能对应一个 IP 地址

C．自动获取的 IP 地址只能在 DHCP 服务器端查看，在客户端无法查看

D．使用同一 IP 地址，不同主机头架设多个 Web 站点后，可以通过域名来访问对应网站

7．在 Internet 中，（　　）负责将主机域名转换为主机的 IP 地址。

A．DNS（域名系统）　　B．DHCP（动态主机配置协议）

C．FTP（文件传输协议）　　D．TCP（传输控制协议）

三、判断正误

1．在对工作性能和安全性要求苛刻的场景中，应选用 Windows Server 2003。（　　）

2．DHCP 服务器只能提供与其本身同属一个网段的 IP 地址。（　　）

3．DNS 服务要求一个 IP 地址只能对应一个域名。（　　）

4．DNS 服务要求一台主机只能拥有一个 IP 地址，并且只能对应一个域名。（　　）

5．WWW 服务器站点的“文档”选项卡的作用是指用户能够访问的默认文档的名称，此名称必须是 Default.htm，不能更改，也不能添加或删除。（　　）

6．可以在 FTP 服务器端的“主目录”选项卡中设置访问权限，并为用户配置磁盘配额。（　　）

四、问答题

1．Windows Server 2003 包括哪 4 种 32 位版本？

2．简述 DHCP 服务的工作机制。

3．申请新的IP地址时，DHCP客户机与服务器需要完成哪些通信过程？

4．要将一IP地址“保留”给某一DHCP客户，在DHCP服务器上应如何操作？

5．若需要在DHCP服务器上增加一个作用域，该作用域的地址范围与用于侦听DHCP服务请求的IP地址不在同一IP网段内，但要求该作用域能正常工作，应如何操作？

6．在为客户机分配IP地址与子网掩码的同时，DHCP服务器还可将哪些IP环境参数一并分配给客户机？

7．当DHCP客户机请求DHCP服务失败时，其IP地址将在什么范围之内？

8．简述DNS服务的工作机制。

9．DNS客户机向DNS服务器请求服务时，可能的查询方式有哪3种？

10．简述在DNS服务器上为主机建立别名记录的主要步骤。

11．简述Web服务的工作机制。

12．在选择WWW服务器软件时，应重点考虑哪些因素？

13．简述WWW站点主目录的概念。

14．在WWW服务器中，虚拟目录有什么用途？

15．什么是虚拟主机技术？在IIS的WWW服务器中可用哪些方式建立虚拟主机？其中哪种方式比较理想？

16．简述借助Windows Server 2003的索引服务为WWW站点建立全文搜索引擎的主要过程。

17．简述FTP服务的工作机制。

18．简述FTP客户管理的主要内容。

19．简述利用ICS功能与利用NAT服务将局域网接入Internet的主要区别。

20．简述NAT服务器中的反向地址转换过程。

21．简述远程访问VPN服务的工作机制。

22．建立远程访问VPN服务有什么实用价值？

23．简述建立远程访问VPN服务的主要步骤。

第 8 章 IP 测试

本章比较详细介绍与 IP 链路相关的几个测试命令，包括 ipconfig、arp、netstat、ping、tracert，对各命令的常用参数进行解释，并给出应用实例。

- 结点测试命令 ipconfig、arp、netstat
- 链路测试命令 ping、tracert

8.1 结点测试

8.1.1 ipconfig

1. 简介

ipconfig 命令用于显示所有当前 TCP/IP 网络配置值、DHCP 和 DNS 的设置。使用不带参数的 ipconfig 可以显示所有适配器的 IP 地址、子网掩码、默认网关。它对于检测不正确的 IP 地址、子网掩码和广播地址是很有效的。在故障检测中，ipconfig 能提供十分重要的信息，但要深入检查问题，并排除故障，还需要其他诊断工具。

2. 语法及参数说明

ipconfig 命令的完整格式如下：

```
ipconfig [/? | /all | /renew [adapter] | /release [adapter] |
         /flushdns | /displaydns | /registerdns |
         /showclassid adapter |
         /setclassid adapter [classid] ]
```

常用参数如表 8-1 所示。

表 8-1 ipconfig 命令常用参数

参数	说明
/?	查看 ipconfig 所有的命令参数
/all	显示所有适配器完整的 TCP/IP 配置信息，若没有该参数只显示 IP 地址、子网掩码和各个适配器默认网关的值
/renew [adapter]	更新所有适配器或特定适配器的 DHCP 配置。该参数仅在配置为自动获取 IP 地址网卡的计算机上可用。“adapter”是不带参数 ipconfig 命令显示的适配器名称
/release [adapter]	发送 DHCPRELEASE 消息到 DHCP 服务器，以释放所有适配器或特定适配器自 DHCP 服务器获取的 IP 地址等参数。“adapter”是不带参数 ipconfig 命令显示的适配器名称

续表

参数	说明
/flushdns	清空 DNS 客户解析器缓存
/displaydns	显示 DNS 客户解析器缓存中的内容，包括从本地主机文件预装载或通过查询获得的资源记录
/registerdns	提供手工启动在计算机上配置的 DNS 名称和 IP 地址的动态注册的方法。可帮助解决失败的 DNS 名称注册问题或客户端与 DNS 服务器之间的动态更新问题。该命令会刷新所有的 DHCP 地址租约并注册由客户端计算机配置和使用的所有相关 DNS 名称

3. 举例

（1）查看所有适配器的完整 TCP/IP 配置信息。

```
C:\Documents and Settings\Administrator>ipconfig /all
Windows IP Configuration
        Host Name . . . . . . . . . . . . : qyjun
        Primary Dns Suffix  . . . . . . . :
        Node Type . . . . . . . . . . . . : Unknown
        IP Routing Enabled. . . . . . . . : No
        WINS Proxy Enabled. . . . . . . . : No
Ethernet adapter 本地连接:
        Connection-specific DNS Suffix  . :
        Description . . . . . . . . . . . : Realtek RTL8168/8111 PCI-E
thernet NIC
        Physical Address. . . . . . . . . : 00-19-DB-F9-12-1A
        Dhcp Enabled. . . . . . . . . . . : Yes
        Autoconfiguration Enabled . . . . : Yes
        IP Address. . . . . . . . . . . . : 192.168.0.101
        Subnet Mask . . . . . . . . . . . : 255.255.255.0
        Default Gateway . . . . . . . . . : 192.168.0.1
        DHCP Server . . . . . . . . . . . : 192.168.0.1
        DNS Servers . . . . . . . . . . . : 192.168.0.1
        Lease Obtained. . . . . . . . . . : 2009年3月18日 18:33:19
        Lease Expires . . . . . . . . . . : 2009年3月25日 18:33:19
```

说明 Host Name：计算机名称；Physical Address：网卡 MAC 地址；IP Address：网络地址。

（2）自 DHCP 服务器重新获取 IP 地址、子网掩码、默认网关等。

```
C:\Documents and Settings\Administrator>ipconfig /renew
Windows IP Configuration
Ethernet adapter 本地连接:
        Connection-specific DNS Suffix  . :
        IP Address. . . . . . . . . . . . : 192.168.0.101
        Subnet Mask . . . . . . . . . . . : 255.255.255.0
        Default Gateway . . . . . . . . . : 192.168.0.1
```

（3）清空 DNS 客户解析器缓存的内容。

```
C:\Documents and Settings\Administrator>ipconfig /flushdns
Windows IP Configuration
Successfully flushed the DNS Resolver Cache.
```

（4）显示 DNS 客户解析器缓存的内容。

```
C:\Documents and Settings\Administrator>ipconfig /displaydns
Windows IP Configuration
        1.0.0.127.in-addr.arpa
        ----------------------------------------
        Record Name . . . . . : 1.0.0.127.in-addr.arpa.
        Record Type . . . . . : 12
        Time To Live . . . . : 598203
        Data Length . . . . . : 4
        Section . . . . . . . : Answer
        PTR Record . . . . . : localhost
        localhost
        ----------------------------------------
        Record Name . . . . . : localhost
        Record Type . . . . . : 1
        Time To Live . . . . : 598203
        Data Length . . . . . : 4
        Section . . . . . . . : Answer
        A (Host) Record . . . : 127.0.0.1
```

8.1.2 arp

1. 简介

arp 命令用于查看、更改 IP 地址与 MAC 地址的映射关系。arp 高速缓存中的记录缺省设置是动态的，即每向指定 IP 地址发送一个数据包且高速缓存中不存在该地址与 MAC 地址的映射关系时，缓存中将自动添加该记录。

2. 语法及参数说明

arp 命令的完整格式如下所示：

```
arp -s inet_addr eth_addr [if_addr]
arp -d inet_addr [if_addr]
arp -a [inet_addr] [-N if_addr]
```

该命令参数如表 8-2 所示。

表 8-2 arp 命令参数

参数	说明
-s inet_addr eth_addr [if_addr]	向 arp 缓存添加可将 IP 地址 inet_addr 解析成物理地址 eth_addr 的静态项。当一个设备有多个接口时，向指定接口的 arp 表添加静态映射关系，应使用 if_addr 参数，此处的 if_addr 代表分配给该接口的 IP 地址
-d inet_addr [if_addr]	删除 arp 表中指定的条目，此处的 inet_addr 代表 IP 地址。当一个设备有多个接口时，删除指定接口 arp 表中的某个条目，应使用 if_addr 参数，此处的 if_addr 代表分配给该接口的 IP 地址。要删除所有项，用“*”代替 inet_addr
-a [inet_addr] [-N if_addr]	显示当前 arp 缓存表。要显示指定 IP 地址的 arp 缓存项，使用 inet_addr 参数，此处的 inet_addr 代表指定的 IP 地址。要显示指定接口的 arp 缓存表，使用-N if_addr 参数，此处的 if_addr 代表分配给该接口的 IP 地址

3. 举例

（1）查看当前所有接口的arp缓存表。

```
C:\Documents and Settings\Administrator>arp -a
Interface: 192.168.0.101 --- 0x10005
```

说明 Interface:192.168.0.101代表本机网卡的网络地址。

```
  Internet Address      Physical Address      Type
  192.168.0.1           00-1c-f0-45-5a-a6     dynamic
```

说明 192.168.0.1是arp缓存表中的远端设备的网络地址，00-1c-f0-45-5a-a6是与192.168.0.1具有映射关系的MAC地址，dynamic表示该条目是动态的，即该条目不是人工添加而是由设备自动学习并添加到缓存表中的。

（2）将IP地址192.168.1.10解析为物理地址00-30-da-2a-46-20。

```
C:\Documents and Settings\Administrator>arp -s 192.168.1.10 00-30-da-2a-46-20
```

用arp –a命令查看：

```
C:\Documents and Settings\Administrator>arp -a
Interface: 192.168.0.101 --- 0x10003
  Internet Address      Physical Address      Type
  192.168.0.1           00-1c-f0-45-5a-a6     dynamic
  192.168.1.10          00-30-da-2a-46-20     static
```

说明 192.168.1.10被解析成00-30-da-2a-46-20，static是静态的意思，表示该条目并非设备自动学习而是人工添加的，重启计算机前，该条目不会被自动清除。

（3）删除与IP地址192.168.1.10对应的arp条目。

```
C:\Documents and Settings\Administrator>arp -d 192.168.1.10
```

用arp –a命令查看：

```
C:\Documents and Settings\Administrator>arp -a
Interface: 192.168.0.101 --- 0x10003
  Internet Address      Physical Address      Type
  192.168.0.1           00-1c-f0-45-5a-a6     dynamic
```

8.1.3 netstat

1. 简介

netstat命令用于显示计算机与网络的连接情况。该命令可以显示路由表、实际网络连接及各网络接口的状态信息，有助于用户了解主机和网络的整体使用情况。

2. 语法及参数说明

netstat命令的完整格式如下所示：

```
netstat [-a] [-b] [-e] [-n] [-o] [-p proto] [-r] [-s] [-v] [interval]
```

该命令常用参数如表8-3所示。

表8-3 netstat命令常用参数

参数	说明
-a	显示所有活动的TCP连接以及计算机侦听的TCP和UDP端口
-e	显示以太网统计信息，如发送和接收的字节数、数据包数。该参数可以与-s结合使用

续表

参数	说明
-n	显示活动的 TCP 连接，只以数字形式显示地址和端口号
-o	显示活动的 TCP 连接并包括每个连接的进程 ID。可以在 Windows 任务管理器中的“进程”选项卡上找到基于 PID 的应用程序。该参数可以与-a、-n 和-p 结合使用
-p proto	显示“proto”所指定的协议的连接。在这种情况下，“proto”可以是 tcp、udp、tcpv6 或 udpv6。如果该参数与-s 一起使用，则“proto”可以是 tcp、udp、icmp、ip、tcpv6、udpv6、icmpv6 或 ipv6
-r	显示 IP 路由表的内容，该参数与 route print 命令等价
-s	按协议显示统计信息。默认情况下，显示 TCP、UDP、ICMP 和 IP 协议的统计信息。如果安装了 Windows XP 的 IPv6 协议，就会显示有关 IPv6 上的 TCP、IPv6 上的 UDP、ICMPv6 和 IPv6 协议的统计信息。可以使用-p 参数指定协议集
interval	每隔 interval 秒重新显示一次选定的信息。按 Ctrl+C 组合键停止重新显示统计信息。如果省略该参数，netstat 将只输出一次选定的信息

3. 举例

（1）显示所有有效连接。

```
C:\Documents and Settings\Administrator>netstat -a
Active Connections
  Proto  Local Address      Foreign Address           State
  TCP    qyjun:smtp         qyjun:0                   LISTENING
  TCP    qyjun:1254         221.204.244.118:http      CLOSE_WAIT
  TCP    qyjun:1256         221.204.244.118:http      ESTABLISHED
  TCP    qyjun:1316         hn.kd.ny.adsl:http        TIME_WAIT
  TCP    qyjun:1354         61.156.17.236:http        SYN_SENT
  UDP    qyjun:microsoft-ds *:*
```

各列信息依次为连接使用的协议、本地机器名称和打开的端口号、远程机器名称和端口号、TCP 连接状态。其中，可能的 TCP 连接状态如下：

建立连接（三次握手）过程中的状态：LISTENING——侦听 TCP 连接请求；SYN-SENT——客户端向服务端发送连接请求后等待 ACK 包；SYN-RECEIVED——服务端发送 ACK 包后等待客户端的 ACK 包；ESTABLISHED——客户端收到服务端的 ACK 包，向服务端发送 ACK 包并建立连接。

释放连接过程中的状态：FIN-WAIT-1——客户端发送中断 TCP 连接请求的 FIN 数据段，并等待服务端的 ACK；FIN-WAIT-2——客户端已经收到服务端的 ACK 包但没有收到 FIN 数据段；TIME-WAIT——客户端已经收到服务端 ACK 和 FIN 数据段后启动定时器；CLOSING——客户端同时收到服务端发来的 ACK 包和 FIN 数据段；CLOSE-WAIT——服务端收到客户端中断连接的 FIN 数据段并发出 ACK 包；LAST-ACK——服务端发出 ACK 包后再次发送 FIN 数据段；CLOSED——连接已关闭。

说明 最后 1 行代表使用 UDP 协议，所以无状态。“*:*”表示任何计算机和端口。

（2）显示以太网统计数据。

```
C:\Documents and Settings\Administrator>netstat -e
Interface Statistics
```

```
                          Received        Sent
Bytes                     259768055       215522427
Unicast packets           457678          477018
Non-unicast packets       15310           6568
Discards                  0               0
Errors                    0               0
Unknown protocols         0
```

说明 Discards 表示丢弃的数据包数目，Errors 表示错误的数据包数目，若接收和发送错误的数据包数为零或接近零，一般可认为网络接口正常。

（3）显示所有已建立的有效连接。

```
C:\Documents and Settings\Administrator>netstat -n
Active Connections
  Proto  Local Address          Foreign Address        State
  TCP    192.168.0.101:1224     58.17.30.228:80        ESTABLISHED
  TCP    192.168.0.101:1230     58.17.30.228:80        ESTABLISHED
......
```

（4）显示所有已建立的有效连接的 PID（进程号）。

```
C:\Documents and Settings\Administrator>netstat -o
Active Connections
  Proto  Local Address      Foreign Address    State          PID
  TCP    qyjun:http         localhost:2451     ESTABLISHED    1540
......
```

说明 netstat –o 命令可以与 Windows 的任务管理器配合使用，通过 PID 的值能够在任务管理器中查找到相应的进程，从而得知该端口是由哪个进程打开的。

（5）显示指定协议的连接。

```
C:\Documents and Settings\Administrator>netstat -p tcp
Active Connections
  Proto  Local Address      Foreign Address    State
  TCP    qyjun:http         localhost:2451     ESTABLISHED
......
```

（6）显示本地路由表。

```
C:\Documents and Settings\Administrator>netstat -r
Route Table
===========================================================================
Interface List
0x1 ........................... MS TCP Loopback interface
0x10005 ...00 19 db f9 12 1a ...... Realtek RTL8168/8111 PCI-E Gigabit
Ethernet
NIC - Virtual Machine Network Services Driver
===========================================================================
===========================================================================
Active Routes:
Network Destination        Netmask          Gateway       Interface  Metric
          0.0.0.0          0.0.0.0      192.168.0.1  192.168.0.101      20
        127.0.0.0        255.0.0.0        127.0.0.1      127.0.0.1       1
```

```
192.168.0.0      255.255.255.0     192.168.0.101  192.168.0.101     20
192.168.0.101   255.255.255.255       127.0.0.1       127.0.0.1      20
192.168.0.255   255.255.255.255   192.168.0.101  192.168.0.101     20
255.255.255.255 255.255.255.255   192.168.0.101  192.168.0.101      1
224.0.0.0         240.0.0.0       192.168.0.101  192.168.0.101     20
Default Gateway:      192.168.0.1
===========================================================================
Persistent Routes:
  None
```

说明 默认路由。目的网络“未知”的数据包，将被IP地址为192.168.0.101的本地接口发送至IP地址为192.168.0.1的设备。

说明 本地环回路由。目的网络为127.0.0.0/8的数据包，将由本地环回口转发。

说明 直连路由。目的网络为192.168.0.0/24的数据包，将由IP地址为192.168.0.101的本地接口转发。

说明 定向广播路由。目的网络为192.168.0.0/24的广播包，将由IP地址为192.168.0.101的本地接口转发。

说明 组播路由。

说明 受限广播路由：目的网络为255.255.255.255的广播包，将由IP地址为192.168.0.101的本地接口转发，该广播包不能穿透路由器。

（7）按协议显示统计数据。

```
C:\Documents and Settings\Administrator>netstat -s
IPv4 Statistics
  Packets Received                        = 473809
  Received Header Errors                  = 0
  Received Address Errors                 = 45
  Datagrams Forwarded                     = 0
  Unknown Protocols Received              = 0
  Received Packets Discarded              = 15780
  Received Packets Delivered              = 458029
  Output Requests                         = 485546
  Routing Discards                        = 0
  Discarded Output Packets                = 978
  Output Packet No Route                  = 0
  Reassembly Required                     = 0
  Reassembly Successful                   = 0
  Reassembly Failures                     = 0
  Datagrams Successfully Fragmented       = 13
  Datagrams Failing Fragmentation         = 0
  Fragments Created                       = 56
ICMPv4 Statistics
                              Received    Sent
  Messages                    2694        2889
  Errors                      0           0
  Destination Unreachable     2692        2887
  Time Exceeded               0        0
```

```
    Parameter Problems          0          0
    Source Quenches             0          0
    Redirects                   0          0
    Echos                       2          0
    Echo Replies                0          2
    Timestamps                  0          0
    Timestamp Replies           0          0
    Address Masks               0          0
    Address Mask Replies        0          0
  TCP Statistics for IPv4
    Active Opens                           = 820
    Passive Opens                          = 90
    Failed Connection Attempts             = 45
    Reset Connections                      = 579
    Current Connections                    = 12
    Segments Received                      = 237618
    Segments Sent                          = 209066
    Segments Retransmitted                 = 3267
  UDP Statistics for IPv4
    Datagrams Received                     = 217071
    No Ports                               = 5786
    Receive Errors                         = 4
    Datagrams Sent                         = 270446
```

说明 考查列表，可判断当前计算机和网络的整体状况。

8.2 链路测试

8.2.1 ping

1. 简介

ping 用于检测网络连通情况和分析网络速度，是常用的网络排障命令。

2. 语法及参数说明

ping 命令的完整格式如下：

```
ping [-t] [-a] [-n count] [-l size] [-f] [-i TTL] [-v TOS]
          [-r count] [-s count] [[-j host-list] | [-k host-list]]
          [-w timeout] target_name
```

ping 命令常用参数如表 8-4 所示。

表 8-4 ping 命令常用参数

参数	说明
-t	连续运行 ping 命令，直到按下 Ctrl+C 组合键
-n count	指定测试包个数，缺省值为 4。可根据发送 n 个数据包的平均时间、最快时间、最慢时间估测网络速度
-l size	指定测试包大小，缺省值为 32 字节。最大不超过 65500 字节

3. 举例

（1）连续 ping www.sina.com。

```
C:\Documents and Settings\Administrator>ping -t www.sina.com
pinging dorado.sina.com.cn [60.215.128.138] with 32 bytes of data:
Reply from 60.215.128.138: bytes=32 time=62ms TTL=55
Reply from 60.215.128.138: bytes=32 time=61ms TTL=55
Reply from 60.215.128.138: bytes=32 time=61ms TTL=55
Reply from 60.215.128.138: bytes=32 time=61ms TTL=55
Reply from 60.215.128.138: bytes=32 time=61ms TTL=55
Reply from 60.215.128.138: bytes=32 time=61ms TTL=55
```

说明 time 为发出回送请求到返回回送应答之间的时间间隔，单位是毫秒。

```
ping statistics for 60.215.128.138:
    Packets: Sent = 6, Received = 6, Lost = 0 (0% loss),
Approximate round trip times in milli-seconds:
    Minimum = 61ms, Maximum = 62ms, Average = 61ms
Control-C
^C
```

（2）发送 6 个数据包到 www.sina.com。

```
C:\Documents and Settings\Administrator>ping -n 6 www.sina.com
pinging dorado.sina.com.cn [60.215.128.129] with 32 bytes of data:
Reply from 60.215.128.129: bytes=32 time=63ms TTL=55
Reply from 60.215.128.129: bytes=32 time=63ms TTL=55
Reply from 60.215.128.129: bytes=32 time=61ms TTL=55
Reply from 60.215.128.129: bytes=32 time=61ms TTL=55
Reply from 60.215.128.129: bytes=32 time=61ms TTL=55
Reply from 60.215.128.129: bytes=32 time=61ms TTL=55
ping statistics for 60.215.128.129:
    Packets: Sent = 6, Received = 6, Lost = 0 (0% loss),
Approximate round trip times in milli-seconds:
    Minimum = 61ms, Maximum = 63ms, Average = 61ms
```

8.2.2 tracert

1. 简介

tracert 是路由跟踪实用诊断程序，用于确定 IP 数据包到达目标所经过的路径。该命令用 IP 生存时间（TTL）字段和 ICMP 错误消息来确定从一个主机到网络上其他主机的路由。

tracert 的工作原理是，通过在本地主机向目标主机发送 TTL 连续增大的 ICMP（Internet 控制消息协议）回应请求报文，tracert 就可以跟踪到目标主机的路由。当路径上的某个路由器（或网关）收到一个需选择路由的数据包时，首先将其 TTL 值减 1。然后判断 TTL 是否仍大于 0，若大于 0，则将该数据包转发到下一个结点；若为 0，则丢弃该数据包并向源主机发送一个“ICMP 已超时”的消息。

tracert 的工作过程是，首先向目标主机发送 TTL 值为 1 的回应请求报文。当该数据包经过第一个路由器（或网关）时，TTL 值减为 0。该数据包被丢弃并返回给本地主机一个“ICMP 已超时”的消息确定路由，本地主机就会收到返回 ICMP 消息的网关地址。然后向同样的目标主机发送 TTL 值为 2 的回应数据包，该数据包会被第一个路由器（或网关）转发，但遇到第二个路由器（或网关）时，TTL 值又减为 0，并返回 ICMP 消息。如此不断重复，直到远程目标主机响应或 TTL 的值达到最大值 30。顺便指出，那些只是简单丢弃 TTL 过期的数据包而不返回“ICMP 已超时”消息的路由器，不会出现在路径中。

2. 语法及参数说明

tracert 命令的完整格式如下：

```
tracert [-d] [-h maximum_hops] [-j computer-list] [-w timeout] target_name
```

tracert 命令参数如表 8-5 所示。

表 8-5 tracert 参数

参数	说明
-d	禁止将中间路由器的 IP 地址解析为它们的名称，目的是加速显示 tracert 结果
-h maximum_hops	指定查找目标所经路由的最大跳数，最大为 30 跳
-j computer-list	指定“回响请求”消息对于在 computer-list 中指定的中间目标集使用 IP 报头中的“松散源路由”选项。computer-list 中的地址或名称的最大数为 9
-w timeout	指定等待“ICMP 已超时”或“回响答复”消息的时间，如果超时时间内未收到消息，则显示一个“*”，默认的超时时间为 4 秒
target_name	目标计算机的名称

3. 举例

（1）查看到 http://www.njust.edn.cn 的路由。

```
C:\Documents and Settings\Administrator>tracert www.njust.edu.cn
Tracing route to www.njust.edu.cn [122.96.145.134]
over a maximum of 30 hops:
 1    32 ms    39 ms    41 ms  121.23.112.1
 2    22 ms    21 ms    21 ms  60.10.127.101
 3    21 ms    21 ms    21 ms  60.10.253.21
 4    24 ms    23 ms    23 ms  61.182.174.253
 5    38 ms    37 ms    37 ms  ns.vservers.net.cn [202.99.160.45]
 6    29 ms    29 ms    29 ms  219.158.7.13
 7    60 ms    59 ms    61 ms  219.158.13.178
 8    66 ms    65 ms    63 ms  221.6.2.14
 9    59 ms    59 ms    59 ms  221.6.2.30
10    61 ms    61 ms    61 ms  221.6.1.210
```

说明 第 1 列为序号，第 2～4 列为一组数据包的往返时间，每行依次给出 3 个数据包的往返时间，如果显示“*”，则表示数据包回应时间超时，第 5 列为路由器（或网关）地址。

说明 tracert 实用程序不仅能识别到远程主机的数据所经过的精确路由，还能指明数据通过这个路由网关所花费的时间，这样的信息能使网络管理员确定网络性能瓶颈的位置。本例中，数据包往返于测试主机与 IP 地址为 219.158.13.178 的路由器（或网关）的时间显著增大，意味着在这段路径上可能出现性能瓶颈。

（2）查找“网络不可达”故障点。

“网络不可达”是常见故障之一，网络管理员必须查明网络故障的位置和确定一个有效的解决方法。

第一步：使用 ping 命令确定网络是否存在故障。在所有的有效故障查找中，ping 命令是起点。

第二步：使用 netstat 命令查看路由表。运行 netstat -r 命令，以确定本地主机路由表中是否包含远程主机或网络的表项，如果存在这样的表项说明存在到远程主机的路径，但该路径上的设备或网关没能正确沿着这个路由将报文转发到远程主机上。如果不存在该表项则说明路由不存在，或者已从主机路由表中删除。

第三步：使用 tracert 命令确定故障点。如果本机存在路由表项则使用 tracert 命令找到故障点，如果不存在路由表项可以使用 route 命令加入一条表项再使用 tracert 命令查找故障点。

ipconfig 命令用于显示所有当前 TCP/IP 网络配置值、DHCP 和 DNS 的设置，它能够检测 IP 地址、子网掩码等设置是否正确。

arp 命令用于查看、更改 IP 地址与 MAC 地址的映射关系。arp 高速缓存中的记录缺省设置是动态的，即每向指定 IP 地址发送一个数据包且高速缓存中不存在该地址与 MAC 地址的映射关系时，缓存中将自动添加该记录。

netstat 命令用于显示计算机与网络的连接情况。该命令可以显示路由表、实际网络连接及各网络接口的状态信息，有助于用户了解主机和网络的整体使用情况。

ping 命令用于检测网络连通情况和分析网络速度，是常用的网络排障命令。

tracert 是路由跟踪实用诊断程序，用于确定 IP 数据包到达目标所经过的路径。该命令用 IP 生存时间（TTL）字段和 ICMP 报文确定从一个主机到网络上其他主机的路由。

1．可以查看本机 MAC 地址信息的命令是（　　）。

A．netstat　　B．ping

C．arp　　D．ipconfig

2．显示本机 IP 地址详细配置信息和 MAC 地址的命令是（　　）。

A．arp -a　　B．ipconfig /all

C．ping 127.0.0.1 -t　　D．tracert 127.0.0.1

3．从 DHCP 服务器重新获取 IP 地址、子网掩码、默认网关的命令是（　　）。

A．ipconfig /all　　B．ipconfig /refresh

C．ipconfig /renew　　D．ipconfig /release

4．清空 DNS 客户解析器缓存内容的命令是（　　）。

A．ipconfig /all　　B．ipconfig /flushdns

C．ipconfig /renew　　D．ipconfig /release

5．查看本机 arp 缓存表信息的命令是（　　）。

A．arp –all　　B．arp -a
C．arp -s　　D．arp -d

6．将 IP 地址 192.168.1.10 解析为物理地址 00-30-da-2a-46-20 的命令是（　）。
A．arp –a 192.168.1.10 00-30-da-2a-46-20
B．arp -d 00-30-da-2a-46-20 192.168.1.10
C．arp -s 192.168.1.10 00-30-da-2a-46-20
D．arp -s 00-30-da-2a-46-20 192.168.1.10

7．删除 arp 缓存表中所有条目的命令是（　）。
A．arp –all　　B．arp -a *
C．arp -s *　　D．arp -d *

8．通过 netstat 命令可以（　）。（多选）
A．查看路由表信息　　B．查看实际网络连接
C．查看各网络接口的状态信息　　D．查看网卡配置信息

9．显示所有已建立的有效连接的命令是（　）。
A．netstat -a　　B．netstat -n
C．netstat -e　　D．netstat -r

10．显示本地路由表的命令是（　）。
A．netstat -a　　B．netstat -n
C．netstat -e　　D．netstat -r

11．测试本地网卡工作是否正常的命令是（　）。
A．ping 127.0.0.1　　B．ipconfig -all
C．netstat -a　　D．arp -a

12．测试本地到 http://www.njust.edn.cn 的路由的命令是（　）。
A．ping www.njust.edu.cn　　B．tracert www.njust.edu.cn
C．arp www.njust.edu.cn　　D．traceroute www.njust.edu.cn

第 9 章　网络分析与监测工具

本章以 Cisco 设备为例，讲述与端口镜像相关的概念、术语以及常用的端口镜像方法。以 Sniffer 为例，讲述网络流量分析软件的基本使用方法。基于工程实践，给出应用实例。以多出口园区网为例，讲述网络流量监测软件 MRTG 安装和使用方法。

- 端口镜像及应用举例
- Sniffer 及应用举例
- MRTG 及应用举例

9.1　端口镜像

9.1.1　基本概念

为考察网络运行情况，有时，需要记录交换机端口在某段时间内收发的具体数据。目前，可以选择的方法有两种：一是另加一台集线器，将交换机端口、对端设备和侦测设备接入集线器；二是通过设置，将要观测的端口（记为 A）镜像至另一端口（记为 B），把端口 A 收、发的数据复制至端口 B，将侦测设备接入端口 B（如图 9-1 所示）。在工程实践中，后一种方法因比较灵活，应用较广泛。

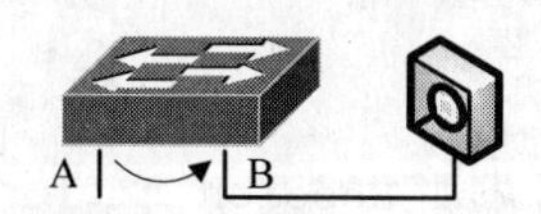

图 9-1　端口镜像

端口镜像的灵活性体现在，镜像源可以位于本地设备，也可以位于远程设备；可以是物理端口或 Trunk 端口，也可以是 VLAN。在 Cisco 设备中，端口镜像被称为 SPAN（Switched Port Analyzer）。

9.1.2　应用举例

1．镜像源为本地物理端口

场景如图 9-2 所示。将端口 G8/11 镜像至 G8/25。

```
C6509(config)#no monitor session 1
C6509(config)#monitor session 1 source interface Gi8/11
C6509(config)#monitor session 1 destination interface Gi8/25
C6509(config)#^Z
C6509#show monitor session 1
Session 1
---------
Type                    : Local Session
Source Ports            :
   Both                 : Gi8/11
Destination Ports       : Gi8/25
```

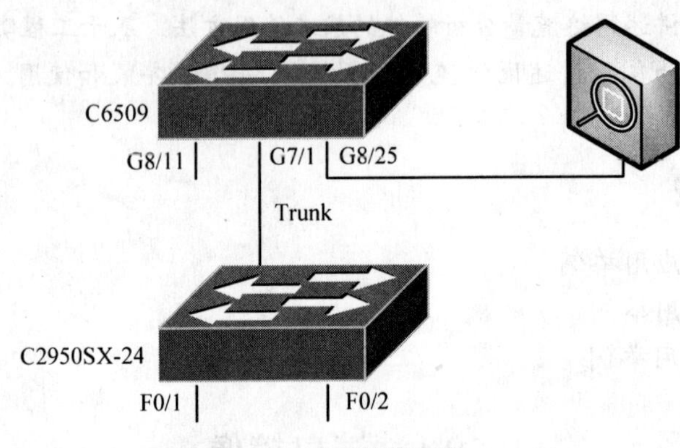

图 9-2 端口镜像应用

2. 镜像源为本地 Trunk 端口

场景如图 9-2 所示。将 G7/1（Trunk 端口）接收的属于 VLAN 230 的流量镜像至 G8/25。

```
C6509(config)#no monitor session 1
C6509(config)#monitor session 1 source interface g7/1 rx
C6509(config)#monitor session 1 filter vlan 230
C6509(config)#monitor session 1 destination interface g8/25
C6509(config)#^Z
C6509#show monitor session 1
Session 1
---------
Type                    : Local Session
Source Ports            :
   RX Only              : Gi7/1
Destination Ports       : Gi8/25
Filter VLANs            : 230
```

3. 镜像源为本地 VLAN

场景如图 9-2 所示。在 C6509 上，将属于 VLAN 230、231 的端口所接收的流量、属于 VLAN 600 的端口发送和接收流量，镜像至 G8/25。

```
C6509(config)#no monitor session 1
C6509(config)#monitor session 1 source vlan 230 - 231 rx
```

```
C6509(config)#monitor session 1 source vlan 600
C6509(config)#monitor session 1 destination interface g8/25
C6509(config)#^Z
C6509#show monitor session 1
Session 1
---------
Type                   : Local Session
Source VLANs           :
    RX Only            : 230-231
    Both               : 600
Destination Ports      : Gi8/25
```

4. 镜像源为远程物理端口

场景如图 9-2 所示。C6509 为 VTP 服务器，C2950SX-24 为 VTP 客户机。将 C2950SX-24 上 F0/1 端口的流量，镜像至 C6509 上的 G8/25 端口。

```
C6509(config)#vlan 900
C6509(config-vlan)#remote-span
C6509(config-vlan)#exit
```

定义用于传输镜像数据的 VLAN。

```
C6509(config)#no monitor session 1
C6509(config)#monitor session 1 source remote vlan 900
C6509(config)#monitor session 1 destination interface g8/25
C6509(config)#^Z
C6509#show monitor session 1
Session 1
---------
Type                   : Remote Destination Session
Source RSPAN VLAN      : 900
Destination Ports      : Gi8/25
C2950SX-24(config)#no monitor session 1
C2950SX-24(config)#monitor session 1 source interface Fa0/1
C2950SX-24(config)#monitor session 1 destination remote vlan 900
reflector-port Fa0/2
C2950SX-24(config)#^Z
C2950SX-24#show monitor session 1
Session 1
---------
Type                   : Remote Source Session
Source Ports      :
    Both               : Fa0/1
Reflector Port         : Fa0/2
Dest RSPAN VLAN        : 900
```

9.2 Sniffer 的主要功能

Sniffer 主要用于捕获、分析网络流量，以便排查故障或对网络进行优化。

9.2.1 捕获面板

报文捕获可以在报文捕获面板中进行。处于开始状态的面板如图 9-3 所示。

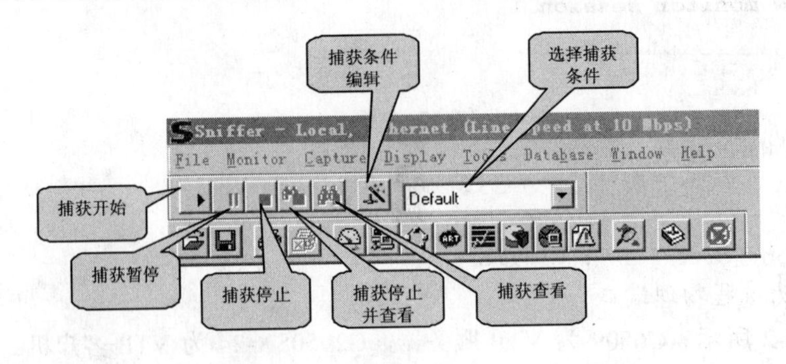

图 9-3 捕获面板

9.2.2 捕获报文的统计信息

在捕获过程中，可以通过 Dashboard（表盘），查看所捕获报文的数量和缓冲区利用率等，如图 9-4 所示。

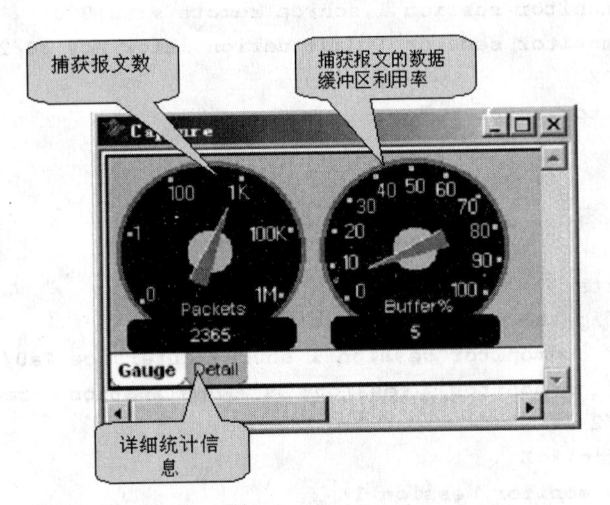

图 9-4 Dashboard

9.2.3 查看报文

Sniffer 提供了强大的解码功能和分析能力，对于捕获的报文，提供了 Expert（专家）分析系统，此外，还可以提供解码、图形和表格等形式的分析、统计信息等，如图 9-5 所示。

专家分析系统提供了一个流量分析工具。与分析结果有关的详细信息可以通过查看在线帮助获得。如图 9-6 所示。

图 9-7 为某报文的解码输出。自上而下的三个窗格，分别给出了报文的摘要信息、解码结果和表达为十六进制形式的二进制信息。

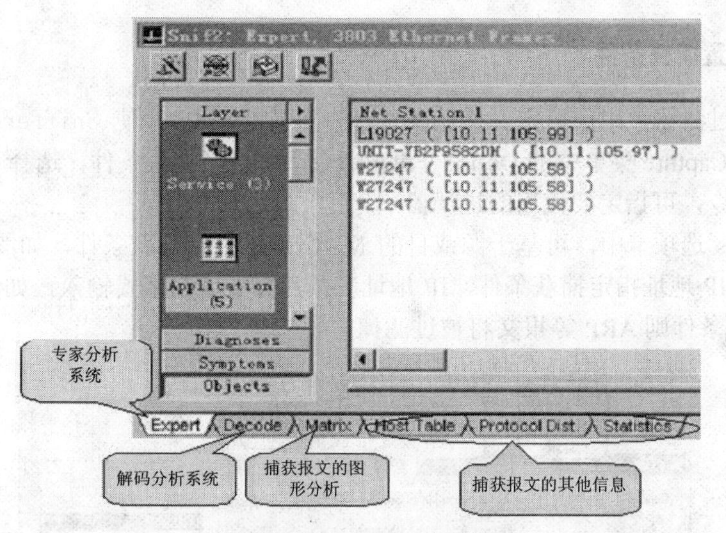

图 9-5　Expert 分析系统

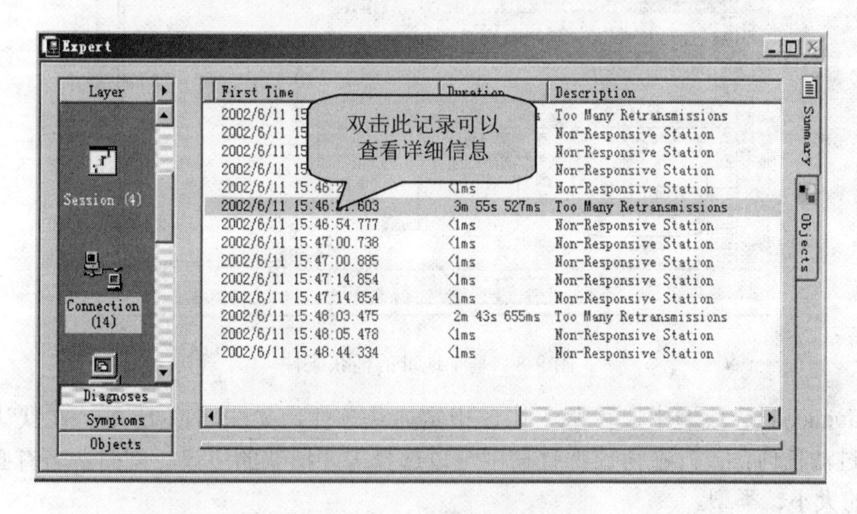

First Time	Duration	Description
2002/6/11 15		Too Many Retransmissions
2002/6/11 15		Non-Responsive Station
2002/6/11 15		Non-Responsive Station
2002/6/11 15		Non-Responsive Station
2002/6/11 15:46:2	<1ms	Non-Responsive Station
2002/6/11 15:46:1.603	3m 55s 527ms	Too Many Retransmissions
2002/6/11 15:46:54.777	<1ms	Non-Responsive Station
2002/6/11 15:47:00.738	<1ms	Non-Responsive Station
2002/6/11 15:47:00.885	<1ms	Non-Responsive Station
2002/6/11 15:47:14.854	<1ms	Non-Responsive Station
2002/6/11 15:47:14.854	<1ms	Non-Responsive Station
2002/6/11 15:48:03.475	2m 43s 655ms	Too Many Retransmissions
2002/6/11 15:48:05.478	<1ms	Non-Responsive Station
2002/6/11 15:48:44.334	<1ms	Non-Responsive Station

图 9-6　专家分析平台

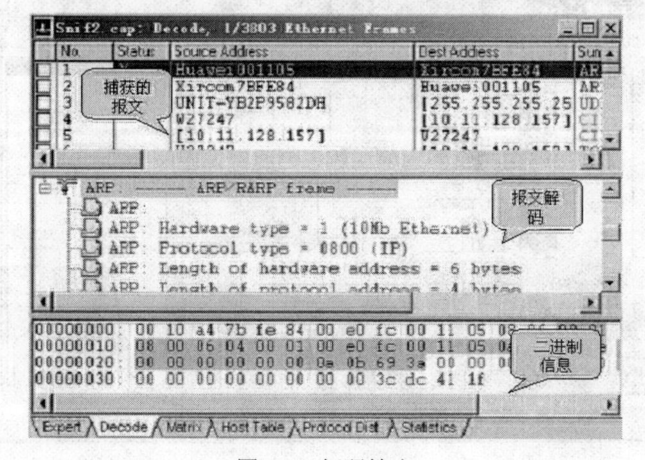

图 9-7　解码输出

9.2.4 设置捕获条件

通过设置过滤器，用户可定义捕获条件（指定捕获对象），使 Sniffer 只捕获需要关注的报文。选择 Capture 菜单中的 Define Filter 命令，可定义捕获条件；选择 Capture 菜单中的 Select Filter 命令，可指定要使用的过滤器。

在 Address 选项卡中，可基于源或目的 MAC 地址指定捕获条件，如图 9-8 所示；也可基于源或目的 IP 地址指定捕获条件，IP 地址应按点分十进制格式输入，如 10.107.1.1。如果选择 IP 层捕获条件则 ARP 等报文将被过滤掉。

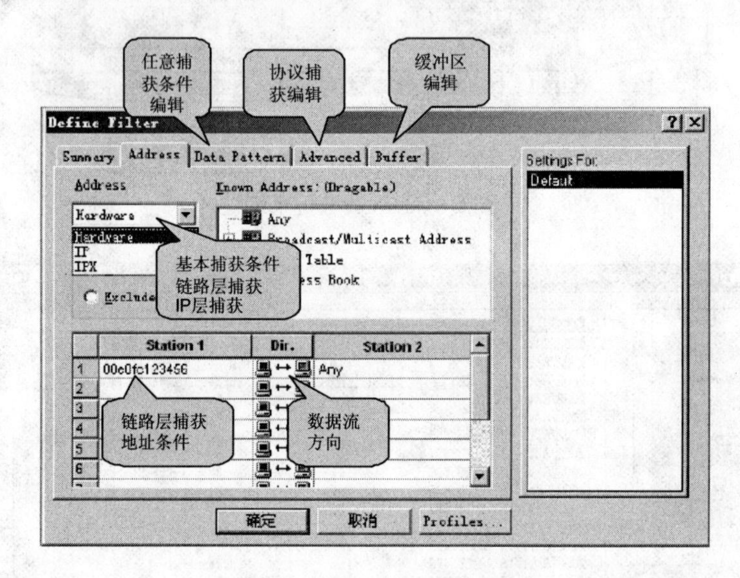

图 9-8　基于地址的捕获条件

在 Advanced 选项卡中，可基于协议指定捕获条件，如图 9-9 所示。在默认情况下，Sniffer 不过滤任何协议。在协议选择树中可以选择需要捕获的协议。同时，若有必要，还可以指定包的大小、类型。

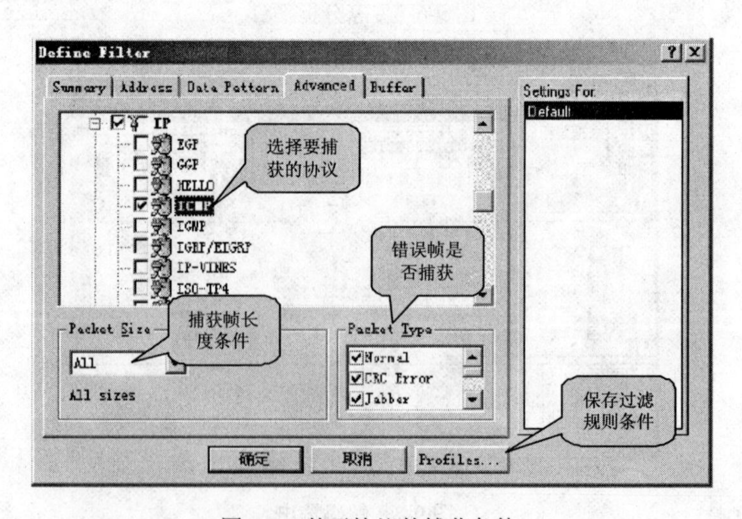

图 9-9　基于协议的捕获条件

9.3 Sniffer 应用举例

9.3.1 获取 TELNET 密码

1. 场景

某公司内部通过交换机实现各部门之间的互连，如图 9-10 所示。F1/0/1、F1/0/2 已镜像至端口 F1/0/3。希望通过捕获、分析研发部 IP 地址为 192.168.10.101 的主机与市场部 IP 地址为 192.168.1.11 的主机之间的 TELNET 报文，获取 TELNET 密码。

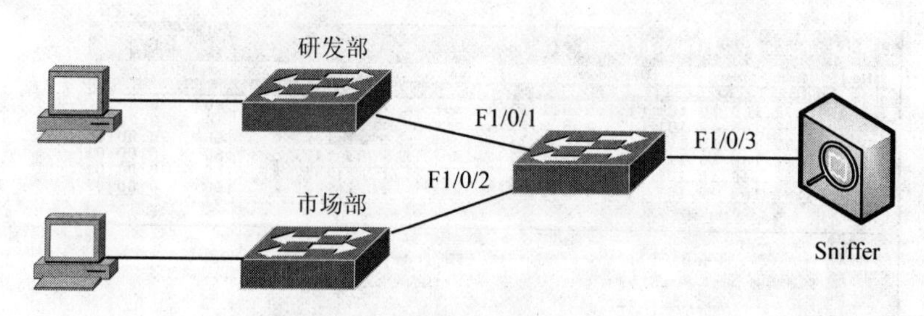

图 9-10 获取 TELNET 密码

2. 操作步骤

（1）选择 Capture 菜单中的 Define Filter 命令，打开 Define Filter – Capture 对话框，选择 Address 选项卡。

（2）在 Address 下拉列表中选择 IP，在 Station1 和 Station2 中分别填写两台主机的 IP 地址。

（3）选择 Advanced 选项卡，依次选择 IP→TCP→TELNET，将 Packet Size 设为 55，Packet Type 设为 Normal，如图 9-11 所示。

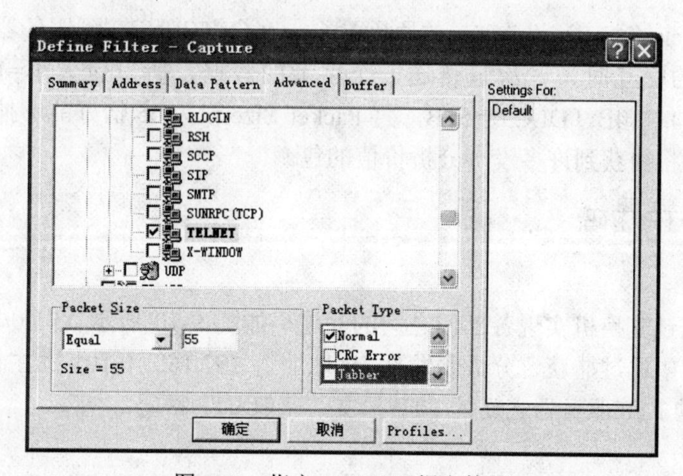

图 9-11 指定 TELNET 报文特征

（4）按 F10 键或单击 Start 按钮，启动捕获。

3. 运行 TELNET 命令

在市场部 IP 地址为 192.168.1.11 的主机运行 TELNET 服务，在研发部 IP 地址为 192.168.10.101 的主机上进行下列操作。

```
C:\Documents and Settings\Administrator>telnet 192.168.1.11
User Access Verification
Username: 123456
Password: *******
```

4. 数据捕获分析

运行 TELNET 之后，单击 Stop and Display，在弹出的窗口中选择 Decode，即可获得捕获到的报文，如图 9-12 所示。

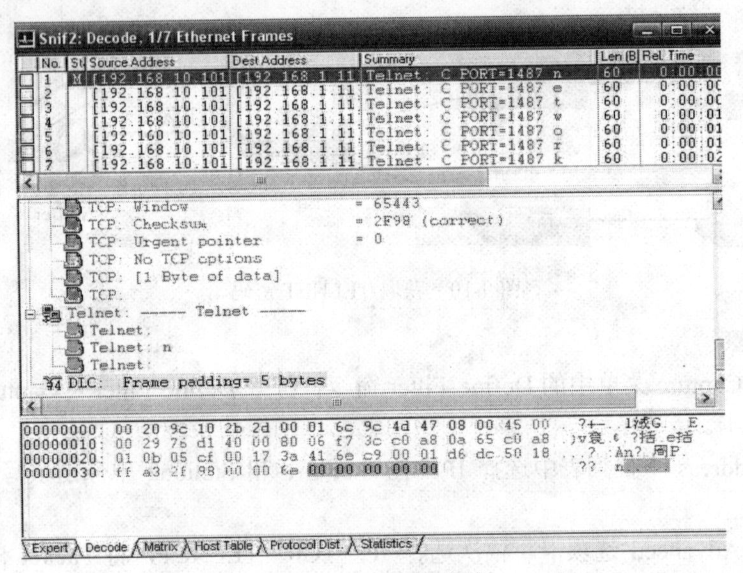

图 9-12 TELENT 报文

将帧大小（Packet Size）设为 55 的原因是：当客户 TELNET 到服务器后，在进行与用户名、密码有关的交互时，一次只传送一个字节的数据，所以包大小=1B（Data）+20B（TCP）+20B（IP）+14B（DLC）=55B，将 Packet Size 设为 55 恰好能够捕获到包含用户名和密码的包，否则将捕获到许多没有分析价值的包。

9.3.2 获取 FTP 密码

1. 场景

某公司内部通过交换机实现各部门之间的互连，如图 9-10 所示。F1/0/1、F1/0/2 已镜像至端口 F1/0/3。希望通过捕获、分析研发部 IP 地址为 192.168.10.101 的主机与市场部 IP 地址为 192.168.1.8 的 FTP 服务器之间的 FTP 报文，获取 FTP 密码。

2. 操作步骤

（1）选择 Capture 菜单中的 Define Filter 命令，打开 Define Filter – Capture 对话框，选择 Address 选项卡。

（2）在 Address 下拉列表中选择 IP，在 Station1 和 Station2 中分别填写两台主机的 IP

地址。

（3）选择 Advanced 选项卡，依次选择 IP→TCP→FTP，将 Packet Size 限制在 61 和 71 之间，Packet Type 设为 Normal，如图 9-13 所示。

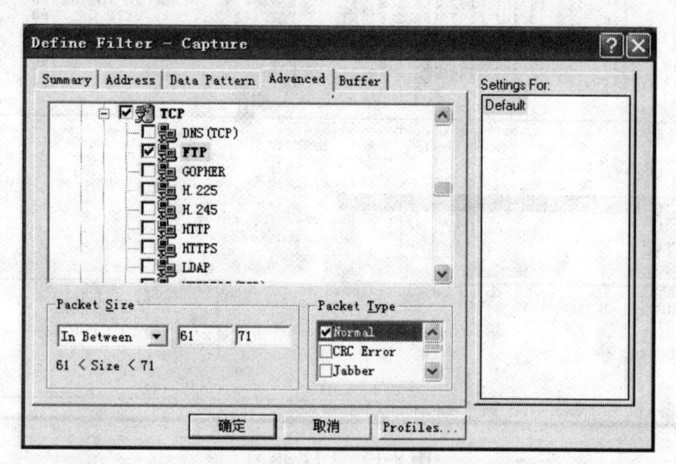

图 9-13　指定 FTP 报文特征

（4）选择 Data pattern 选项卡，单击 Add Pattern 按钮，打开 Edit Pattern 对话框。

（5）将 Offset 设置为 2F，编码栏的数据设置为 18，Name 设置为 TCP:flags=18，如图 9-14 所示。

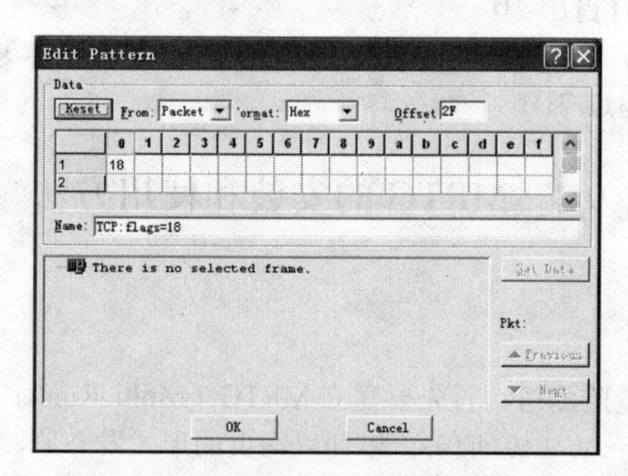

图 9-14　定义 TCP 标志位特征

3. 运行 FTP 命令

```
C:\Documents and Settings\Administrator>ftp 192.168.1.8
Connected to 192.168.1.8.
220 Serv-U FTP Server v6.0 for WinSock ready...
User (192.168.1.8:(none)):baihai
331 User name okay, need password.
Password:*******
```

4. 捕获结果分析

运行 FTP 之后，单击 Stop and Display，在弹出的窗口中选择 Decode，即可获得捕获到的报文，从中找到用户名和密码，如图 9-15 所示。

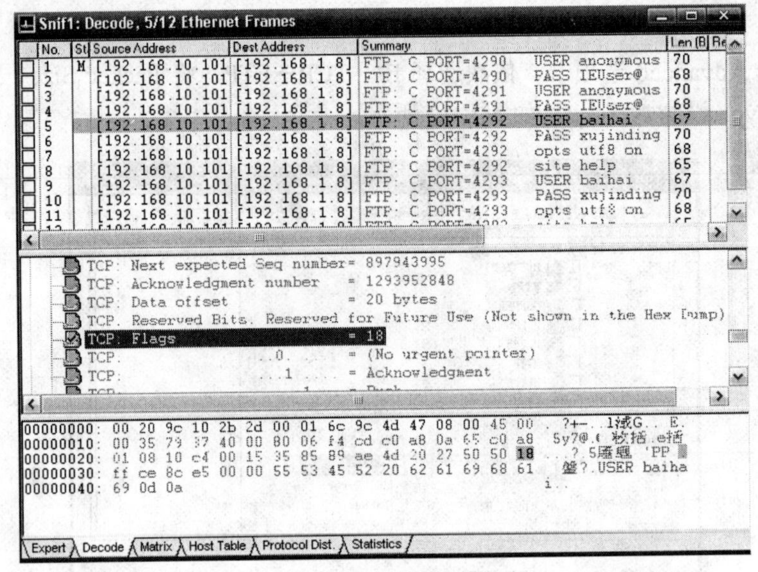

图 9-15　FTP 报文

将包大小限制在 61～71 之间的原因是：

封装 FTP 报文需要的开销为 20B（TCP）+20B（IP）+14B（DLC）=54B。

在进行与密码有关的交互时，在 TCP 有效载荷中，关键字 PASS 占 4B，空格占 1B，回车和换行控制占 2B，合计占用 7B。

可见，包含密码的报文，其最小长度为 61B，假定用户密码长度不超过 10 个字符，则包含密码的报文最长不超过 71B。

9.4　MRTG 的安装和使用方法

9.4.1　安装 MRTG

对网络设备进行流量监测时，首先要建立 MRTG（Multi Router Traffic Grapher）管理工作站，在该工作站上运行 WWW 服务，以便以网页的形式发布监测结果。本节以 Windows Server 2003+IIS 平台为例讲述具体操作步骤。

MRTG 是一个用 Perl 编译的 C 程序，Perl 主要用于 Linux 和 UNIX 操作系统。默认情况下，Perl 组件未安装在 Windows 操作系统中。故需要为管理工作站安装相应的 Perl 语言库，以解决脚本支持问题。步骤如下：

（1）在管理工作站的 IIS 中配置一个 Web 站点，用于发布 MRTG 监测信息。为了安全起见，该站点的主目录最好不要采用 IIS 的默认目录。本例中，假定站点主目录为 C:\www\mrtg。

（2）安装 Perl，在 Windows 系统中一般使用 Active Perl for Windows。进行安装时，提示“是否使用 PPM3 发送个人信息至 ASPN”，跳过即可。重新启动系统，使 Perl 生效。

（3）安装 MRTG 程序。MRTG 是一个 Perl 编译的程序，所以不需要安装，下载后直接解压（如果下载的文件为压缩文件的话）或复制到一个目录（本例中为 C:\mrtg）即可。

9.4.2 SNMP、MRTG 配置

在被监测设备（如交换机）上，需配置 SNMP，并且为其指定 SNMP 通信的对端（即 MRTG 管理工作站）地址。假定被监测设备为交换机，接口 IP 地址为 192.168.1.11；MRTG 管理工作站为监测设备，IP 地址为 10.0.0.2。

1. 交换机配置

```
Switch(config)#snmp-server enable traps
```

说明 开启发送所有类型的 traps。

```
Switch(config)#snmp-server community public ro
```

说明 设置团体名称为 public，具有只读权限。

```
Switch(config)# snmp-server host 10.0.0.2 traps version 2c public
```

说明 向主机 10.0.0.2 以 snmp 2c 格式发送 Traps，团体名称为 public。

2. MRTG 管理工作站的设置

在 MRTG 管理工作站上设置 MRTG，以便接收来自交换机的 SNMP 信息，并将这些信息以网页的形式发布出去。具体步骤为：

（1）在 MRTG 管理工作站上进入命令提示符窗口，进入 C:\mrtg\bin 目录。

（2）执行 cfgmaker，生成 cfs 文件，以保存必要的配置信息和设备的端口信息等，通过读取这个文件，MRTG 可将测得的数据自动转换成 Web 页面。

```
C:\mrtg\bin>perl cfgmaker public@192.168.1.11 --global "WorkDir:
c:\www\mrtg " --output mrtg.cfg
```

说明 public 是团体名称，192.168.1.11 是被监测设备上接口 IP 地址。

（3）编辑 mrtg.cfg 文件，使其满足个性化需求。例如，加入下列配置语句：

Refresh：300

说明 设定页面自动刷新时间间隔为 300 秒。

RunAsDaemon：yes

Interval：5

说明 使 MRTG 运行在 daemon 模式，每隔 5 分钟收集一次数据。

Language：Chinese

说明 设置 HTML 页面的语言。

（4）利用 indexmaker 生成报表首页。

```
C:\mrtg\bin>perl indexmaker mrtg.cfg> c:\www\mrtg\index.htm
```

（5）启动 MRTG 进行监测，从“mrtg.cfg”文件中读取配置并启动 MRTG 程序，同时记录日志信息到文件“mrtg.log”中。

```
C:\mrtg\bin>perl mrtg -logging=mrtg.log mrtg.cfg
```

9.4.3 建立网络监测中心

通过 perl indexmaker mrtg.cfg> c:\www\mrtg\index.htm 可将一个 cfg 文件配置信息写入 index.html 文件。一台设备只能生成一个 cfg 文件，默认情况下一个 Web 页面只能对应一个 cfg 文件。对多台设备进行流量监测时，有必要成立一个监测中心进行统一“流量监测”。根据多台设备如 Cisco asa5540、S3550-12g 配置信息 asa5540.cfg、S3550-12g.cfg，将接口流量

图整合到同一 Web 页面中。该需求可通过输入下列命令实现：

```
C:\mrtg\bin>perl indexmaker asa5540.cfg> c:\www\mrtg\index.htm
C:\mrtg\bin>perl indexmaker 3550-12g.cfg > c:\www\mrtg\index.htm
```

如图 9-16 示意了将不同设备的接口流量图整合至同一 Web 页面的效果。

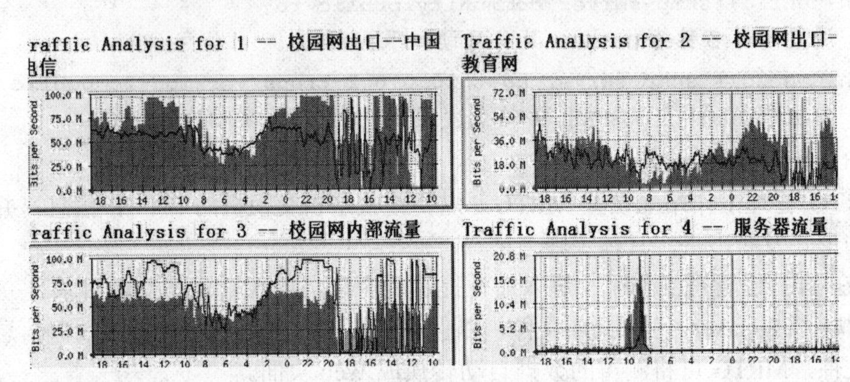

图 9-16 流量监测图

9.4.4 自动启动 MRTG

在 Windows Server 2003 中，为使 MRTG 随系统启动而自动运行，可将 mrtg.bat 添加到启动组中。mrtg.bat 的内容如下（假设 MRTG 安装在 C:\mrtg 目录下，配置文件为 mrtg.cfg）。

```
cd\
cd mrtg\bin
perl indexmaker mrtg.cfg> c:\www\mrtg\index.htm
perl mrtg -logging=mrtg.log mrtg.cfg
```

此外，将 mrtg.bat 文件添加到系统开机脚本中，亦可使之随系统启动而自动运行。

本章小结

交换机端口将收、发的数据复制到另一个端口，称为端口镜像。端口镜像的灵活性体现在镜像源可以位于本地设备，也可以位于远程设备；可以是物理端口或 Trunk 端口，也可以是 VLAN。在 Cisco 设备中，端口镜像被称为 SPAN（Switched Port Analyzer）。在设置远程端口镜像时，需要定义用于传输镜像数据的 VLAN。

Sniffer 主要用于捕获、分析网络流量，以便排查故障或对网络进行优化。Sniffer 提供强大的解码功能和分析能力，对于捕获的报文，提供 Expert（专家）分析系统，此外，还可以提供解码、图形和表格等形式的分析、统计信息等。通过设置过滤器，用户可基于地址、协议、报文特征等定义捕获条件（指定捕获对象），使 Sniffer 只捕获需要关注的报文。

对网络设备进行流量监测时，首先要建立MRTG管理工作站，在该工作站上运行WWW服务，以便以网页的形式发布监测结果。MRTG是一个用Perl编译的C语言程序。默认情况下，Perl组件未安装在Windows操作系统中，故需为管理工作站安装相应的Perl语言库，以解决脚本支持问题。在被监测设备（如交换机）上，需配置SNMP协议，并且为其指定SNMP通信的对端（即MRTG管理工作站）地址。可通过编辑MRTG配置文件，满足个性化监测需求，如指定收集数据的时间间隔等。对多台设备进行流量监测时，可将接口流量图整合到同一Web页面中。将启动MRTG的批处理文件加入系统的启动组或开机脚本中，可使MRTG随系统启动而自动运行。

习题九

一、选择题

1．SPAN的主要功能是（　）。

A．抑制广播风暴　　B．控制网络间的流量

C．监视或捕捉交换机的流量　　D．保护敏感资源免遭攻击或窥探

2．关于SPAN的Source端口，下列说法中正确的是（　）。

A．该端口可以是Trunk端口，此时通过该端口的所有VLAN流量都可以被监听

B．只能配置对进入该端口的流量进行监听

C．该端口同时可以是一个Destination端口

D．该端口不能是以太网通道端口

3．关于Sniffer，下列说法中正确的是（　）。

A．Sniffer可以用于直接操作被管设备

B．Sniffer可以通过定义过滤器来捕获感兴趣的包

C．Sniffer可以捕获到被路由器隔开的不同网段上的所有数据帧

D．Sniffer需要知道被管设备的团体名称

4．在Sniffer中，可以根据主机的（　）设置捕获条件。（多选）

A．IP地址　　B．MAC地址

C．CPU主频　　D．硬盘容量

5．在MRTG配置文件中，设置由MRTG生成的Web页面语言为中文，正确的配置语句是（　）。

A．Language：Chinese　　B．Language：GB2132

C．Language：China　　D．Language：中文

6．基于MRTG配置文件mrtg.cfg执行MRTG程序，正确的命令是（　）。

A．perl mrtg -logging=mrtg.log mrtg.cfg

B．perl indexmaker mrtg.cfg> c:\www\mrtg\index.htm

C．perl mrtg -logging=mrtg.log mrtg1.cfg

D．perl indexmaker mrtg1.cfg> c:\www\mrtg\index.htm

7．被检测设备产生Trap事件时，可以将Trap消息发送给指定的管理工作站的命令是

（　）。

A．Switch(config)# snmp-server host 10.0.0.2 traps version 2c public

B．Switch(config)#snmp-server host public 10.0.0.2

C．Switch(config)#snmp-server public 10.0.0.2

D．Switch(config)#snmp-server 10.0.0.2 public

8．在路由器上配置团体名称 test，网管工作站能够通过该名称读写路由器，正确的命令是（　）。

A．Route(config)#snmp-server community test ro

B．Route(config)#snmp-server community test rw

C．Route(config)#snmp-server community rw test

D．Route(config)#snmp-server community ro test

二、简答题

1．在 Cisco 2950 交换机上，将进出端口 F0/1 的流量镜像至端口 F0/24，应如何操作？

2．怎样用 Sniffer 捕获局域网中所有主机的 FTP 报文。

第 10 章　网络设备安全

网络设备安全是信息网络安全的一个重要方面。本章讲解网络设备的物理安全、口令安全、SNMP 安全、设备访问控制方式及设备安全策略。

- 物理安全
- 口令管理
- SNMP（简单网管协议）及其安全配置
- HTTP 管理方式安全管理
- 终端访问控制方式
- 安全策略举例

10.1　物理安全

10.1.1　工作环境安全

网络设备安装环境须从设备的安全与稳定运行方面考虑：防盗、防火、防静电、适当的通风和可控制的环境温度；确保设备有一个良好的电磁兼容工作环境。只有满足这些基本要求，设备才能正常、稳定、可靠、高效运行。

10.1.2　物理防范

设备 Console 口具有特殊用途，攻击者物理接触设备后，实施“口令修复流程”，登录设备，就可以完全控制设备。为此必须保障设备安放环境的封闭性，以保障设备端口的物理安全。

10.2　口令安全

网络设备中 secret 和 enable 口令的权限类似于计算机系统的 administrator，拥有对设备的最高控制权，可见保护设备口令安全尤为重要。在对设备访问和配置过程中可以使用本地口令验证、针对不同的端口指定不同的认证方法，并对不同权限的管理人员赋予不同口令，同时对不同的权限级别赋予不同的操作权限。这些都是保护设备口令安全的必要措施。

1. 口令加密、禁止明文显示

默认情况下，service password-encryption 功能是关闭的，此时配置文件中各种口令为明文显示：

```
......
enable password ciisco
line con 0
 password conadmin
line aux 0
line vty 0 4
 password cisco
 login
......
```

通过执行 service password-encryption 启用口令加密服务：

```
3640(config)#service password-encryption
3640#show running-config
......
enable secret 5 $1$fy6O$ymDQtD2Yo8nD2zpd3cK0B1
enable password 7 094F471A1A0A
line con 0
 password 7 045804080E254147
line aux 0
line vty 0 4
 password 7 110A1016141D
 login
......
```

可以看到 enable 口令、con 口令、vty 口令均已加密。执行 service password-encryption 命令后，会对设备中建立的除 secret 外的所有口令进行加密，避免了口令的泄漏，提高了设备安全性。

在默认情况下，设备口令以明文方式存储在配置文件中，通过 show 命令可以明文显示设置的 enable 口令，显然，这是不安全的，必须通过 enable secret 命令对口令进行加密。

顺便指出，service password-encryption 命令采用了可逆的弱加密方式，加密后的密码可以通过一些工具进行逆向破解，enable secret 采用 MD5 方式加密，安全性较强。

enable secret 用 MD5 加密方式来加密口令，enable password 以明文显示口令；enable secret 优先级高于 enable password，两者所设口令不能相同并且当两者均已设置时只有 enable secret 口令起作用，enable password 口令自动失效。

此外，在用 username 命令建立用户与口令时，建议用 secret 代替 password。

2. 避免口令同一化、同级化

网络设备自身提供了多级口令：常规模式口令、特权模式口令、配置模式口令、Console 控制口连接口令、ssh 访问口令等，网络设备运行在复杂的网络中难免会遭受各种无意或刻意的攻击，如果多台设备采用同一口令，则当网络中某一台设备被非法侵入，所有设备口令将暴露无遗，这会对整个网络和设备的安全造成极大威胁，严重时网络设备配置文件可能被非法修改甚至恶意删除，导致整个网络瘫痪，并且网络管理人员不能通过正常方式登录和管理被攻击过的网络设备，因此在设置口令时必须做到设备口令多样化、多级化，避免口令的同一化、同级化。

3. 关闭 ROMMON 监听模式

默认情况下，利用设备加电重启期间的 Break 方式可以进入 ROMMON 监听模式进行口令恢复，给忘记口令时进入设备提供了一种方式，但却存在隐患，任何人只要物理接触到设备，就可以使用这个方法重设口令并非法侵入。在保证口令记忆可靠的情况下，通过 no service password-recovery 命令来关闭 ROMMON 监听模式，可以避免由此带来的安全隐患，不过在做这个处理之前要慎之又慎。

```
3640(config)#no service password-recovery
WARNING:
Executing this command will disable password recovery mechanism.
Do not execute this command without another plan for password recovery.
Are you sure you want to continue? [yes/no]: y
3640(config)#service password-recovery
```

4. 口令定期维护、临时口令及时回收

当设备维护、运行遇到问题需请求技术支持时，管理员通常会将自己使用的口令告知技术支持人员，以便其处理问题，但事后却没有及时变更口令，这样就人为制造了潜在的安全威胁。为避免此类威胁的产生，在日常维护管理工作中要坚持以下安全原则：

- 禁止把管理口令泄漏给任何人，如果已经发生口令泄漏，一定要及时修改原口令。
- 及时回收临时口令，通过设置临时密码的方式进行远程维护后，及时停用口令，收回临时账户对设备的访问权限。
- 修改默认配置，拒绝用空口令访问设备，并对口令加密。尤其注意对 Console 一定要禁止空口令访问。

5. 设备管理规范化

合理限制设备管理人员数量，通过严格的访问级别设置不同级别管理员的权限；通过访问控制表阻止非授权 IP 地址对网络设备的访问，采用访问控制表控制后，即使非授权人员知道了管理口令，也会因使用的 IP 未经授权而被拒绝登录；合理设置会话超时时间，在管理人员离开终端或停止人机交互一段时间后自动关闭会话，断开连接，以免非授权人员对设备进行操作。

```
Router#show privilege
```

说明 查看权限信息。

```
Router#show user
```

说明 查看终端登录用户。

```
Router#clear line vty 0
```

说明 断开 vty 0 的连接（对 aux、tty、Console 也可进行类似操作）。

```
Router(config)#line console 0
Router(config-line)#exec-timeout 6 30
```

说明 修改 Console 会话超时时间为 6 分钟 30 秒，设备默认配置的会话超时时间为 10 分钟。

10.3 SNMP 配置及安全

10.3.1 SNMP 简介

SNMP（Simple Network Management Protocol，简单网管协议）是一种被广泛应用于网

络设备监控、配置方面的应用协议，最初的版本由于对大块数据存取效率低、安全机制不可靠、不支持 TCP/IP 协议族之外的协议、不支持 manager 与 manager 之间通信等因素，造成 SNMP 只能适用于集中式管理，而不能对设备进行分布式管理，并且只能对网络设备进行一般监测。

1991 年 11 月，SNMP 的改进版本中推出了 RMONMIB，使 SNMP 在对网络设备进行管理的同时还能收集数据流量等信息。到 1993 年 SNMPv2 面世（原 SNMP 被称为 SNMPv1），SNMPv2 提供了一次存取大量数据的能力，大幅度提高了效率，增加了 manager 间的信息交换机制，开始支持分布式管理结构：由中间（intermediate）manager 分担主 manager 的任务，增加了远程站点的局部自主性；支持 OSI、Appletalk、IPX 等多协议网络环境。同时又提供了验证机制、加密机制、时间同步机制，在安全性上较 SNMPv1 也有了很大的提高。

2002 年 3 月 SNMPv3 被确定为互联网标准，此版本在 SNMPv2 的基础之上增加、完善了安全和管理机制，通过简明的方式实现了加密和验证功能；采用了新的 SNMP 扩展框架，使管理者能在多种操作环境下根据需要对模块和算法进行增加和替换，它的多种安全处理模块不但保持了 SNMPv1 和 SNMPv2 易于理解、易于实现的特点，而且还弥补了前两个版本安全方面的不足，以支持对复杂网络的管理。

10.3.2 SNMP 安全

SNMP 的 community 用于限制不同的被授权管理者对设备相关信息的读取和写入的操作。许多设备的 SNMP community 默认设置为“Public”和“Private”，在配置时应修改这些默认值，以防止非授权者得到网络设备的配置信息。

```
Cisco#config terminal
Cisco(config)#snmp-server community wlglwh ro
```

说明 配置只读字符串为“wlglwh”。

```
Cisco(config)#snmp-server community wlglwhw rw
```

说明 配置读写字符串为“wlglwhw”。

```
Cisco(config)#snmp-server enable traps
```

说明 启用陷阱将所有类型 SNMP Trap 发送出去。

```
Cisco(config)#snmp-server host 10.10.11.1 version 2c trpser
```

说明 指定 SNMP Trap 的接收者为 10.10.11.1（网管服务器），SNMP 使用 2c 版本，发送 Trap 时采用 trpser 作为字串。

```
Cisco(config)#snmp-server trap-source loopback0
```

说明 指定 SNMP Trap 的发送源地址为 loopback0（配置这条命令前应为 loopback0 配置地址）。

```
Cisco#show running-config
......
snmp-server community wlglwh RO
snmp-server community wlglwhw RW
snmp-server enable traps snmp authentication linkdown linkup coldstart
warmstart
snmp-server enable traps tty
```

```
snmp-server enable traps casa
snmp-server enable traps isdn call-information
snmp-server enable traps isdn layer2
snmp-server enable traps isdn chan-not-avail
snmp-server enable traps isdn ietf
snmp-server enable traps hsrp
snmp-server enable traps config
snmp-server enable traps entity
snmp-server enable traps envmon
snmp-server enable traps ds0-busyout
snmp-server enable traps ds1-loopback
snmp-server enable traps bgp
snmp-server enable traps ipmulticast
snmp-server enable traps msdp
snmp-server enable traps rsvp
snmp-server enable traps frame-relay
snmp-server enable traps rtr
snmp-server enable traps syslog
snmp-server enable traps dlsw
snmp-server enable traps dial
snmp-server enable traps dsp card-status
snmp-server enable traps voice poor-qov
snmp-server enable traps xgcp
snmp-server host 10.10.11.1 version 2c trpser
......
```

说明 在 Cisco IOS 12.0 到 12.3 版本中，存在 SNMP 漏洞，应尽量避免使用这些版本的 Cisco IOS。在设置 SNMP 之前要对设备的 IP 地址进行配置，否则配置 SNMP 后会出现类似“%IP_SNMP-3-SOCKET: can't open UDP socket”的报错信息。

10.4 HTTP 管理安全

目前大多网络设备允许用户通过内置的 HTTP 服务对设备进行管理和配置，尽管这种傻瓜式的管理方式可以避免“行命令”方式下输入不便的弊端，使设备管理和配置工作变得更加便捷，但是却给设备的安全带来了一些威胁：如果允许通过 HTTP 访问管理设备，此时通过监视网络设备的 HTTP 服务端口，可以嗅探到用户名和口令等设备信息，甚至可以对设备配置进行更改，达到破坏或者入侵的目的。因此，在关键设备中，从安全角度出发不推荐采用这种方式对网络设备进行管理和配置。

设备内置的 HTTP 服务在默认情况下是关闭的。使用 ip http server 命令来开启 HTTP 服务，开启服务的同时最好采用 AAA、TACAC 服务器等一些独立的身份验证方法或通过访问控制表来限制通过 HTTP 进行连接的用户，只允许经过授权的用户远程连接、登录、管理设备，以降低风险。

```
3524#configure terminal
3524(config)#ip http server
```

说明 开启 http 服务。

```
3524(config)#ip http port 8080
```

说明 指定 HTTP 服务端口为 8080（取值区间为[0-65535]，应优先选用[1024-65535]区间上的值）。

```
3524(config)#ip http secure-server
```

说明 启用 HTTPS 安全连接（部分版本不支持此命令，对支持此命令的设备最好开启 https 服务而不使用 http 服务）。

```
3524(config)#ip http authentication local
```

说明 设置验证方式为本地验证。

```
3524(config)#username cisco privilege 15 password 0 cisco
```

说明 创建本地用户。用户名为 cisco、口令为 cisco、访问级别为 15、口令不加密。

10.5 终端访问控制

通过终端访问，网络管理人员可方便地对设备进行远程管理和配置，此时应采用一些安全配置和安全策略来限制对网络设备的访问，最大限度地避免恶意攻击和入侵。

10.5.1 终端访问方式

根据物理访问方式的不同将终端访问分为控制台超级终端访问和远程终端访问，远程终端访问主要有 Telnet 和 SSH 两种方式。在使用远程终端对设备进行配置和管理之前，要确认被管设备已经运行 Telnet 或 SSH 服务。

Telnet 是一种明文传输协议，账户名与口令以明文方式传送，通过使用网络嗅探工具能轻而易举地窃取账户名称与口令，这对于设备和网络的安全而言是一个巨大的威胁，而 SSH（Secure Shell）则是以 MD5 加密方式传输数据，同时采用了基于口令的安全认证和基于密钥的安全认证两种方式，SSH 可以有效避免“中间人”方式的攻击，还可以防止 DNS 和 IP 欺骗，传输的数据经过压缩后传送，可加快传输速度。所以，在管理设备时应优先选用 SSH 方式。

10.5.2 配置 Telnet 服务及 Console 密码

```
3640#configure terminal
3640(config)#line vty 0 4
3640 (config-line)#transport input telnet
```

说明 使用 Telnet 方式登录访问设备。

```
3640(config-line)#password cisco
```

说明 配置 Telnet 口令“cisco”。

```
3640(config-line)#login
```

说明 允许登录。

```
3640(config)#line console 0
3640(config-line)#login
3640(config-line)#password adcisco
3640(config-line)#exec-timeout 2
```

说明　配置 Console 口超时时间为 2 分钟。

```
3640(config-line)#end
```

在计算机上运行 Telnet 客户端程序并登录至设备，如图 10-1 所示。

图 10-1　运行 Telnet 客户端程序

单击"确定"按钮，或单击回车键，建立与远程设备的连接。

验证配置：

```
3640#show running-config
......
enable password 7 094F471A1A3A
line con 0
 exec-timeout 2 0
 password 7 050A020C285F4D06
 login
line aux 0
line vty 0 4
 exec-timeout 30 0
 password 7 094F471A1A0A
 login
 transport input telnet
......
```

10.5.3　SSH 访问

支持 SSH 的 IOS 版本，其映像文件名中一般都带有 k3 或者 k4 字样，k3 代表 56 位 SSH 加密，k4 代表 168 位 SSH 加密。

可以通过 show ver 命令查看设备版本，然后与 IOS 技术文档对比检验设备是否支持 SSH，如果支持 SSH，按下列步骤配置：

```
Router>config terminal
Router(config)#hostname 3640
```

说明　配置主机名为 3640。

```
3640(config)#ip domain-name wlaq
```

说明　配置主机域名为 wlaq。

```
3640(config)#crypto key generate rsa modulus 512
```

说明　产生一对 RSA 密钥（在路由器上产生一对 RSA 密钥就会自动启用 SSH，如果删除这对 RSA 密钥，就会自动禁用 SSH 服务）。

```
3640(config)#aaa new-model
```

说明　激活启用 AAA 认证功能。

```
3640(config)#username test password test
3640(config)#ip ssh time-out 60
3640(config)#ip ssh authentication-retries 1
```

说明　一个连接允许的尝试次数设为 1。

```
3640(config)#line vty 0 4
3640(config-line)#transport input SSH
```

说明 虚拟终端（vty）连接中使用 SSH 方式。

```
3640(config-line)#end
3640#show ip ssh
```

说明 验证已经配置了 SSH 并且正运行在路由器上。

使用 SSH 客户端 PuTTY（或其他 SSH 客户端）登录设备，如图 10-2 所示。

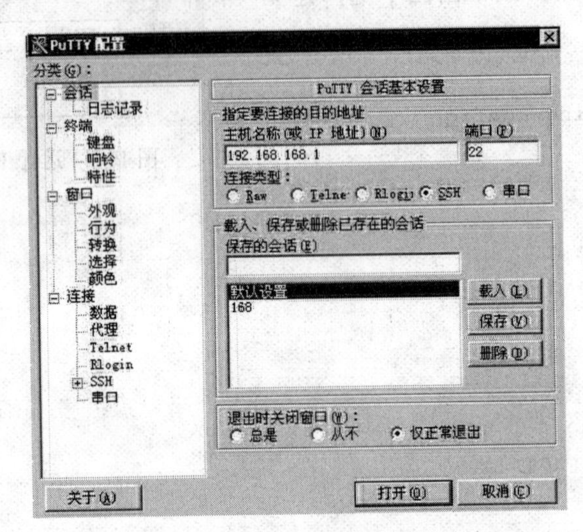

图 10-2　PuTTY 登录界面

```
3640#show running-config
......
aaa new-model
enable secret 5 $1$FmdI$WV0J0D1pbYlRzgfJtK0dc1
username test password 7 021201481F
no ip domain-lookup
ip domain-name wlaq
ip ssh time-out 60
ip ssh authentication-retries 1
......
line vty 0 4
 exec-timeout 30 0
 transport input ssh
......
```

10.6　安全策略举例

10.6.1　线路端口安全策略

在线路端口上应用访问控制表，限制访问范围、设置连接会话的超时时间。这里所说的线路端口包括：虚拟终端 VTY、控制台端口 con 0 和辅助端口 aux 0。

```
Router(config)#access-list 1 permit host 10.10.11.1
```

说明 access-list 配置访问控制列表。

```
Router(config)#line vty 0 4
```

说明 进入虚拟终端配置模式，“0 4”表示可以同时进行5个（即0、1、2、3、4号虚拟终端）会话。

```
Router(config-line)#login
Router(config-line)#exec-timeout 1 20
```

说明 设置会话超时时间为1分20秒。

```
Router(config-line)#password vtyad
Router(config-line)#access-class 1 in
```

说明 将访问列表应用到虚拟终端线路。

```
Router(config-line)#exit
Router(config)#line aux 0
```

说明 进入辅助接口配置。

```
Router(config-line)#login
Router(config-line)#exec-timeout 1 20
Router(config-line)#password auxlogin
Router(config-line)#access-class 1 in
Router(config-line)#exit
Router(config)#line console 0
```

说明 进入控制台接口配置。

```
Router(config-line)#exec-timeout 1 20
Router(config-line)#password conenter
Router(config-line)#access-class 1 in
Router(config-line)#exit
```

10.6.2 内置http服务的访问控制策略

```
Switch(config)#ip http port 8080
```

说明 修改端口号为8080（增加Web控制的安全，但其安全性能不是很高）。

```
Switch(config)#access-list 1 permit host 192.168.1.1
Switch(config)#ip http server
Switch(config)#ip http access-class 1
```

说明 只允许IP地址为192.168.1.1的主机通过HTTP访问设备。

10.6.3 设备访问权限策略

```
Switch(config)#privilege configure level 2 copy run start
Switch(config)#privilege configure level 2 ping
Switch(config)#privilege configure level 2 show run
Switch(config)#enable secret level 2 abcd123
```

说明 创建一个级别为2、在全局配置模式下能执行copy run start、ping和show run命令的权限级别，并设定该级别的使能口令为“abcd123”。

```
switch>enable 2
```

说明 以级别2登录。

10.6.4 设备服务安全策略

设备软件的漏洞、配置错误等会使一些服务影响设备和网络的安全，因此要定期更新设备的软件系统IOS、关闭不必要和不需要的网络服务、尽量使设备运行的服务保持最小化。

```
Router(config)#no ip http server
```

说明 禁用HTTP服务。

```
Router(config)#no cdp run
```

说明 禁用CDP协议。

```
Router(config-if)#no cdp enable
```

说明 禁用特定端口的CDP协议。

```
Router(config)#no service tcp-small-servers
```

说明 禁用TCP Small服务。

```
Router(config)#no service udp-samll-servers
```

说明 禁用UDP Small服务。

```
Router(config)#no ip finger
Router(config)#no service finger
```

说明 禁用Finger服务。

```
Router(config)#no ip bootp server
```

说明 禁用BOOTP服务。

```
Router(config)#no boot network
Router(config)#no servic config
```

说明 禁用从网络启动和自动从网络下载初始配置文件。

```
Router(config)#no ip source-route
```

说明 禁用IP Source Routing（防止源路由欺骗攻击）。

```
Router(config-if)#no ip proxy-arp
```

说明 禁用ARP-Proxy服务。

```
Router(config-if)#no ip directed-broadcast
```

说明 禁用IP Directed Broadcast。

```
Router(config-if)#no ip unreacheables
Router(config-if)#no ip redirects
Router(config-if)#no ip mask-reply
```

说明 禁用ICMP协议的Unreachables、Redirects和Mask Reply（掩码回应）报文。

```
Router(config)#no snmp-server community public Ro
Router(config)#no snmp-server community admin RW
Router(config)#no snmp-server enable traps
Router(config)#no snmp-server system-shutdown
Router(config)#no snmp-server trap-anth
Router(config)#no snmp-server
Router(config)#end
```

说明 禁用SNMP服务。

```
Router(config)#no ip domain-lookup
Router(config)#interface Serial 1
Router(config-if)#shutdown
```

说明 关闭不使用的端口。

10.6.5 抵御攻击策略

1. 抵御 DDOS 攻击

```
3640(config)#ip cef
```

说明 启用 CEF

```
3640(config)#interface fastEthernet 0/0
3640(config-if)#ip verify unicast reverse-path
```

说明 在边界路由器端口启用 ip verify unicast reverse-path，以检查经过路由器的每一个数据包，如 CEF 路由表中没有指向该数据包源 IP 地址的路由，路由器将丢弃该数据包，以阻止 Smurf 攻击或其他基于 IP 地址伪装的攻击。

```
3640(config)#router ospf 100
3640(config-router)#passive-interface fastEthernet 0/3
```

说明 禁止端口 0/3 接收和转发 OSPF 路由信息。对于不需要路由的端口，建议启用 passive-interface。

```
3640(config)#access-list 10 deny 192.168.11.0 0.0.0.255
3640(config)#access-list 10 permit any
3640(config)#router ospf 100
3640(config-router)#distribute-list 10 in
3640(config-router)#distribute-list 10 out
```

说明 禁止指向 192.168.11.0/24 的路由进入 OSPF 路由表。

```
3640(config)#access-list 120 deny ip 0.0.0.0 0.255.255.255 any log
```

说明 0.0.0.0/8 为全网地址。

```
3640(config)#access-list 120 deny ip 10.0.0.0 0.255.255.255 any log
```

说明 10.0.0.0/8 为 A 类私有地址。

```
3640(config)#access-list 120 deny ip 172.16.0.0 0.15.255.255 any log
```

说明 172.16.0.0/20 为 B 类私有地址。

```
3640(config)#access-list 120 deny ip 192.168.0.0 0.0.255.255 any log
```

说明 192.168.0.0/16 为 C 类私有地址。

```
3640(config)#access-list 120 deny ip 169.254.0.0 0.0.255.255 any log
```

说明 169.254.0.0/16 为 DHCP 自定义地址，也称虚拟地址或自动专用地址。

```
3640(config)#access-list 120 deny ip 127.0.0.0 0.255.255.255 any log
```

说明 127.0.0.0/8 为本机地址。

```
3640(config)#access-list 121 permit ip 192.168.0.0 0.0.0.255 any
```

说明 192.168.0.0/8 为通过路由器的“lan”口连接的网络。

```
3640(config)#access-list 121 deny ip any any log
3640(config)#interface fastEthernet 0/1
3640(config-if)#description "lan"
3640(config-if)#ip address 192.168.0.254 255.255.255.0
3640(config-if)#ip access-group 121 in
3640(config)#interface fastEthernet 0/0
3640(config-if)#description "wan"
```

```
3640(config-if)#ip address 60.10.135.100 255.255.255.248
3640(config-if)#ip access-group 120 in
3640(config-if)#ip access-group 121 out
```

2. 过滤直接广播包

在边界路由器的外连接口上设置 no ip directed-broadcast。

3. 限制接口数据包收发速率

```
3640(config)#interface fastEthernet 0/1
3640(config-if)#rate-limit output access-group 2010 3000000 512000 786000
conform-action  transmit exceed-action drop
3640(config)#access-list 2010 permit icmp any any echo-reply
```

说明 限制 echo-reply 报文发送速率。正常传输率、正常突发率、异常突发率分别为 3000000、512000、786000b/s。流量不超过 3512000b/s（正常传输速率+正常突发率）时，可正常转发；流量在 3512000b/s 到 4298000b/s（正常传输速率+正常突发率+异常突发率）之间时，超过 3512000b/s 的流量可能被丢弃；而所有超过 4298000b/s 的流量将被全部丢弃。

```
3640#show interfaces fastEthernet 0/1 rate-limit
```

4. 记录设备运行情况和用户登录操作情况

将设备日志信息发往日志服务器，以便查看设备运行情况和用户登录操作情况。

```
3640#conf t
3640(config)#logging on
3640(config)#logging 10.11.11.2
```

说明 指定 IP 为 10.11.11.2 的主机为日志服务器。

```
3640(config)#logging facility local1
3640(config)#logging trap errors
3640(config)#logging trap ?
  <0-7>          Logging severity level
  alerts         Immediate action needed              (severity=1)
  critical       Critical conditions               (severity=2)
  debugging      Debugging messages                   (severity=7)
  emergencies    System is unusable                (severity=0)
  errors         Error conditions                     (severity=3)
  informational  Informational messages            (severity=6)
  notifications  Normal but significant conditions    (severity=5)
  warnings       Warning conditions                   (severity=4)
  <cr>
3640 (config)#logging trap errors
```

说明 设置日志记录级别。

```
3640(config)#logging source-interface fastEthernet 0/1
```

说明 指定日志信息通过哪个端口发送到日志服务器。

```
3640(config)#service timestamps log datetime localtime
```

说明 信息条目前显示产生该信息的时间。

网络设备安全是整个网络安全的基础，设备安全是保证数据稳定、高效、安全传输的最基本条件，设备物理安全、口令安全、SNMP 协议、设备访问控制方式及设备的安全策略配置都是设备安全的要素。

Cisco 设备的配置模式包括全局、用户、特权、接口等。全局模式下 Privilege 级别分为 15 级，可以根据用户的不同需求指定管理员级别，定义不同级别可以执行的命令。使用加密命令对设备的各种口令进行加密处理，确保口令的安全。

对设备各种接口的访问权限要做到精确控制，通过访问控制表对源 IP 地址、目标 IP 地址、源端口、目标端口等进行控制。首先定义符合需求的访问控制表，然后应用到相应的端口，特别要注意数据流方向，in 和 out 不要混淆。

关闭不需要的、不必要的服务，使网络设备服务最小化，既能减少由于设备软件的漏洞带来的安全威胁，又使设备节省出更多的资源来处理所需的服务，使数据处理效率得到提高。

设备在使用当中会发现一些 bug 是不可避免的，所以要对设备的软件版本做到及时的更新与升级，尽量减少由于设备软件系统本身引起的各种非法入侵和攻击。

通过部署安全策略严格、精确限制对设备的访问权；禁用必需之外的各种服务；在设备上配置防毒、防攻击策略并及时更新策略；启用设备日志记录功能等，都是保障设备安全的必要方式和有效方法。

1．配置路由器的只读字串为“reo1y#!1”，读写字串为“wri*(!2”；将路由器所有类型 SNMP Trap 发送到主机 10.10.11.21，发送 Trap 时采用“trancepc”作为字串，将 loopback 接口的 IP 地址作为 SNMPTrap 的发送源地址；将 log 记录发送给 IP 地址为 10.11.11.23 的 Syslog Server，并将重要级别从 informational 开始，一直到最重要级别的事件记录全部发送给该服务器，将记录事件类型指定为 local6，并指定在事件信息条显示产生该事件的时间。

2．完成下列设置：路由器 secret 口令为“cissec#”、控制台访问口令为“conlog aux”、端口访问口令为“auxadent”；vty 访问采用 ssh 方式，设置主机名为“router”，主机域名为“netcent”，用户名为“netand”，口令为“netvty!”；启用所有口令加密功能，并允许 IP 为 192.168.168.3 的主机登录设备进行管理，配置完成后，用 PuTTY 登录至设备验证配置。

3．开启设备的 HTTP 服务并修改服务端口为 8080，启用本地身份认证，设置授权访问用户级别为 15，账号为“httplogin”，口令为“loginconfig”，用 secret 加密，超过 2 分 20 秒中断会话，重试次数为 2。

4．配置 WAN 接口地址为 60.10.135.100/29，LAN 接口地址为 192.168.168.1/24，内部网络只允许网络 192.168.168.0/23 访问外网，拒绝所有其他源地址的数据包进入 LAN 接口，禁止所有源地址为私有地址的数据包从 WAN 接口进入。

5．配置下列策略：在 2009 年 5 月 1 日 0 点到 2009 年 6 月 30 日晚 23 点 59 分这段时间内，只允许在周六早 7 点到周日晚 10 点通过接口访问目的端口 80。

参考文献

[1] [美]Todd Lammle 著，程代伟，徐宏，池亚平等译．CCNA 学习指南．北京：电子工业出版社，2008．
[2] 张国清．CCNA 学习宝典．北京：电子工业出版社，2008．
[3] 苏英如．局域网技术与组网工程（第二版）．北京：中国水利水电出版社，2007．
[4] 钟小平．张金石．网络服务器配置与应用（第 3 版）．北京：人民邮电出版社，2007．
[5] [美]Brian Hill 著．肖国尊，贾蕾等译．Cisco 完全手册．北京：电子工业出版社，2006．
[6] San Jose.Cisco Security Appliance Command Line Configuration Guide.Cisco Systems,Inc.，2008．
[7] San Jose.Cisco Security Appliance Command Reference.Cisco Systems, Inc.，2006．
[8] Gilbert Held 著．前导工作室译．Cisco 访问表配置指南．北京：机械工业出版社，2000．
[9] Ian J. Brown, Kevin Dooley. Cisco Cookbook.O'Reilly，2003．
[10] Time 创作室．中文 Windows Server 2003 使用详解．北京：人民邮电出版社，2003．
[11] 甘刚，孙继军．网络设备配置与管理．北京：中国水利水电出版社，2006．
[12] 潘冰，陈焱．CCNA 实用培训教程．北京：清华大学出版社，2003．
[13] [美]Vito Amato 著．韩江等译．思科网络技术学院教程．北京：人民邮电出版社，2000．
[14] [美]Clare Gough 著．凡璇译．CCNP BSCI 认证考试指南．北京：人民邮电出版社，2004．
[15] [美]David Hucaby 著．凡璇译．CCNP BCMSN 认证考试指南．北京：人民邮电出版社，2004．